21世纪高等院校教

科学研究方法与论文写作

（修订版）

毕润成　主编

谨以此书献给山西师范大学五十周年华诞

科学出版社

北　京

内 容 简 介

本书由长期从事科学研究和教育工作的教授和专家共同执笔撰写。全书共11章，根据科学研究方法与论文写作的特点，按科学研究过程和毕业论文训练环节编排内容，紧密结合实际，系统全面地介绍了科学研究与论文撰写的基本方法，从规范化、标准化方面阐明了在课题申请、成果鉴定、实验设计、研究结果的统计学处理与表达、论文基本格式、写作方法与步骤及论文撰写过程中应注意的诸多问题，并将学术道德与学术规范纳入大学科研与教学的范畴。书末附有极具参考价值的附录，从而大大增强了本书的实用价值。

本书是理科科学研究与教学工作者较理想的工具书，适合高等院校的生物学、化学、物理学、地理学及其他相关专业的科研和教学人员阅读，也可作为高等院校相关专业的研究生和本科生教材或教学参考书。

图书在版编目(CIP)数据

科学研究方法与论文写作/毕润成主编. —北京：科学出版社，2008
21世纪高等院校教材
ISBN 978-7-03-020606-0

Ⅰ. 科… Ⅱ. 毕… Ⅲ. ①自然科学-科学方法论-高等学校-教材②科学研究-论文-写作-高等学校-教材 Ⅳ. N03 H152.3

中国版本图书馆CIP数据核字(2008)第093336号

责任编辑：王国栋 周 辉 刘 丹/责任校对：张 琪
责任印制：吴兆东/封面设计：耕者设计工作室

科学出版社 出版
北京东黄城根北街16号
邮政编码：100717
http://www.sciencep.com
北京虎彩文化传播有限公司 印刷
科学出版社发行 各地新华书店经销
*
2008年8月第 一 版 开本：B5(720×1000)
2024年1月第二十二次印刷 印张：16 1/2
字数：314 000

定价：49.80元

(如有印装质量问题，我社负责调换)

《科学研究方法与论文写作》编者名单

主　编　毕润成

副主编　闫　明　高瑞如　张丽娟

编　者（以姓氏汉语拼音为序）

毕润成　高瑞如　秦永燕　王祎玲

薛龙义　闫　明　张丽娟　张　艳

前　　言

科学研究方法和论文写作是广大科技工作者共同关心的话题。科学研究的目的是探索自然的发生、发展规律，最终结果应用于指导生产，而这一目标的实现就必须以文献的形式将自己的研究成果公诸于世，使之成为人类共同的财富，从而服务于人类。

初涉科学研究和论文写作者，大多是从模仿自己阅读的论文和导师的指导起步的。由于没有经过系统学习，或是学习不够全面，在科学研究选题与设计、试验结果的统计学处理与表达、论文撰写与修改等过程中，不可避免地要犯一些错误，走一些弯路，有时甚至使很有价值的试验资料受到损失，而且这种损失常常是不可弥补的。科学研究与论文写作作为一门方法学，涉及的知识和内容广泛，编写一本能够指导科研工作者正确掌握和使用科研与论文写作方法的书，是广大科学研究工作者的共同要求，也是我们多年的夙愿。

自 1986 年我为大学本科生开设科学研究方法与论文写作课程以来，搜集和整理了大量有关的资料。在此基础上，请多年在教学和科学研究一线工作的教授、专家和学者共同执笔，编写了这部书稿，希望能对科学研究部门和大专院校的科技工作者有所裨益。

本书从实用的角度出发，吸收了大量相关资料中的新观点和新方法。全书内容涵盖了科学研究的基本方法、科学研究课题的选定与申请、科学研究成果的评价与奖励、科学试验的设计、试验结果的统计学处理、科学文献的检索与资料积累，系统介绍了各类学术论文的撰写方法、写作步骤、写作特点、学术论文的常见错误以及防止方法，英文摘要的撰写及常用应用文的写作等。每章后均附有参考文献，便于读者进一步查阅原文，同时也体现了对原作者的尊重。各章内容力求新颖，避免与已有论著雷同，同时考虑到我国科学研究的现状和各类学术期刊对论文的要求，为便于读者接受和理解，书中例举了大量来自近期书刊的例证。

本书的编写工作分工如下：第一章和第八章由毕润成编写，第二章、第五章和第九章由闫明编写，第三章和第四章由秦永燕编写，第六章由张丽娟编写，第七章由高瑞如编写，第十章和第十一章由张艳编写。

本书在编写过程中，得到了山西师范大学的领导和有关部门的支持。科学出版社不仅为本书的顺利出版做了大量工作，还为书稿的撰写提供了参考资料，特此表示衷心感谢。本书在编写过程中参考了许多国内专家学者的著作和研究成果，谨向作者致以谢意。

尽管我们的愿望是想献给读者一部新颖、实用、具有很高指导价值的书，但由于知识水平所限，书中不可避免地存在一些错误和不足，恳请读者不吝批评指正。

毕润成

2007年5月20日

目　录

前言

第一章　科学研究概述 …… 1

第一节　科学与科学研究 …… 1

第二节　科学技术与社会进步 …… 6

第二章　选题 …… 16

第一节　选题的意义 …… 16

第二节　选题的基本原则 …… 16

第三节　课题的类型 …… 18

第四节　选题策略 …… 19

第五节　选题的程序 …… 20

第六节　毕业论文选题要求 …… 21

第七节　选题存在的问题 …… 21

第三章　文献利用 …… 23

第一节　文献的定义和类型 …… 23

第二节　文献检索 …… 27

第三节　重要检索系统的介绍及其使用 …… 29

第四节　纸质文献及其利用 …… 49

第五节　电子文献及其利用 …… 50

第六节　文献的阅读与管理 …… 52

第四章　开题报告 …… 57

第一节　开题报告的作用及其意义 …… 57

第二节　开题报告的写作规范 …… 58

第三节　生命科学相关基金项目介绍 …… 62

第四节　课题申请书的撰写 …… 70

第五章　实验设计 …… 74

第一节　实验设计概述 …… 74

第二节　简单实验设计 …… 83

第三节　单因素实验设计 …… 85

第四节　拉丁方设计 …… 90

第五节　多因素实验设计 …… 95

第六章 教育科学研究方法……………………………… 107
第一节 教育科学研究方法概述……………………………… 107
第二节 实验研究……………………………… 109
第三节 调查研究……………………………… 116
第四节 问卷调查……………………………… 121
第五节 访谈法……………………………… 127
第六节 评价研究……………………………… 131
第七节 行动研究……………………………… 136
第七章 数据处理……………………………… 143
第一节 基本概念……………………………… 143
第二节 数据处理原理及方法……………………………… 145
第三节 数据转换……………………………… 164
第四节 数据处理软件介绍……………………………… 167
第八章 科技论文的基本格式……………………………… 173
第一节 科技论文的特征和分类……………………………… 173
第二节 前导部分……………………………… 179
第二节 论证部分……………………………… 191
第三节 附属内容……………………………… 197
第九章 学位论文写作……………………………… 205
第一节 学位论文与创新……………………………… 205
第二节 学位论文与研究……………………………… 216
第三节 学位论文与读书……………………………… 223
第十章 学术成果及评价……………………………… 227
第一节 学术成果概述……………………………… 227
第二节 论文答辩……………………………… 228
第三节 论文的发表……………………………… 232
第四节 学术报告……………………………… 235
第五节 专利申请……………………………… 236
第六节 报 奖……………………………… 241
第十一章 学术规范……………………………… 246
第一节 学术规范概述……………………………… 246
第二节 学术活动中的基本规范……………………………… 250
第三节 学术道德……………………………… 252

第一章　科学研究概述

第一节　科学与科学研究

一、科学概述

科学（science，来源于拉丁文 sciencetia）一词源于近代科学的发祥地英国。1831 年，英国成立了科学促进协会（British Association for the Advancement of Science），将 science 一词的基本含义定义为通过观察和实验研究获得的关于自然界的系统知识。时至今日，我国通常也还是在这层意义上理解科学的。但在此之前的 1666 年，法国已成立了皇家科学院（Academie Royale des Science），他们把 science 作为自然科学和社会科学的总称。德文中的科学“die wissenshaft”与法国人的理解相同。由于马克思主义在中国的广泛传播，后一种科学的含义对中国近现代思想也具有深刻的影响。

16 世纪末，意大利传教士利玛窦来华，中国持续了四百余年的西学东渐历程由此开始。最早接触来华西方学者近代思想的先驱是徐光启，他把来自欧洲的以观察实验方法获得的知识称为“格物穷理之学”，并借用《大学》中“致知在格物，物格而后知至”的名言，将这种知识简称为“格致”。

此后，日本学者在明治维新过程中，将英文 science 从早期译义“格致”改译为科学分科之学。1898 年，康有为首次接受日文的译法，“科学”一词正式进入汉语。从科学这一概念源于西欧、经过日本、最终融入中国文化的简略考察中可以知道，科学是在意大利文艺复兴运动之后，随着欧洲近代思想解放而兴起的，以形式逻辑（演绎逻辑和归纳逻辑）为工具，以观察实验为手段，以探索自然界运动规律为宗旨的特殊社会实践活动。它与古代那种依靠日常经验积累起来的零散知识有着文野高下的显著差别。近代科学在中国不是土生土长的，而是明末以来中国有志之士学习西方取得的重要成果之一。

由此可知，科学作为一种知识，是以概念、原理、定律为形式并经过了一定实践检验的理论系统。它标志着人的认识在实践过程中从现象到本质的深化，由经验水平到理论水平的升华。获取科学知识的目的是为了进行事实判断，对于是非、真伪给予辨析。

科学是人对客观世界的认识，是反映客观事实和规律的知识。达尔文认为：“科学就是整理事实，以便从中得出普遍的规律或结论。”因此，要准确掌握科学这一概念的实质，就要加深对“事实”和“规律”的认识。科学就是发现人们未知的事实。经济学家发现的资本主义经济危机，化学家发现的新元素，都是事实。反映客观事实之间联系的准确判断，就是发现了规律，这种规律，就是知识，也就是科学。事物发展过程中事物之间的内在的、本质的、必然的联系是客观的，人们只能发现规律，但不能创造规律。

科学是反映客观事实和规律的知识体系。20 世纪初，人们就认识到新科学是由很多门类交织组成的知识体系。科学已不只是事实或规律的知识单元，而是由这些知识单元组成学科，学科又组成学科群，形成了一个多层次组成的体系。科学史表明，科学家不仅是知识的发现者，更重要的还是知识的综合者。因此，人们应在“科学是关于自然、社会和思维的知识体系”，“科学是反映客观事实和规律的知识体系”这一层面上加深对科学这一概念的理解和认识，应在发现知识的过程中进行综合，在综合知识的过程中进行创造。

科学是一项反映客观规律的知识体系及其相关活动的事业。自第二次世界大战以来，科学活动已发展成为一项国家事业，成为科学家与企业家、政治家的联合活动，科学家的跨国合作日益增加，越来越多的科学家把科学事业列入第四产业。科学作为一项事业，具有认识世界的功能和改造世界的生产能力。科学分自然科学和社会科学两大类。自然科学的任务是研究自然界各种物质的形态、结构、性质和运行规律，不断探索新现象、揭示新规律、提出新概念、建立新理论。自然科学在探求自然奥妙时，根据研究对象的不同，诞生出不同的基础学科。而学科的不断分化和学科间的交叉与综合，又导致学科数量的迅速增加和新学科的不断出现，使自然科学形成了一个多层结构、纵横联系、动态发展的主体网络。

二、技术概述

技术的原意是技艺、手艺。随着科学技术的发展，人们对技术的理解更加深化、全面。当前，对技术定义的表述方法有多种，但基本上都没超出法国科学家狄德罗（Diderot）给技术所下的定义范围。狄德罗在他主编的《百科全书》中指出：“技术是为某一目的而共同协作组成的各种工具和规则体系。”这一定义高度、全面地概括了技术的本质含义，它有 5 个要点：①技术与科学不同，技术有目的性；②技术要通过广泛的“社会协作”来实现；③技术的首要表现是生产“工具”，是设备，是硬件；④技术的另一重要表现形式是“规则”，是生产使用的工艺、方法、制度等，也就是软件；⑤与科学一样，技术也是成套的知识系统。

20 世纪 80 年代以来，世界新技术革命的显著特点之一就是在高技术上的竞争。世界各国普遍认识到发展高技术是增强综合国力的一个重要砝码，是关系到国家兴衰存亡的大事。无论是发达国家，还是发展中国家，都为发展自己国家的高技术制定了相应的发展战略，并不断推出了各种中、长期的高技术研究与发展计划。我国的“863”计划就是关于高技术研究的发展计划，选取了生物技术、航天技术、信息技术、激光技术、能源技术、新材料等七个领域作为我国今后高技术发展的重点。

三、科学与技术的关系

（一）科学与技术的区别

科学的根本职能是认识世界，揭示客观事物的本质和运动规律，着重回答“是什么”、“为什么”的问题；技术的根本职能是改造世界，实现对客观世界的控制、利用和保护，着重回答“做什么”、“怎么做”的问题。科学属于由实践向理论转化的领域，它本身是意识形态的东西，属于社会的精神财富；技术属于由理论向实践转化的领域，它本身是物化了的科学知识，属于社会的物质财富。科学的成果表现为新现象、新规律、新法则的发现；技术的成果表现为新工具、新设备、新方法、新工艺的发明。

（二）科学与技术的联系

科学与技术相辅相承，在认识世界和改造世界的过程中统一在一起。

科学中有技术，如物理学、化学、生物学中有实验技术；技术中也有科学，如杠杆、滑轮中有力学。科学产生技术，如发现了相对论和核裂变，产生了原子弹和核电站。技术也产生科学，如射电望远镜的发明与使用产生了射电天文学；扫描隧道显微镜、原子力显微镜等的发明与使用产生了单分子科学。科学的成就推动技术的进步；技术的需要促进科学的发展。

在科学转化为生产力的过程中，技术是中间环节，技术是科学原理的物化和应用。对于科学来说，技术是科学的延伸；对于技术来说，科学是技术的升华（表 1-1）。

表 1-1　科学与技术的联系

科学发现	年代	技术发明	年代	经历时间
摄影原理	1782	照相机	1838	56 年
电机原理	1831	发电机	1872	41 年
内燃机原理	1862	汽油内燃机	1883	21 年
无线电通信原理	1895	公共广播电台	1921	26 年
涡轮喷气机原理	1906	涡轮喷气发动机	1935	29 年
发现抗生素	1910	医用抗生素	1940	30 年

四、现代科学技术体系

从历史发展的角度看，科学技术各个学科的分化从来没有像当今这般迅速，五花八门的二级学科、三级学科层出不穷。同时，学科之间的借鉴、联系与综合也达到了空前水平，界限分明的分工、彼此隔离的研究已经不复存在。但是为了易于把握，我们还是将它划分成三个层次、五大领域。

（一）三个层次

根据从抽象到具体、从认识规律到运用规律、从观念形态到物质形态的顺序，我们把科学研究分为基础研究、应用研究、开发研究三种类型。相应地，它们分属于基础科学、技术科学、工程技术三个层次。

1. 基础科学

基础科学以整个客观世界作为研究对象，目的在于揭示运动的本质和规律，解答表面现象“为什么”发生的问题，同时也就为解决实际问题提供了理论依据。基础科学的成果是新概念、新模型、新理论，一般不具有直接的经济意义，但是具有崇高的学术意义。几百年来的无数实践证明，基础科学虽然不是为解决特定的经济、社会问题服务的，但它或早或迟总会表现出广泛的有用性。我们把数学、物理学、力学、化学、生物学、地球科学、天文学确定为一级基础科学学科。

2. 技术科学（应用科学）

技术科学的任务是研究如何将基础理论用于解决经济和社会的实际问题，即“怎样”把对世界的认识转化为对世界的行动。技术科学发挥着基础科学和工程技术之间桥梁的作用，它将基础理论的潜在应用价值外化为显见应用价值。与基础科学不同，技术科学的出发点一般是某一大类经济生活或社会生活中具有普遍意义的问题，探寻以基础理论为指导解决这些问题的途径。技术科学的成果往往兼具思想学术价值和经济社会价值。对于提高技术构成、改善经济结构、加强综合国力，技术科学具有非常重要的战略地位。

当代技术科学包括信息科学、材料科学、能源科学、基础农学、基础医学、空间科学、海洋科学、环境科学和管理科学等一级学科。

3. 工程技术

工程技术直接面向具体的生产实际，其任务是运用科学技术知识实现低消耗、低成本、高质量、高效益的社会生产。它以专利、配方、设计图纸、论证报告、试制产品等形式推出新材料、新工艺、新产品。可以把工程技术成果分为“硬件”和“软件”两种类型，“硬件”是指各种工具、机器、仪器、设备等。

“软件”是指工艺流程、操作规范、工程统筹、竞争对策等各种知识。工程技术的价值表现在经济价值和社会价值两个方面。工程技术的门类远远多于基础科学和技术科学，已经达到难以计数的地步。

（二）五个学科群

考虑到现代科学技术的研究对象已经大大超出了近代科学技术的范围，而且各种学科又彼此相互交叉，传统上将自然科学划分为数、理、化、天、地、生六类，已经完全不适应今天的形势，需要重新划分。以新的部类——学科群为依据，上述三个层次的诸多学科可能研究的是同一个对象，只不过内部有所分工，将其划分为五个学科群更便于学者间的相互沟通，提高各类研究的劳动效率。五个学科群分别为物理科学、生理科学、心理科学、数学科学、事理科学。

五、科学研究概述

（一）科学研究的概念

科学研究是指创造知识和整理、修改知识，以及开拓知识新用途的探索工作。创造知识是指对未知事物进行探索，以求发现新知识、新规律、新原理，发明新方法、新手段等等。整理和修改知识是对已经产生的知识进行分析整理、综合归纳、鉴别运用，是使知识规范化、系统化的过程。在整理、修改知识的过程中，往往也会创造知识。例如，化学家门捷列夫最初的工作是整理已知的化学元素。当他把已经发现的诸多化学元素按原子量大小顺序排列后，发现元素的性质有周期性变化，从而提出元素周期律理论。所以，整理知识和创造知识是不可分割的，都是科学研究的重要组成部分。

（二）科学研究的类型

科学研究有多种分类方法。通常，按过程不同，科学研究分为基础研究、应用研究和开发研究。

1. 基础研究

基础研究是指以探索知识为目标的研究。基础研究工作基本上处于学科前沿，并在实验室中进行。它不着眼于当前的应用，没有特定的商业目的。例如，牛顿发现牛顿运动定律，法拉第（Faraday）发现电磁感应原理，麦克斯韦（Maxwell）建立电磁波理论，居里夫人（Curie）发现放射性同位素镭等，这些研究都属于基础研究。基础研究的成功率一般不到10%，实现商业化、企业化的占2%～3%。但基础研究的重大发现常常会带来生产的革命性变化。

我国把基础研究分为纯基础研究和应用基础研究两种，合称为“基础性研究”。其中，应用基础研究有一定的应用背景。按照 1989 年国家科委的定义，我国基础性研究的具体内容包括以下三个方面：①以认识自然现象、揭示客观规律为主要目的的纯基础研究；②围绕重大或广泛应用目标，探索新原理、开拓新领域的定向性研究；③对基础科学数据系统进行考察、采集、鉴定，并进行综合、分析，探索其基本规律的工作。

2. 应用研究

应用研究是指运用基础研究的成果和有关知识，为创造新产品、新方法、新技术、新材料等所进行的定向研究。应用研究有目的、有计划、有时间限制，其成果有实用价值，有一定保密性。例如，西门子公司利用法拉第电磁感应原理制成励磁电机（可以发电，但尚不能应用），赫兹（Hertz）由麦克斯韦的电磁波理论发现电磁波并制成电磁波发生装置，都属于应用研究。应用研究的成功率一般为 50%～60%，实现商业化、企业化的可能性较大。

3. 开发研究

开发研究是指利用基础研究、应用研究的成果和有关知识，为创造新产品、新方法、新技术、新材料，以及为生产产品或完成工程任务而进行的研究活动。例如，爱迪生在前人研究成果的基础上研制出电机，建成电厂，建立了电力技术体系；波波夫等依据电磁场理论和无线电通信理论与技术，研制出无线电发射机和接收机，从而实现了远距离的无线通信。这些都属于开发研究。开发研究有具体明确的目标，计划性强，而且有严格的时间限制，完成后立即评价。其费用投入一般较大，有很强的保密性。开发研究是科技转化的主要环节。

应用研究和开发研究的成果不断推动生产进步，使生产过程合理化，实现了效率提高、产品更新、成本降低。它的发展受到社会需求的强烈推动。

世界各国对基础研究、应用研究的概念与范畴的认识比较一致，但对开发研究的范畴有不同的解释。1986 年，我国科技界把开发研究划分为实验开发、设计试制和推广示范、技术服务 3 个部分。近几年，日本等一些国家加大了开发研究的范围，将其细分为开发研究、设计研究、生产研究、流通研究、销售研究、使用研究和回收研究 7 个方面。把产品从设计、生产到消费的全过程都纳入到开发研究的范畴。

第二节　科学技术与社会进步

以胡锦涛同志为总书记的党中央，明确提出坚持以人为本、全面协调可持续的科学发展观，这是我们党领导社会主义建设认识上的重大飞跃，是必须长期坚持的重要指导方针。树立和落实科学发展观，用科学发展观指导经济社会发展，实现经济持续健康发展和社会全面进步。我们从事科研工作，无论是自然科学研究还是社会科学研究，都代表着国家的先进文化，是引导国家不断发展的强大动力，所以更要树立科学的发展观，深入了解国家发展、社会进步、人民综合素质提高对科研工作的需求，结合实际，把握方向，将自己所开展的科学研究课题与专业技术成果有机地应用到国家的经济建设、精神文明建设以及政治文明建设中去，这样才能无愧于国家和人民赋予我们的历史责任。

一、科学技术与社会发展简史

人类社会的每一个阶段都伴随着科学技术的进步。

古代科学技术发展经历了原始社会、奴隶社会和封建社会三大历史时代。人类早期弓箭的发明提高了生产效率，猎物有余而豢养则出现了家畜，从而使人类由狩猎进入畜牧时代。这个时代，母系氏族开始瓦解而建立了父权社会。钻木取火技术的出现，揭开了人类文明历史的新篇章，照亮了人类迈向文明的进程。制陶业的发展，使人们逐渐掌握了高温（950℃）加工技术，从此人类由石器时代进入熔化铜和铁的金属时代。中国以农业为中心的科学技术曾居于世界领先地位，使进入农业经济发达社会的中国在秦汉时代就成为封建大帝国。从秦汉到唐、宋、元，我国四大发明中的三大发明的成熟与推广，以计算见长、解决实际问题为特点的数学理论体系，以农业应用为本和天体位置计算的天文历法及蚕丝织品，在中世纪比黄金还贵的陶瓷，自成一家的中国铁器和为世界称道的中国医学，正是这些科学技术成就，使中国持续繁荣千年，雄居世界之首。

近代科学技术的发展，经历了从 15 世纪下半叶至 18 世纪的形成时期和 19 世纪的全面发展时期。由于有中国四大发明输入欧洲等诸多因素的影响，加上意大利的文艺复兴运动，进一步推动和诱发了英国的科学革命、技术革命和产业革命，带动了西方经济的发展，出现了工业发达社会。马克思对中国四大发明中的三大发明有一段生动而深刻的描述：“火药、指南针、印刷术——这是预告资产阶级社会到来的三大发明。火药把骑士阶层炸得粉碎，指南针打开了世界市场并建立了殖民地，而印刷术则变成新教的工具。总的来说变成科学复兴的手段，变成对精神发展创造必要前提的最强大的杠杆。”马克思的话，在深层次上揭示了中国四大发明给欧洲历史进程带来的巨大影响。近代科技史上出现了两次大的技术革命。以蒸汽机为标志的第一次技术革命，改变了世界。以电力的应用为标志的第二次技术革命，使欧洲进入了电气时代，极大地促进了各资本主义国家生产力的发展。

现代科学技术始于 19 世纪末和 20 世纪初，其开端是由 X 射线的发现、放射性元素的发现和电子发现而引起的物理学革命。20 世纪 40 年代，产生了以原子能、电子计算机和空间技术为标志的第三次技术革命，使人类进入了电子时代。当前世界上正发生着一场新的技术革命，产生了一系列新兴高技术，特别是信息技术、生物技术和新材料技术。在这次新技术革命中，信息技术是主导技术，是先导和核心。因此，人们把当今的技术时代称为信息时代。

科学技术对于人类社会的发展起着巨大的推动作用。在20世纪，科学技术快速推动着人类社会从工业社会向信息社会的转变。科技活动以多种形式广泛地向社会各个领域渗透，以致国际社会也在科学技术的影响下发生了巨大变化。在21世纪，科学技术将愈益社会化、全球化，科学技术的发展将成为经济增长和社会发展的支配力量，从而改变人类的思维方式、生存方式，使人类社会逐步走上可持续发展的道路。

二、科学技术发展对社会进步的促进作用

（一）科学技术对精神文明的促进作用

科学活动的特点在于它以观察、测量、实验等方式获得感性材料，再通过逻辑概括和反复验证，形成概论、范畴，构造定理、规律，将感性认识上升为理性认识。然后这些理性认识还要再回到实践中接受检验，经过多次的实证、批判、修正，最后才成为理论和学说。通过这样的过程，科学使人们的认识由现象深入本质，由结果发现原因，从而一步步接近客观真理。所以说，科学的认识过程与辩证唯物主义所要求的认识过程是完全一致的。而神话诉诸想象、宗教诉诸信仰，均难以通过严格的实践检验，不能把握客观真理，不能成为实践的依据。

1. 科学增强人类的预见能力，减少行为的盲目性

科学理论一旦形成，人们就能够依据已有的知识，通过分析、推理、判断，对事物的发展趋势或待发现的事物、待付诸实施的行动做出预见，减少行为的盲目性。牛顿力学预见到海王星的存在，麦克斯韦电磁学预言了电磁波，相对论指导了核能开发，这些均是脍炙人口的典型事例。近年来，从几代计算机的开发到全球生态保护，无不渗透着科学预见的智慧。

2. 科学使人的思想理智化、文明化

当人们缺乏科学知识的时候，面对博大恢弘的自然界和气象万千、形态各异、陌生奇妙、威严可畏的自然现象，必然感到迷惘不解。于是便产生种种歪曲的、虚幻的、盲目的想法，将万事万物的起因和变化归之为某种超自然的力量，以此求得精神的寄托和安慰。宗教、迷信的产生具有极为深刻的社会政治原因，同时也是在自然面前无可奈何的一种表现。科学技术使人摆脱这种愚昧无知的状态，提供了向神秘主义进攻的锐利武器，推动人类精神走向理智文明。18世纪，美国科学家富兰克林著名的“风筝实验”把“天电”引到地面并点燃了酒精，还发明了避雷针保证高大建筑物的安全，让“雷公电母”的神

话不攻自破。今天，那些所谓“耳朵识字”、“隔墙透视”、“意念致动”等特异功能，在双盲实验的面前，没有一个能够逃避破产的命运。

科学的进步又是一个在继承基础上创新的过程，后人必须“站在巨人（前辈）的肩膀上”，循序渐进。它不允许割断历史，不允许“彻底革命”。因此，科学让人尊重历史，尊重先人，尊重同行。拒绝学习、否定继承、异想天开是与科学格格不入的，是文明的大敌。我国的“大跃进”、“文化大革命”之所以失败、之所以错误，其根本原因之一就是它背离了科学，陷入盲动，进而走向野蛮。

3. 科学精神是道德建设的重要内容

道德建设的核心是处理好人际关系。道德实践的成功依靠的是良心自律，道德规范与文化事业的重要环节——代表先进生产力的科学进步的道德规范应该是统一的。我们在前面曾经论述了科学精神的基本内容，从中可以看到公平竞争精神、实事求是精神、有条理的怀疑精神、无私无畏的奉献精神、强烈的社会责任感，这些是从事科学活动的规范，如果得以弘扬，知识界的健康气氛一定能够大大提升；如果在全社会得以提倡，人际和谐也能够得以增进。特权思想、弄虚作假、教条主义、自私自利、漠不关心，这些严重的社会疾病均与科学精神水火不容。

4. 科学技术推动哲学和社会科学的发展

社会科学是研究社会各领域的结构和规律，解决有关问题的学问。而当代社会的一切领域无不受到科学思想和技术成就的深刻影响，所有的社会问题无不与科学技术的进步相关。所以研究社会科学必须关注科学技术发展，如此才能够回答由于科技发展带来的经济、政治、军事、文化等各个方面的问题。而哲学的使命是追求世界的一般本质、运动规律和认识途径，它必须从各门具体的自然科学和社会科学中获取材料，借鉴方法，再进行批判反思，才能成为人类思想的精华。另一方面，科学技术进步还为哲学等社会科学研究不断提供新概念、新方法、新工具，促进了学派的形成、理论的创新，使研究成果从内容到形式得到日新月异的发展。

从时代精神的精华——哲学唯物主义的实际发展进程来看，古希腊的朴素唯物主义和自发辩证法，17～18 世纪在西欧兴起的机械唯物主义思潮，19 世纪以后以马克思主义为代表的辩证唯物主义，均与当时科学技术的发展水平存在深刻的内在联系。20 世纪现代科学技术革命既为坚持和发展辩证唯物主义提供了证明，也提出了急切的要求。恩格斯精辟地指出：“随着自然科学领域中每一个划时代的发现，唯物主义也必然要改变自己的形式。”即使是唯心主义，它也要自觉不自觉地，以扭曲或颠倒的方式反映一定时代科学技术的发展水平和引起的困惑。

（二）科学技术对制度文明的促进作用

1. 科学技术发挥制度文明作用

这里所说的制度具有两个层次的意义。从宏观上讲，它指特定社区和社会群体中社会统治的形式，即一般所说的社会制度，社会制度对整个社会或具体社区的形态和发展均具有决定性的作用。从微观上说，制度也指组织特定社区或社会群体进行生产与生活的规范形式，诸如科研体制、经济体制、社会保障体制、婚姻制度等。这些微观的制度形式，反映了社会群体的结构、观念和运作方式，并且规定着它们的发展方向。

当科学技术的影响作用于制度层次的时候，它一方面表现为科学技术作为生产力需要一定的制度做保证，如保障科学技术成果推广与应用的科研成果管理制度，工厂企业的技术革新制度等。而且，作为商品出现的技术成果在以相当的数量和质量表现出来的时候，如果没有制度上的保证，人们就会在生产和生活上难以适应，会造成混乱，不能发挥它的积极功能。自 20 世纪 80 年代以来，我们之所以要进行经济体制和科技体制改革，就是因为此前僵化的经济体制和科技体制，不能适应新技术革命时代技术创新、技术加速向生产力转化、国际范围知识经济竞争日益激烈的形势。只有通过改革，才能创造适宜的制度环境，为科技进步和经济发展开辟道路。

另一方面，任何具有某种程度科技含量的物质财富总是由组织起来的人去掌握和运用，而这些人只有在与之相适应的经济、政治和文化结构中，按照先进的、科学的管理方法和管理制度去行动，才能真正有效地让物质财富发挥作用。自从 20 世纪 50 年代以来，许多国家都在追求现代化，引进西方的科学知识和技术成就，一段时间内经济也有所增长，但最后却出现了剧烈的社会动荡，其根本原因就在于从宏观到微观的制度体系不能适应这种物化的科技进步的要求。

科学技术作用于文化的制度层次，或者说科学技术发挥制度文明功能有两种形式。第一种形式是，科学技术进步受到了它所面对的制度的严重障碍，既定的制度已经成为科学技术本身前进和它转化为生产力的桎梏，于是提出了变革制度的要求。这时的制度变革必然会遇到作为维护这一制度的保守思想和既得利益集团的强烈抵制。中国历史上“商鞅变法”所招来的车裂之祸、“戊戌维新”失败所造成的人头落地；西方历史上哥白尼的日心说最后导致布鲁诺殉难于罗马鲜花广场等，都反映出制度变革之艰难。但是，科学技术进步毕竟是不可阻挡的历史潮流，与之密切联系的社会生产力也要求不断发展，这一切都成为推动制度变革愈来愈强大的压力，人们将前仆后继，不断进取，直至实现制度变革的目的。

科学技术发挥制度文明功能的另一种形式是，科学技术的影响作为一种外来文化作用于引入国家的制度层次。在现代化过程中，不少发展中国家总是首先从发达国家引进大量先进的科学技术知识的物化产品，如飞机、大炮、轮船、机器、仪器、建筑、玩具等。但是，一个国家的现代化仅仅停留在这一步是非常不够的。因为先进的科学技术知识和相关的物化产品是在创造国的现代化机构中，按照先进的、科学的或者经济的管理制度与方法制造出来的，它是一定社会制度与社会结构的产物。发展中国家从发达国家引进物化的科学技术的目的是为了使这些器物本土化，为实现本国的经济现代化服务。但是要做到这一点，就必须同时引进先进的、科学的或者经济的管理制度与方法，改革一些不合理的规章制度。也就是说，没有物质文明与制度文明的必要整合，单纯的物质文明只能是一种空想。

当先进的科学技术影响作为外来文化的一种形式作用于引入国家的制度层次时，同样不可避免地也会遭到旧制度维护者的强烈反抗。这种反抗来自两个方面。一方面，制度改革势必损害在旧制度下受益的既得利益集团，为了维护这种利益，他们一定会千方百计地加以抵制。另一方面，是长期在本土文化中生活的人们对于外来文化不适应，进而做出一种“药物性的过敏反应”。比如，人们习惯于在旧的、科学的或者经济的管理制度与方法的指导下行为，当伴随科学技术影响而来的新的、科学的或者经济的管理制度与方法制约人们在生产与生活中的社会行为时，人们就会以罢工、怠工等各种形式来反抗这种新的制度与方法，以表示他们对这种制度的不适应。后一种情况，应该说是任何文化背景下都会出现的正常现象，如果这种改革是必要的、有效的、公平的、公正的，那么随着改革的进行，这种过敏反应也就会逐步消失。

2. 科学技术与社会制度变迁

马克思、恩格斯对于科学技术的制度文明功能做过大量的论述。马克思曾经说道：“手推磨产生的是封建主为首的社会，蒸汽磨产生的是工业资本家为首的社会。”恩格斯也曾指出，蒸汽机和棉花加工机“这些发明推动了产业革命，产业革命同时又引起了市民社会的全面变革，而它的世界历史意义只是在现在才开始被认识清楚”。通过考察近现代科学技术革命与社会制度变迁的关系，可以说明他们的观点是完全正确的。

1）第一次技术革命与自由资本主义制度的确立

以纺织机、蒸汽机的改良和大规模应用为主要内容的第一次技术革命，极大地提高了社会生产力，促成了农业社会向工业社会的过渡，同时也促进了社会结构的分化和重组。它把家奴变成了自由民，把小土地占有者变成了工业工人，它摧毁了旧的封建手工业行会，为资本主义生产关系的迅速发展提供了大量可雇佣的劳动力，加快了资本化进程。那些穿着燕尾服并有贵族称号的土地贵族当起了公司的董事长或工厂主，成了资产阶级，从而使封建主义的经济基础土崩瓦解，逐步确立了资本主义生产关系的统治地位。在工场主变成工业资产阶级的同时，也诞生了近代产业无产阶级，由此揭开了近代无产者与资产者阶级斗争的一页。

2）第二次技术革命与垄断资本主义的形成

在第二次技术革命中，产生了一系列新兴工业部门——电力工业、通信工业、汽车制造业、飞机制造业、有机合成工业、石油工业、钢铁工业、军火工业等。这些资本密集型的新产业群，必须依靠大量资本的积累和集中，特别是电力、钢铁、有机合成、有线无线通信、铁路运输系统等，这些新兴工业本身就要求集中生产和统一管理。只有这样，才能提高劳动效率和经济效益，达到生产技术上的标准化、通用化、系列化和产品的高产值化、高产量化。因此，在第二次技术革命的推动下，这些生产部门都迅速地走向集中，从而使得这些工业部门本身带有某种垄断性质，垄断资本首先在电力、通信、铁路运输等部门形成也就很好理解了。

垄断资本主义的形成导致了两个突出的结果。第一，随着大工业的发展，产业工人的队伍愈来愈壮大。由于垄断资本加重剥削，工人日益贫困化。在马克思主义指导下，在第二国际具体领导下，工人阶级不断展开争取经济权利、政治权利和劳动权利的斗争，迫使垄断资产阶级做出一些让步。第二，加剧了资本主义经济、政治发展不平衡规律的作用。英、法等老牌资本主义国家因固守原有的技术基础，不愿采用新技术进行装备更新，而处于相对停滞不前的状态；德、美等后起资本主义国家则积极采用新技术，迅速地、跳跃式地赶上和超过了老牌资本主义国家。从而加剧了帝国主义列强重新瓜分世界市场和殖民地的斗争，加剧了世界范围的军事冲突，使得社会主义革命首先在单独一个国家取得胜利成为可能。

3）现代科学技术革命和社会主义国家的改革

社会主义是一种崭新的社会制度，它也必须随着时代潮流的前进而发展。恩格斯曾经说过："所谓'社会主义社会'不是一种一成不变的东西，而应当和任何其他社会制度一样，把它看成是经常变化和改革的社会。"我们今天生活在新技术革命的时代，科学技术是第一生产力，社会主义国家的经济、政治、科技、教育等各个方面的制度必须要做出相应的变革，才能适应开发、运用科学技术促进经济持续发展的时代要求。原苏联和东欧社会主义国家的解体，原因是多方面的，其中之一就是：他们自从20世纪50年代以来的"改革"，始终未能解决体制上的根本缺陷——高度集中的管理模式，"重、轻、农"为序的僵化的经济发展模式，不惜代价研制军用技术，民用技术长期陈旧，落后的军备竞赛思维等，致使科学技术畸形发展，技术进步与社会生产脱节，在经济水平及综合国力方面迅速落后于欧美发达国家，加之政治、经济决策的一连串重大失误，20世纪90年代初的剧变已经在预料之中。反之，中国的改革，从一开始就抓住了为知识分子正名，肯定科学技术是生产力这样的理论问题，以后又从农村管理体制入手，解放农民的生产积极性，再提出了“科学技术必须面向经济建设，经济建设必须依靠科学技术”的战略方针，指导经济体系和科技体系改革，一步步地将科学技术与经济纳入协调发展的轨道，使社会主义与市场经济统一起来，使各个领域的制度与科技进步统一起来，20 多年的巨大成就得到了举世公认。社会主义改革正反两方面的经验教训再次证明，科学技术的制度文明功能是近现代历史的基本事实。

（三）科学技术对物质文明的促进作用

在科学技术的三大功能中，物质文明功能是以最显著、最突出的形式表现出来的。这种物质形式包括生产工具如机械设备、仪器仪表，生活、娱乐用品如电视机、电冰箱、空调机、洗衣机，防御工具如飞机、大炮、军舰，交通、通信工具如汽车、轮船、电报、电话等。

在一般情况下，科学技术的功能首先就是通过物质层次反映出来而为社会所接受的。虽然科学本身的目的和意义在于认识自然、弘扬理性、提高精神文明程度，但是在近代以来的世俗社会中，人们最关注、最敏感的还是温饱、安全、舒适这些物质层面的东西。而科学通过向技术的转化，恰恰能够满足人们在这方面的需要。所以无论哪个民族，一般都乐于接受和崇尚科学技术。技术首先反映出来的就是有用，具体地解决某一个或几个实际问题，或者是为了方便人民的生产与生活，如指南针的发明是为了航海；天文浑象仪的制作可以更有效地计算历法。所以无论在中国，或者从中国传到西方以后，它们均能很快融入文化传统上有很大差异的社会，受到不同阶层的欢迎。

在我们对不同的文化进行比较的时候，由于价值观、风格习惯的差异，精神文明和制度文明的高下比较往往是十分困难的。但是器物形式体现出来的科学技术由于具有极其强烈的实用性和先进性，极大地方便了人们的生产、生活和相互交往，所以先进的科学技术对于任何一个不发达的民族、不发达的国家与地区，无不具有极大的诱惑力。“时至今日，即使最保守的国粹派，似乎也很少有反对热天吃冰淇淋、冬天用暖气的，尤其很少人反对用兵舰、大炮、飞机等西方武器来保卫国土。”在近代史上，几乎任何一个国家的现代化，都是从工业、农业、国防这些与“富国强兵”直接相关的领域起步的，这种愿望也是非常真诚的。但是，落后国家的现代化无不经受巨大的艰难险阻，有的如某些伊斯兰国家，半途而废；有的如东南亚诸国，仍在腐败、动乱甚至内战中挣扎。这些事实说明，仅仅看到科学技术的物质文明功能，不能自觉地、积极地推动物质文明、制度文明、精神文明三者的有机整合，单兵突进，依靠引进、开发科学技术以实现物质生产和生活现代化，只能是一厢情愿，必定以失败而告终。

三、科学技术与创新体系的建立

为了落实科教兴国战略，提高全民族的知识创新能力，必须建立我国的国家创新体系。因此，既要注意与国际接轨，把握国际经济和科技发展趋势，学习借鉴发达国家建设国家创新体系的成功经验，又要瞄准国家战略目标和国家需求，符合我国国情；既要注意发挥市场机制的作用，又要强调政府行为的合理作用；既要注意公平竞争，又要发挥系统的整体效率。

国家创新体系是由与知识创新和技术创新相关的机构和组织构成的网络系统，其主要组成部分是企业（大型企业集团和高技术企业为主）、科研机构（包括国家科研机构、地方科研机构和非营利科研机构）和高等院校等；广义的国家创新体系还包括政府部门、其他教育培训机构、中介机构和起支撑作用的基础设施等。

在国家创新体系中，各个组成部分既有分工又有合作，形成一个相互促进的网络系统。其中，企业以技术创新和知识应用为主，同时进行知识传播；高等院校以知识传播和高素质人才培养为主，同时进行知识创新（相对集中在教学科研型大学里进行）和知识转移；国家科研机构（国家科研机构和部门科研机构）以知识创新为主，同时进行知识传播和知识转移；地方科研机构主要从事与技术创新和技术转移相关的工作；政府的职能，从目前以直接组织创新活动为主，转向以宏观调控、创造良好环境和条件、提供政策指导和服务、促进各组成部分间和国际的交流与合作为主。其他组成部分为创新提供社会环境和支撑条件。

国家创新体系可以分为知识创新系统、技术创新系统、知识传播系统和知识应用系统。知识创新是技术创新的基础和源泉，技术创新是企业发展的根本，知识传播系统培养和输送高素质人才，知识应用系统促使科学和技术知识转变为现实生产力。四个系统各有重点，相互交叉，相互支持，是一个开放的有机整体（表 1-2）。

表 1-2 国家创新体系的结构及其主要功能

名 称	核心部分	其他部分	主要功能
知识创新系统	国家科研机构(国家科研机构和部门科研机构)、教学科研型大学	其他高等教育机构、企业科研机构、政府部门、基础设施	知识的生产、传播和转移
技术创新系统	创新型企业	科研机构、教育培训机构、政府部门、中介机构和基础设施	学习、革新、创造和传播新技术
知识传播系统	高等教育系统、职工培训系统	政府部门、其他教育机构、科研机构、企业等	传播知识，培训人才
知识应用系统	会计、企业	政府部门、科研机构等	知识和技术的实际应用

注：转自路甬祥主编：《创新与未来》，第 118 页

知识创新是指通过科学研究获得新的基础科学和技术科学知识的过程。知识创新系统是由与知识的生产、扩散和转移相关的机构和组织构成的网络系统。其核心是国家科研机构（包括国家科研机构和部门科研机构）和教学科研型大学。它还包括其他高等教育机构、企业科研机构、政府部门和起支撑作用的基础设施等。知识创新系统的主要功能是知识的生产、传播和转移，政府行为起主导作用。技术创新系统是由与技术创新全过程相关的机构和组织构成的网络系统。技术创新是指学习、革新和创造新技术的过程。技术创新系统的核心是企业，还包括政府部门、科研机构、高等院校、其他教育培训机构、中介机构和基础设施等。在发达国家，技术创新更多地由市场机制起作用。我国市场机制发育不完善，企业创新能力和市场竞争能力不强，政府行为仍起较大作用的情况还将持续相当长的时间，但是应当积极地通过采取深化经济体制改革等措施促使这种情况发生变化。

知识传播系统主要指高等教育系统和职业培训系统，它包括高等院校、科研机构、企业等，其主要作用是培养具有较高技能、最新知识和创新能力的人力资源。政府行为在知识传播中起主导作用，同时应注意利用市场机制，充分发挥各方面的积极性。

知识应用系统的主体是社会和企业，它包括政府部门、企业、科研机构、其他机构和组织等，其主要功能是知识和技术的实际应用。知识应用中市场机制起主导作用，社会和企业是行为主体。政府的作用是制定并执行法律、法规和政策，引导、监督和宏观调控社会及企业的行为，应用知识做出科学的决策，以提高知识转化为现实生产力的能力和效率，促进我国知识密集型制造业和服务业的发展。

在国家创新体系的整体规划中，还要求按照领域、地区等进行细分。例如，建立国家农业创新体系、国家中小企业创新体系、国家能源工业创新体系等，建立北京市创新体系、上海市创新体系、浙江省创新体系等。国家创新体系及其各个子系统还必须建立自己广泛的国际联系。

国家创新体系是经济和社会可持续发展的基础和引擎，是培养和造就高素质人才的摇篮，是综合国力和国际竞争力的支柱和后盾。各级政府、全体党政军工作人员、广大群众都有责任关心和支持国家创新体系的启动和建设。

第二章　选　　题

第一节　选题的意义

所谓选题，就是选择毕业论文的论题，即在撰写论文前，对科学研究中所要研究或讨论的主要问题的选择过程。这些问题一定是理论上或实践方面尚未解决的问题。科学研究过程就是提出问题和解决问题的过程。也就是确定问题写什么，怎么写的过程。

选题中的“题”字，实际上包含了二层意思：课题、论题和题目。这三者的概念同属一个学术问题，但又有所区别：

(1) 课题不同于论题，通常是指某一学科重大的科研项目，研究范围比论题大得多，在理科中常被称为某个研究领域或尖端领域。比如转基因农作物的研究就是一个大课题，其中包含转基因玉米，转基因水稻、转基因小麦以及转基因农作物的安全性等论题。

(2) 论题又不同于题目，它的研究范围一般比题目要大，可以由多篇论文组成。

(3) 题目是指论文的标题，它的研究范围一般比论题要小。比如作者选定的论题是濒危植物翅果油树种多样性的研究就可以选择许多题目来写论文，濒危植物翅果油树种群的生态多样性、遗传多样性等等。

选题决定着论文的价值，也关系到论文写作的成败。正确而又合适的选题，对撰写毕业论文具有重要意义。通过选题，可以大体看出作者的研究方向和学术水平。这是因为，在确定题目之前，作者总是先大量地接触、收集、整理和研究资料，从对资料的分析、选择中确定自己的研究方向，直到定下题目，这一系列过程对于将要着手撰写的毕业论文来讲，已经奠定了重要的思想基础。爱因斯坦曾经说过，在科学面前，“提出问题往往比解决问题更重要”。提出问题是解决问题的第一步，选准了论题，就等于完成论文写作的一半，题目选得好，可以起到事半功倍的作用。因此在撰写论文前，必须重视选题，第一步就要争取“选对题”。

第二节　选题的基本原则

1. 科学性

科学性原则就是选题以一定的科学理论和事实材料为依据，并以此为基础，借助文献资料和个人的经验体会，经过归纳、演绎、类比、分析推理等科学思维而形成科学假说，一个好的选题，首先必须符合自然科学的基本原理，要有一定的科学理论做指导。最常见的问题是课题缺乏构思成熟的科学理论，或目标不明确。

选题是科学研究的第一步，这第一步是至关重要的，是具方向性的，是在提出问题。爱因斯坦说：“提出一个问题往往比解决一个问题更重要。”有的专家甚至这样评价选题的重要性：“选题选好了，科研就成功了一半。”虽然略有些夸张，但由此引起人们对选题重要性的认识是完全必要的。一个人的研究水平再高，如果所选科研题目不合适，再强的能力也发挥不出来。就好比有人虽然枪法高超，但目标选错了，结果却打到别人的靶子上，达不到预期目的。

科研题目涉及研究的主攻方向，是整个研究的中心思想，也是指导研究工作中各项安排的主线，在科研的成与败上起着决定性的作用。因此决不能马虎草率，应该下大力气、下苦功夫，力争使所选题目具高质量。

科学论文是研究问题、表达科学研究成果的，选题则决定了研究什么和怎么研究。好的选题能推动我国科学事业的发展，从而产生好的经济效益和社会效益；反之，选题不当，不但不利于科学的发展，没有积极的效益，而且会浪费人力、财力和物力，给国家造成很大的损失。为国民经济服务，解决生产建设中迫切需要解决的科学技术问题，这是科学研究第一位的任务，也是衡量科学论文价值的标准。因此，选题，不仅决定科学研究的方向，科学研究成果的大小，而且决定论文的价值与水平。要提高我国的科学水平和学术水平，就必须认真做好选题。

但是在实际工作中，人们往往对选题这个关键问题重视不够，处理不当。例如，有的人由于个人成名成家的思想作祟，对国家科学事业态度，没有做深入的调查研究，因而选题脱离实际；有的只凭个人爱好，兴趣，忽视学科发展的需要，研究一些暂时或根本没有探讨必要的课题；有的是思想方法上偏颇，选题时过于片面，追求一些没有实际价值的课题等等。当然，更多的是在选题方法上存在毛病。选题，是写作科学论文、进入科学研究领域的开端。一个人能否独立地进行科学研究，重要的标志就是能否选择一个合适的、经过一定的努力可以解决的课题。我们要牢记发展我国科学事业的革命历史，以科学的态度与方法来对待选题。

2. 创新性

创新性是科研选题应具备的重要条件，是科研课题得以成功的基本保证和价值所在。选题的起点要高，有所创新。所谓创新可以是全新或具有不同程度的新颖。一个盲目的重复别人的工作、完全没有创新的选题是毫无意义的。选题的创新性体现在以下几方面：所研究的内容和提出的问题是前人未曾研究和涉及的，需要开辟新的领域或建立新的技术方法等，即填补某个学科中的一点空白；前人对此问题虽有研究，但尚存在一些疑点和争论的问题，可以补充完整、发展、解决新的问题；已有的理论不能完全解释的自然现象，某些客观事实与解释它的理论相抵触的问题；国外对此问题虽有研究，但国内比较薄弱或尚未起步，需结合我国实际引进国外先进技术，从而填补国内空白。

3. 适用性

从实际出发，根据实际需要、社会需求及科学发展的需要，选择适当的研究课题。恩格斯说过："科学的发生和发展一开始就是有生产决定的。"选题既要考虑当前的迫切需要，也要考虑远期的要求。

科学研究旨在解决理论和实践问题，基础理论研究最终也将应用于生产领域。无论是科研选题还是论文选题都应本着适用性的原则。选择那些对社会和生产有直接或间接效益的课题。当然，并不排除纯理论的基础研究，有些纯理论研究暂时还看不出其应用价值，但随着科学发展，其适用性会显示出来。

4. 可行性

选定课题时，要慎重考虑本人的技术水平和单位的设备条件能否保证在方法手段上达到课题要求。有时，为了验证所掌握的手段是否切实可行，还要在选题之前进行预备实验，以便有把握地选定力所能及的课题。选题最易出现的通病是为了获得资助而贪大求洋，题目选得过大，手段方法定得过高、太难，甚至完全脱离现实和客观条件，结果是题目定了，但无从下手。课题选得越具体明确，说明选题者的科学思维越清楚，题目的假说越集中，实验观察的对象、使用的方法手段和所采取的指标之间的联系和因果关系越明确，预期结果也就越可信，回答的问题也就越深刻。如"微量元素代谢性疾病的研究"，这是一个很大的课题，要深入研究是不易的。微量元素的种类很多，人体必需微量元素就有十几种，究竟以哪种为主，在一个课题里不可能进行全面研究。假若申报这样一个课题，获得批准的可能性很小。

第三节　课题的类型

课题从不同角度可以划分为多种类型。

按研究功能划分，可以分为理论性研究课题，应用性研究课题和开发性研究课题。理论性研究课题指以揭示教育现象的本质及其规律，形成或发展教育科学理论为目的而进行的研究课题。应用性研究课题是运用基础理论研究得出的一般知识、原理、原则，针对某具体实际问题，研究某一局部领域的特殊规律，提出比理论性研究更有针对性的理论和方法，主要解决实际问题。开发性研究课题是建立在前两种研究的基础上，以开发能使用的教学产品为目的的课题研究。教育产品除教科书、投影片等有形产品外，也包括可操作性的教育教学方法或组织教育教学的策略、程序等无形产品。

按研究的深度划分，可以分为描述性课题、因果性课题、预测性课题等。

按课题的来源分为招标课题、自拟课题。

按研究对象不同分为教育课题、管理课题、教学类课题、教学科技课题等。

第四节 选题策略

俗话说万事开头难，确定好题目也就意味着成功了一半，那么如何选题呢？

在确立题目之前，首先要有一个初步设想，有人将这种设想称之为“假说”或“初始意念”。尽管这种设想是初步、肤浅而且粗糙的，但却是非常可贵的，它不但是科研的起步点，而且是发展科学理论的桥梁。这种初始意念不是凭空想象的，大多都是根据作者来自于科研或生产第一线的知识，再通过深入分析、广泛联想、认真思考和充分蕴雕而形成的。有时作者的一些设想也可因听取学术报告或阅读文献而受到启发。有了初步的设想，就应该着手开展广泛的调查研究，用选题的“五性”原则来检查和论证选题的内容，然后查阅相关文献，修正或完善选题。但是在选题过程重要主义选题的策略。

选题的策略大致包括：循序渐进和联想策略、“边缘搜索”策略、厚积薄发策略等。

1. 循序渐进和联想策略

选题要遵循由小到大、由易到难、由浅入深，从一个一个基本问题做起、选好突破口，有了成果、有了积累，然后深入研究，逐步扩展。任何创造性的思维都不是凭空臆想，它来自坚实的基础：任何新成就的取得都不是从天而降的恩赐，而是对前人成果的继承与发展。对前人成果的继承，一方面是指在对前人知识与研究成果深刻了解与掌握的前提下，去选取那些“前沿性”的课题；另一方面，是指从前人思想与研究中获得启迪。有勇气去研究前人刚刚开始接近还没有解决或提出的问题，这是选题的一个重要思路。

2. “边缘搜索”策略

现在科学研究越来越向交叉、渗透和综合化发展，课题研究选题可从那些被人们容易忽略的“边缘”地带去寻找。人类对自然科学的认识是个逐渐的过程，不可能一次认识清楚，因此她永远处在一个不断深入与发展的过程之中。随着科学技术的改革和进步，人们会从不同的角度，采取不同的措施去寻找前人认识的矛盾，发现问题，深入研究。从这些地方发现课题除了胆略、学识之外，更多的需要认真与细心，需要有锲而不舍、深入探索的精神。

3. 厚积薄发策略

当知识和经验积累到一定程度的时候，偶然的灵感可能会把自身做的工作转化为课题。这样的课题往往具有一定的创新性和探索性，并且具有研究的空间，但是需要研究者去不断反思和挖掘。

总之，不论采取哪种选题策略，都要注意扬长避短，充分发挥自己的优势。要选择理论研究中的空白；或者同一个课题从新的角度去研究；或者对于重大课题，采取蚂蚁啃骨头的办法，先集中精力，打开缺口，然后逐步扩大研究领域。

第五节　选题的程序

选题程序是指课题选择从产生研究动机到选定研究方向，从问题朦胧模糊到清晰集中，从有初步研究构想到有明确研究思路和方法的过程。这个过程一般有如下程序。

1. 确定研究方向

选择研究方向要考虑三点：一是该研究方向研究的理论与实践价值，有无开掘的必要；二是自己信息积累和研究的基础；三是相对于其他方向有无更多的环境与条件优势。

本科学生通过1～3年级理论课的学习已对部分二级学科有了一定的了解。毕业论文选题时应根据自己对课程的了解和自己的兴趣确定选题的专业方向。例如，生物科学专业选择细胞方向、动物学方向、微生物学方向等。化学专业选择物理化学、分析化学、有机化学和无机化学等。硕士研究生招生专业按二级学科设点（例，生物学科的植物学点）和三级学科设专业方向（例：植物学的系统分类方向、结构植物学方向等）。

2. 分解研究问题

方向确立后要对这个方向上研究的问题进行分析、筛选和梳理，选出其中一个适合的问题进行研究。

3. 分析研究背景

分析研究背景主要是查新研究，是指本课题能解决哪些理论或实践问题；是否有人做过同类课题，有何成果；是否有人正在做同类课题，但在目标、对象、方法上是否有区别；哪些理论、观点和方法可为本课题提供理论支持和借鉴。

4. 明确研究目标

一个课题一般可分为任务目标、状态目标和成果目标。任务目标是指工作目标，即研究的目的意义、工作步骤、时间安排、经费安排、人员分工、完成时间等；状态目标是指具体实施某一研究时希望达到的新状态，这在运用实验、实证研究的课题中体现较多。如我们开展平时作业的实验实证研究时就须设置状态目标，这种目标往往采取预测假设来表现。成果目标是指课题研究的最终成果，如我们开放教育试点课题研究最终要取得的教学模式、管理模式及运行机制等。

5. 选择研究方法

研究方法在很大程度上决定课题研究的效率。自然科学研究手段包括实验研究、理论研究和高等师范院校相关学科的教学研究，例如：生物地理、环境等学科地质变化、动植物区系分析、生态恢复和动态分析的研究等。每个研究领域都有其特殊的方法和手段，有的需要实地勘察，有的需要查阅专业历史文献，生物分类则需要到标本馆查阅标本，或到野外采集标本等。因此，研究者在选题时应根据自己的兴趣和特长选择适合自己的研究手段，例如，有的同学喜欢亲近大自然，喜欢登山越野就可选择样方调查、标本采集、地质勘探、环境调查等野外操作的项目。有的同学喜欢室内实验工作，可对某些实验（如显微观察摄影、仪器分析、电器电路实验等）可做出相应的选择。

第六节　毕业论文选题要求

对于本科生毕业论文选题应注意以下几点：

1. 选题要明确类别

选题是否适度，往往影响论文撰写的成败。理论研究题目、实验研究题目、综述研究题目所采取的研究手段和方法是不一样的。因此，论文的选题一定要具体化，界限要清，范围宜小，不能太笼统。

2. 要结合专业

因为各专业开设的课程不同，而论文又是对大学生综合运用所学知识的能力的体现，所以论文的选题不能脱离自己的专业知识。在确定选题时，一般要在一个大的研究范围内确定一个比较小的、自己能够把握的、感兴趣的题目。在自己所学专业的某一范围内，运用所学的知识去探索、研究、思考，就容易找到毕业论文选题的切入点。

3. 选题要考虑篇幅

毕业论文有时间限制。如果时间短，就要选范围小的题目。若选题过大，研究难以深入，论文可能显得较肤浅。如果时间长，就要考虑范围稍大的题目。篇幅是一种空间的限制，不同篇幅的论文，在选题上也有一定的区别。

第七节　选题存在的问题

近年来通过学生毕业论文的选题，表现出学生选题存在的问题如下：

1. 选题不能体现专业培养目标

学生对自己所学的专业不感兴趣，理论基础比较薄弱，对毕业论文的选题比较盲目，有些学生选题过大，超出了本科生研究的范围，有些选题又过窄，无法开展研究。有些学生仅根据自己手头有限的资料来确定自己的选题，在写作过程中，当发现资料不足时，不愿继续收集资料，中途改换课题，而有些学生硬着头皮写下去，对选题内容把握不准只能凑字数，只能小题大作或大题小作。甚至有的学生凭自己业余阅读的兴趣，贸然在其他专业和学科范畴内选择一个论题，等等。这些情况均不能有效的体现本专业的培养目标。

2. 选择的题目不恰当

学位论文的篇幅决定了论文一般只讨论一个问题、论证一个观点。有的学生选择的题目模糊笼统，或者过大过长，造成论文重点不明确。这样写出的论文学术水平低、质量低，却花费了大量时间。因此指导教师要及时给予纠正，使选题难易适中。其次，选题表述冗长，重点不明确。

3. 选题完成的客观与实际情况不符

学生的选题既符合专业培养目标，也包含一定的实践或理论价值，同时学生也具备完成选题的基本专业能力，但是因为图书资料和实验设施不能满足完成选题的条件，课题最终也未能完成。尤其对于生物、化学、物理等理科专业学生，毕业论文大多数是实验性质的，常存在这样的问题。

4. 选题缺乏创新性

学生所选题目相似性高，说明了学生没有自己的创意，找不到自己可以研究的题目。指导老师应给予纠正。

因此，本科生在毕业论文选题时一定要谨慎。

第三章　文献利用

第一节　文献的定义和类型

一、文献的定义

为了把人类知识传播开来和继承下去，人们用文字、图形、符号、声频、视频等手段将其记录下来，或写在纸上，或摄制在感光片上，或录到唱片上，或存储在磁盘上。这种附着在各种载体上的记录统称为文献。文献是各种媒介和形式的信息的集合，包括文字、声像印刷品、电子信息、数据库等。即文献是记录有知识的一切载体。

二、文献类型

文献的类型很多，现举几种常见的分类方法。

（一）按照载体形式分类

按照载体形式的不同，可以划分为：印刷型文献、缩微型文献、机读型文献和声像型文献。

1. 印刷型文献

印刷型文献（printed form）是以纸张为存储介质，以印刷或手写为记录手段生产出的一种传统的文献类型。印刷型文献仍是目前主要的文献类型，其物质形式为书本型或非书本型的各种文献，例如图书、期刊、报纸和地图等。

印刷型文献的最大优点是阅读方便，因而流传广泛。图书、期刊、报纸等可以随身携带，随时随地阅读，不需要其他辅助设备。印刷型文献的缺点是存储密度低，篇幅大，体积较笨重，占用的储藏空间大，不便于实现自动化输入和检索。

2. 缩微型文献

缩微型文献（microform）是以感光材料为存储介质，以缩微摄影为记录手段生产出的一种文献类型。其物质形式为缩微胶卷、缩微平片、开窗卡片等。

随着激光和全息摄影技术的应用，又出现了超缩微胶片和激光光盘，缩小倍率可达数万倍。一张直径为 12cm 的光盘，存储信息可相当于 16 开本书本型文献 10 万页，一张全息胶片的信息量则可相当于印刷型文献 20 万页。

缩微型文献的优点是存储密度高，体积小，传递方便，可节省储藏空间，便于实现自动化输入和检索。缩微技术的出现标志着人类信息传递新纪元的开始，它与电子计算机技术、电信技术结合在一起，成为文献检索迅速发展的一股强大动力。

缩微型文献和其他非印刷型文献一样，必须借助相应的设备才能阅读和使用。

3. 机读型文献

机读型文献（machine-readable form）全称为计算机可读型文献，是以磁性材料为存储介质，以打字、穿孔或光学字符等识别装置为记录手段，经过计算机处理生产出的一种文献类型。其物质表现形式为磁带、磁盘和磁鼓等。

机读型文献的优点是存储密度高，存取速度快，原有记录可以修改、删除或更新。缺点是需要较先进的电子计算机设备才能阅读。

4. 视听型文献

视听型文献（audio-readable form）又称视听资料或直感资料，是以磁性材料和感光材料为存储介质，借助特殊的机电装置，直接记录声音和图像而生产出来的一种文献类型。其物质表现形式为唱片、录音带、幻灯片、电影片、电视片、录像带和录像盘等。

视听型文献的最大优点是直感性强，具有其他类型文献不可替代的优越性。它在帮助人们认识某些复杂或罕见的自然现象、探索物质结构和运动机制等许多方面都有独特的作用。视听型文献不仅适用于表现那些难以用文字来描述的事物或情况，而且也是快速传播各种信息的有力工具。它的缺点是必须借助各种相应的技术设备才能使用。

（二）按照内容性质的演变过程和加工深度分类

按照内容性质的演变过程和加工深度的不同，可划分为：一次文献、二次文献和三次文献。

1. 一次文献

一次文献（primary literature）是指作者以在科学研究和生产实践中所取得的直接成果为基本素材创作的原始文献。这些原始文献无论是否参考或利用了其他文献，或以何种载体形式和出版形式出现均属于一次文献。例如大多数论文和专著、科研和生产报告、专利说明书、会议文献和技术标准等都是一次文献。

一次文献的显著特点是内容新颖。一次文献中含有首次发现或系统总结的新知识、新技术、新观点、新论证，或对已知思想观点与事实材料的新理解与新探讨。很显然，一次文献增加了人类的知识总量，是信息含量最大的文献，也是读者参考使用的最基本最原始的文献。

2. 二次文献

二次文献（secondary literature）是将大量分散零乱的一次文献经过整理著录（著者、篇名、分类号、出处、文摘等），并按照一定的顺序加以加工、组织和编排形成的，作为报道和查找一次文献的线索，从而成为读者更方便地利用一次文献的报道和检索工具。例如各种书目、索引、题录、文摘等都是二次文献。

二次文献的显著特点是提高一次文献的传递速度和利用率。

3. 三次文献

三次文献（tertiary literature）是在合理利用二次文献形式的基础上，根据一定的需要，就某一专题集中一次文献的内容，经过分析、选择、编排和加工形成的文献。例如各种年鉴、手册、百科全书、综述、述评等都是三次文献。三次文献的显著特点是内容上的集中性。它排除了与某一专题不相关的文献内容，使文献的主题高度集中，便于读者用较少的时间掌握较多的某一专题内容。

一、二、三次文献的关系：一次文献是原始文献，是二、三次文献产生的基础。二次文献是报道、检索工具，无论如何完善也不能代替一次文献，离开一次文献它将失去存在的意义。三次文献是经过集中与浓缩的文献，虽然为使用文献提供了方便，但要全面了解情况，还要使用一次文献。二、三次文献都是根据人们对文献的不同需要，从不同角度对一次文献进行加工的产物，都是为把一次文献的知识内容传送给使用者。如果把一次文献比作列车，那么二次文献就是列车时刻表，三次文献就是专列。

（三）按照出版形式分类

按照出版形式的不同，可划分为：图书、期刊论文、会议文献、科技报告、专利文献、学位论文、标准文献、政府出版物、产品资料、科技档案等。

1. 图书

图书是一种比较成熟和定型了的印刷型出版物，一般由封面、书名页、内容提要、前言、目录（次）、正文、版权页、封底和书脊等部分组成，并装订成册。图书的历史悠久，流传广泛，数量庞大，影响深远，至今仍然是主要的文献类型。图书的特点是：涉及面广、品种繁多、知识信息含量高、出版量大，是人们进行学习、获取知识信息的最重要读物。其主要类型有：专著、教科书、工具书、论文集、资料汇编、文学作品等。阅读图书是获取系统知识、解决不熟悉问题的最有效的途径。

2. 期刊

期刊是指有固定的刊名和统一的出版形式，并按年或出版次序分期编号，载有多个作者作品的定期或不定期出版的连续出版物。期刊包括杂志、年刊、回忆录、丛刊等。其特点是出版周期短，报道速度快、信息量大、内容新颖、发行面广，能及时反映科学研究方面的最新动态。

期刊是文献的主要类型，是科学研究的主要信息源。期刊按其内容性质和用途，还可分为学术性期刊、政论性期刊、通报性期刊、评述性期刊、数据性期刊、行业性期刊、检索期刊、通俗性期刊和文艺性期刊共9种。

3. 会议文献

会议文献是指各种在会议上宣读或提交讨论、交流的论文、报告、会议纪要及会前通知、会议日程安排等和会议相关的文献。

4. 科技报告

科技报告是指政府的某个科研部门、厂矿企业或大学的合同科研单位，对某项科研项目的调查、实验、研究所提出的正式报告或进展情况的报告。其内容专、深、具体，分基础理论和生产技术两类。

如，美国政府四大科技报告：AD（美国武装部队技术情报服务处）报告、AEC（美国原子能委员会）报告、NASA（美国国家宇航局）报告和PB（美国政府出版局）报告。

5. 专利文献

专利文献是指专利局公布或归档的与专利有关的文献，包括专利说明书、专利公报、专利分类表以及专利从申请到结束全过程中的文件和资料。专利说明书是专利发明人向国家专利主管部门递交的有关一项发明创造的书面申请材料。

6. 学位论文

学位论文是指博、硕士研究生为获得学位所撰写的论文，是对某特定问题的研究总结，有新论点、新依据、数据充分，是图书馆馆藏的一种。

7. 标准文献

标准文献是指对产品和工程质量、规格及其检验方法等所作的技术规定，是由标准以及其他具有标准性质的规定组成的一种特定形式的文献体系，具有一定的法律效力。

8. 政府出版物

政府出版物是各国政府及其所属机构出版的文献资料，可分为行政性文件和科技文献。行政文件包括会议记录、政府法令、规章制度、方针政策、指示决议等，科技文件包括科技报告、技术改革、调查报告、科技资料及科技政策等。

9. 产品资料

产品资料包括产品样本、产品标准、产品说明书、产品目录等，是对产品的性能、原理、构造、规格、用途、操作规程和使用方法的具体说明。

10. 科技档案

科技档案是指生产建设和科技部门在科学技术活动中形成的科学技术文件、图表、照片、原始记录，包括科研规划、科研设计、实施方案、任务书、协议书、病案资料、课题设计、工程设计和实验记录等。

第二节 文献检索

许多人都有查找资料的经验。例如，常跑书店和图书馆的新书阅览室，注意相应领域新书的出版情况，定期阅览书评与文献报道，了解学术会议的召开和论文交流情况等。在此基础上建立个人的资料档案，在需要时随时调看。这种方法虽然有效，但只限于本人所遇到的机会，发现有价值的资料带有一定的偶然性。本节将介绍手工和计算机检索的基本知识，包括检索语言、检索工具和检索的一般程序等。

一、文献检索的原理

文献检索是从文献集合中，迅速、准确地查找出所需文献或文献中包含的信息内容的过程。

文献检索的原理是：将检索提问标识与存储在检索工具中的标引标识相比较，两者一致或信息标识包含着检索提问标识，则含有该标识的信息就从检索工具中输出；信息的著录是按一定规则对信息的外表特征和内容特征加以简单明确的表述，信息的标引是对其内容按一定的分类表或主题词表给出分类号或主题词；检索过程则是按同样的主题词表或分类表及组配原则分析课题，形成检索提问标识，根据检索工具所提供的检索途径，从信息集合中查找与检索提问标识相符的信息特征标识的过程（图 3-1）。

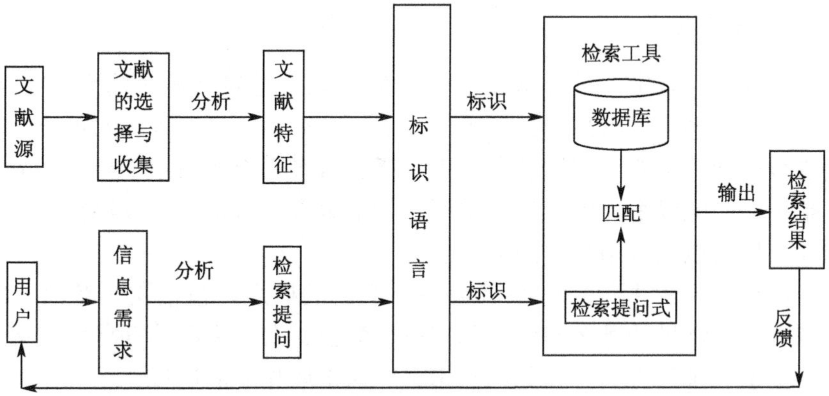

图 3-1 文献检索的原理

二、检索工具

检索工具是对一次文献进行加工和整理，它是沟通国际书目情报、实现国际文献资源共享的重要手段，是检索出版物的重要工具。包括手工检索和计算机检索。

手工检索：主要有目录、题录、文摘、索引等工具书。

计算机检索：一般通过搜索引擎，或直接深入到上述各种工具中。

三、检索语言

检索语言是为文献信息用户和文献信息之间沟通的语言，理论上讲，是用于文献标引和检索提问的约定语言。按照表达文献主题概念的词语形式，有分类语言和主题语言，其中主题语言又分为叙词（如主题词）和关键词；按照规范化程度，有自然语言和规范人工语言。

四、检索途径

文献具有内容特征和外表特征，从而也构成了文献信息检索的两大基本途径，内容特征检索和外表特征检索。

（一）内容特征检索，分为主题途径和分类途径

主题途径：它是根据文献所论述的主题，利用主题语言编制的主题索引而进行的信息检索。主题索引大多按字母排列方式，因此，检索也要用相应的方式。

分类途径：它是根据文献所论述的主题内容，利用分类语言的学科专业体系进行的检索。大多数检索工具都采用分类语言作为正文编排体系的依据，分类目次通常不采用字顺排列类目和检索类目，而是按照学科专业角度的层层逻辑划分建立分类类目体系。检索时要选择合适的分类类目。

（二）外表特征检索，分为著者、书名、序号等途径

著者途径：检索中，著者是一个广义的概念，是对文献内容负有责任的作者、编者、译者等，可以是个人、团体、机构、组织，甚至著者的单位。通过著者途径进行检索，主要可利用著者索引。所有著者索引都采用字顺排列方式，如果著者是个人，就以个人姓名字顺排列，如果著者是机构，就以机构名称字顺排列。因此，检索也应该用相应的途径。

题名途径：检索中，文献题名是一个广泛的概念，包括文献篇名、图书书名、期刊刊名。常见的题名索引主要有篇名索引、书名索引、刊名索引等。题名索引通常按字顺排列方式，因此，检索也应该采取相应的途径。

序号途径：许多文献除普通的外表特征外，还具有序号特征，例如，专利文

献有专利号，标准文献有标准号，馆藏文献有索书号。序号索引一般按照文献序号的大小顺序排列，如文献序号纯粹由数字组成，就按数字大小顺序排列；如果序号包含数字和字母，就按数字大小和字母顺序升序排列；如果前面是字母后面是数字，就先按字母顺序排列，字母相同，再按后面的数字大小排列。因此，序号检索也应用同样方法。

第三节 重要检索系统的介绍及其使用

一、美国科学引文索引（SCI）

（一）美国科学引文索引概述

美国《科学引文索引》（Science Citation Index，SCI）是美国费城科学情报研究所（Institute for Information，ISI）编辑出版的一种综合性科技引文检索刊物，创刊于1961年。原为年刊，1964年改为季刊，1979年改为双月刊至今。编有年度累积本、5年累积本和10年累积本，1990年开始发行光盘数据库，1997年推出网络版，2001年建立ISI Web of Knowledge平台，将网络版SCI整合到该网络平台中，与其他信息资源一起提供强大的检索服务。

《SCI》是一种反映文献间引证关系的大型综合型检索刊物。1995年收选了国际3430种期刊，另外还收选了一些会议录、科技报告、专著等。专业范围包括数学、物理、化学、生物、医学、农业及工程技术等学科领域。Web版SCI扩展库（Science Citation Index Expand）收录的期刊数量为6000多种。所收录资料以每年60万条记录及900万条以上引文记录的速度增长。

（二）数据库检索方法

1. 运算符、通配符

（1）逻辑运算符："AND"、"NOT"和"OR"。

（2）位置算符："SAME"、"SENT"二者作用相同，规定多个检索词出现在同一句话中，词和词之间的顺序可变。

如果在同一字段的检索中运用了多个运算符和位置符，则按下列顺序优先：SAME>NOT>AND>OR；若想改变运算的顺序，可用括号括起；若想使用这些逻辑运算符或运算符作为检索词检索，则要用引号""将这些词括起。

（3）截词符"＊"及通配符"?"：为了查全名词的单数或复数、动词的各种形式，常将"＊"和"?"用在检索词的后面或中间来代替部分字母。"?"代表一个字符，"＊"代表两个或多个字符。

2. 检索方法

Web of Science 提供快速检索（Quick Search）、普通检索（General Search）、引文检索（Cited Reference Search）和高级检索（Full Search）以及利用以前保存的检索策略进行检索（Open Saved Search）等检索方式。在开始检索前，先选择数据库，并限定检索的时间范围（文献被数据库收录的时间）。

（1）快速检索（Quick Search）：直接输入关键词就可实现快速的主题检索，关键词的输入可使用逻辑运算符或截词符。

（2）普通检索（General Search）：通过主题、著者、团体作者、来源期刊名称或著者地址检索 SCI 收录的文献信息，即来源文献的信息。可在一个或多个检索字段中输入检索词，检索词之间可以使用逻辑运算符或截词符（不同字段之间的逻辑关系默认为 AND）即可实现不同字段之间的组配检索。

主题检索（Topic Search）：对文献篇名（Title）、文摘（Abstract）及关键词（Keywords）等词段进行检索，可使用逻辑运算符或截词符。

著者检索（Author Search）：对论文著者进行检索，可使用截词符，可输入著者的姓的全称、空格及人物名字的首字母，也可只输入姓，在“姓”后加截词符。例如，检索 Stewart CN 的文章可在 Author 检索框中输入“Ste * CN”或“Stewart C *”等。

团体作者检索（Group Author Search）：输入团体作者名称的全称或缩写。可通过点击 Group Author Index，从团体作者名称索引中查找准确的团体作者名称，可使用逻辑运算符 OR 或通配符。

来源出版物检索（Source Title Search）：输入期刊名的全称或缩写。可以点击 List，从期刊列表粘贴拷贝准确的期刊名称。可使用逻辑算符“OR”，也可用通配符检索和截词符。例如 Journal of Cell Transplantation 或 Journal of Cell *。如未掌握需检索的期刊刊名全称的确切信息，可以点击“Full Source Title”，从期刊名中查找准确的期刊名称。

地址检索（Address Search）：从所在机构或地理位置检索，包括大学学院、机构、公司、国家、城市等的名称和邮政编码等。可使用位置算符 SAME。

当通过著者机构进行地址检索时，可以输入机构名称中的单词或短语（经常采用缩写形式）；从机构名称检索时，可输入公司或大学的名字；检索某一地点的机构时，可用 SAME 连接机构及地点；检索某一机构中的某个系或部门时，可用 SAME 连接机构、系或部门名称。当通过地理位置进行地址检索时，可输入国家、省名称或邮政编码。

（3）引文检索（Cited Reference Search）：通过引文著者、引文来源及引文年代检索索引文献的信息。

引文检索提供 3 个检索途径：

引文著者检索（Cited Author Search）：输入引文著者名称，可使用逻辑算符“OR”；

引文来源检索（Cited Works Search）：输入引文所在期刊刊名缩写、书名缩写或专利号，可使用逻辑算符“OR”；

引文年代检索（Cited Year Search）：输入四位数字的年代，可使用逻辑算符“OR”。点击 Lookup，出现引文选择（Cited Reference Selection）界面屏幕上列出命中的引文文献，先按照引文著者排序，再按照引文著作排序。

每篇引文文献的左侧的“Hits”列显示该文献被引用的次数，被引著者前如有省略符号，表示该著者不是来源文献的第一著者。（注：根据 ISI 公司 Cited Reference Search 的规定，做引文检索时，被引文献是 1994 年以前的，则只能从第一著者检索，被引文献是 1994 年以后的，可以从任何一个著者检索。）

在引文条目左侧的方框内作标记（或者点击 Select All 将屏幕上显示的引文全作标记），点击 Next 翻页，重复选择需要的条目直到最后一页。完成选择后，点击 Search 检索，查找所选引文文献的来源文献（引用文献）。

（4）高级检索（Advanced Search）：通过输入组合好的检索表达方式进行检索。表达式的构建需要比较专业的检索知识，其基本检索单元是：字段标识码＝检索词，然后用逻辑算符组织若干个基本检索单元进行检索。主要的字段标识码如下：TS＝Topic，TI＝Title，AU＝Author，GP＝Group Author，SO＝Source，AD＝Address，OG＝Organization。逻辑算符包括：AND、OR、NOT、SAME。在高级检索界面还可以通过对检索史中的检索式的序号进行组配实现复合检索。如＃1 AND ＃2。

（5）调用存储的检索策略（Open Saved Query）：在一次检索之前或者之后，系统会自动将检索式加到检索历史窗口，在此窗口可以存储检索策略，以备后用。检索策略存储在用户本地的硬盘或者软盘上，用户可以指定文件目录。注册了定期服务的用户还可以将检索策略存储到 ISI 的服务器上，转换成通过电子邮件的形式发送的定期服务策略。通过调用存储策略按钮可进入保存过的检索策略文件列表。点击 Browse，选定目录和要调入的文件，就可用先前存储的检索策略检索了。

在开始检索之前，可以对文献的语种及文献的类型进行检索。文献语种的选项列表，有近 50 个语种供选择，使用 Ctrl-click 可选择多个选项。默认选项为“All Languages”。文献类型的选项列表，有 30 多个文献类型供选择使用 Ctrl-click 可选择多个选项。默认选项为“All document types”。

3. 检索结果显示和保存

检索出所要查找的文献后，可以选择相应的格式进行显示和保存。

（1）显示。除引文检索外，其他检索方式检索后屏幕上以简洁格式显示所有命中记录。每条记录的内容包括：前 3 位著者、文献篇名及来源期刊名称、卷期、页码等信息。此界面右侧的“Analyze Results”按钮为用户提供了分析检索工具结果的功能，可按作者、文献类型、机构名称、语种、出版年、来源刊物、主题内容对检索到的文献进行归类、统计和排序。

如果点击显示的文献的篇名，就可以浏览文献在 ISI 数据库中的详细信息。该页面还提供链接到该文献的参考文献（引文，Cited Reference）、该引文的被引情况（Times Cited）及相关文献（Find Related Record）的链点。点击相应的按钮可以查看文献的引用信息、被引文献的详细信息及相关文献。

应用引文检索途径进行检索，输入检索词后点击“查找”（Search），出现引文检索（Reference Index）列表，列出全部命中的引文文献，每篇文献的左侧的“Times Cited”列显示该文献被引用的次数。在引文条目左侧的方框内作标记（或点击 Select All 选上全部命中文献）后，点击“Finish Search”查找，屏幕上以简洁格式显示所选引文的来源文献信息。

（2）保存。根据需要，在每条记录左侧的方框内作标记后，或者点击 Mark all 将一页上的 10 条记录全作标记（也可点击 Unmark all 删除标记），或者在 Record□to□的方框中输入要选择记录的起始序号；再点击“Submit”；然后点击“Marked List”按钮，即可显示全部标记的记录。该页面的屏幕最下方列出了输出内容的选择项，可根据需要在方框内作标记；屏幕上方出现打印（Format to Print）、存盘（Save to File）、输出到文献管理器（Export to Reference Software）、发送到电子邮件信箱（E-Mail）四种输出格式，对所查到的文献进行保存。

二、PubMed 数据库

目前，生命科学研究中用到的文献检索系统主要有生物学文摘（Biological Abstracts）、化学文摘（Chemical Abstracts）、Derwent 生物技术文摘（Derwent Biotechnology Abstracts）和 Medline。其中 Medline 提供了一种可以在 Internet 上进行免费查询的文献检索系统——PubMed，这为生命科学研究带来了极大的便利。

PubMed 是由美国 NIH 国立医学图书馆下属的国家生物技术信息中心（National Center for Biotechnology Information，NCBI）开发的一套软件系统，它用于生物医学文献的查询，并且实现了与具有全文的生物医学杂志的网上电子版的链接。这些杂志的发行者在出版时，甚至提前就将具有 PubMed 格式的文献提供给 NCBI，NCBI 再将它们补充到 PubMed 数据库中。PubMed 数据库是 NCBI 的 Entrez 系统中的数据库之一。

（一）PubMed 数据库收录的范围

PubMed 查询系统提供了主要来自于 Medline 和 Pre-Medline 的文献的查询。PubMed 还包含了所有 Medline 收录的杂志的全部文献，而不是仅仅 Medline 中收录的那一部分。另外，PubMed 还提供了链接 NCBI 的 ENTREZ 和 BLAST 分子信息检索系统的通道。

1. Medline

Medline 是美国国家医学图书馆（NLM）最早的文献数据库，它涉及医学、牙科学、护理学、健康保健等方面，收录了 1966 年以来全世界 70 个国家和地区的 4600 余种生物医学期刊的书目信息和著者文摘，并且这些文章采用的语言均为英语或至少具有英语文摘。现有书目文摘条目 1000 万余条，每条 Medline 记录均有一个单独的确定的地址，称作 Medline UID，即 PubMed 中称作的 MUID。Medline 中的记录以周为单位加入到 PubMed 中，这时它具有另外一个在 PubMed 中的单独地址，即 PMID。

2. Pre-Medline

该库是 Medline 的预处理数据库。在 Medline 收录完整的收录条目之前，Pre-Medline 数据库提供其基本的引文信息和文摘。新收录的信息以天为单位输入到 Pre-Medline 中，然后经过整理和完善，再以周为单位补充到 Medline 中，同时在 Pre-Medline 中消去此条记录。

3. 其他文献

PubMed 中的另外一些文献则直接由出版者提供。若出版者利用电子信息途径提供的文献所在的杂志不在 Medline 收录的范围内，则这些记录仅有 MUID，而没有 PMID。

4. PubMed 收录的杂志信息

PubMed 中设有一个杂志浏览器，可供查询杂志名称、ISSN 号以及 Medline 中的一些简写符号的意义。PubMed 实现了与 WWW 上具有全文的有关生命科学的杂志的直接链接。尽管其中一些杂志需要交费或注册才可以浏览，但毕竟为查询带来了极大的便利。与 PubMed 链接并具有全文的生物类杂志可在网上查到（www. ncbi. nlm. nih. gov/PubMed/fulltext. html）。

（二）PubMed 检索词的字段标识符

AB-Abstract　　LA-Language
AD-Affiliation　　MH-MeSH Terms
AU-Authors　　PMID-PubMed Unique Identifier

CY-Country　　PT-Publication Type
DP-Publication Date　　SO-Source
EDAT-Entrez Date　　TA-Journal Title Abbreviation
GS-GeneSymbo　　TI-Title
IS-ISSN　　UID-Unique Identifiers

DP——出版日期　采用 YYYY/MM/DD [DP] 格式，如 1998/03/06 [DP]。输入日期范围则用冒号连接，如 1996：1998 [DP]，1998/01：1998/04 [DP]

AD——第一作者机构名称、地址、资助号，如 LM05545/LM/NLM [AD]

AU——作者姓名，如 o'brienj [AU]

TA——期刊名称，包括期刊名全称、简称、ISSN，如 jbiolchcm [TA] 或 0021-9258 [TA]

LA——文献出版语言，如 Chinese [LA]

MH-Mesh——主题词，如 neoplasms [MH] 或 neoplasms/dt [MH]

PT——出版类型，如 review [PT]

TW——自由词，如 AA001794 [TW]

TI——文献标题内自由词，如 leiomyosarcoma [TI]

字段标识符使用规则：①对检索词进行字段限定检索，字段标识符可用全称，也可用缩写。使用时，要查找“字段标识符缩写表”；②字段标识符必须用方括号括起，置于检索词的后边；③检索词及字段标识符用大小写均可。如 ice [mh] =Ice [mh] =ICE [MH]。

（三）检索规则

1. Automatic Term Mapping 词汇自动转换

（1）MeSH 转换表（MeSH Translation Table），包括 MeSH 词、参见词、副主题词等。如果系统在该表中发现了与检索词相匹配的词，就会自动将其转换为相应的 MeSH 词和 Text word 词（题名词和文摘词）进行检索。例如，键入“Vitamin h”，系统将其转换成“Biotin [MeSH Terms] OR Vitamin h [Text word]”后进行检索。

备注：想要查验检索词的转换情况，并进行调整和保存检索策略，可点击“Details”按钮。

（2）刊名转换表（Journal Translation Table），包括刊名全称、MEDLINE 形式的缩写和 ISSN 号。

该转换表能把键入的刊名全称转换为 MEDLINE 缩写后进行检索。如在检索提问框中键入：“New England Journal of Medicine”，PubMed 将其转换为“N

Engl J Med”后进行检索。

(3) 短语表 (Phrase list)。该表中的短语来自 MeSH、含有同义词或不同英文词汇书写形式的统一医学语言系统和补充概念（物质）名称表。如果 PubMed 系统在 MeSH 和刊名转换表中未发现与检索词相匹配的词，就会在短语列表中找到这个词。

(4) 著者索引 (Author Index)。当一个短语在前三个表中都找不到匹配词，并且有 1 或 2 个字母在词后时，PubMed 就在该索引中查找。

如果仍然找不到匹配词，PubMed 就会把该词断开后再重复上述转换过程，直到找到为止。若仍然没有匹配词，单个词会被用 AND 连在一起，在全部字段中检索。如：“single cell”，系统就会自动将其分成两个词：“single”和“cell”检索，其检索表达式为：“single AND cell”。要查验检索词的转换情况，可点击“Details”键。

2. 短语检索

如果在短语上加双引号，将不执行转换功能。例如：“single cell”和“oxygen free radicals”。

3. 布尔逻辑检索

所谓布尔逻辑检索，是指通过标准的布尔逻辑关系词与检索词间的逻辑关系而进行的检索方法。主要的布尔逻辑关系词有：AND、OR 和 NOT。

AND 关系，称为逻辑与（逻辑乘），用关系词 AND 表示，表示它所连接的两个检索词必须同时出现在结果中时才能满足检索条件。例如，检索词 *E-coli* AND hamburger 就要求检索结果中必须同时包含 *E-coli* 和 hamburger。

OR 关系，称为逻辑或（逻辑加），用关系词 OR 表示，表示它所连接的两个检索词中任意一个出现在结果中就满足检索条件。例如检索 vitamin c OR zinc 就要求检索结果中只有 vitamin c，或只有 zinc，或同时包含 vitamin c 和 zinc。

NOT 关系，称为逻辑非（逻辑减），用关系词 NOT 表示，表示它所连接的两个检索词中应从第一个概念中排除第二个概念。例如 trace element NOT zinc 就要求检索结果中包含 trace element 但不包含 zinc。

注：AND、OR、NOT 必须大写。

逻辑符的运算次序是从左至右，括号内的检索式可作为一个单元，优先运行。布尔逻辑检索允许在检索词后面附加字段标识。例如：dna [MH] AND crick [AU] AND 1993 [DP]。要检索带文摘的文献，输入格式应为“检索词+AND+hasabstract”，如 neoplasms AND hasabstract。

4. 截词检索

截词检索，是指在检索式中用专门的截词符号（*）表示检索词的某一部分允许有一定的词性变化，因此检索词的不变部分加上由截词符号所代表的任何变化形式所构成的词汇都是合法检索词，结果中只要包含其中任意一个就满足检索要求。截词检索能提高检索的查全率。

截词检索的类型有：右截词，又称后缀截词，即前缀一致，允许检索词尾部有若干变化形式。例如，检索式 bacter＊就可检出包含 bacteria、bacterium 等词汇的结果；中间截词，允许检索词中间有若干变化形式，例如 wom＊n 就可以检索到含有 woman 和 women 的结果；左截词，又称前缀截词，即后缀一致，允许检索词的前端有若干变化形式。如检索式＊physics 就可检索到包含 physics、astrophysics、biophysics、chemophysics、geophysics 等词的结果。

备注：截词检索只限于单词，对词组无效。

（四）检索途径与方法

1. 基本检索（Basic Search）

打开浏览器，在地址栏内键入 http://www. PubMed. gov/或 http://www. ncbi. nlm. nih. gov/PubMed/后，就进入了 PubMed 检索系统的主界面。首先映入我们眼帘的就是页面上方的检索框和功能键（图 3-2）。只要利用这“一框五键”（检索框，Limit 键，Preview/Index 键，History 键，Clipboard 键和 Details 键）即可完成（图 3-2）。

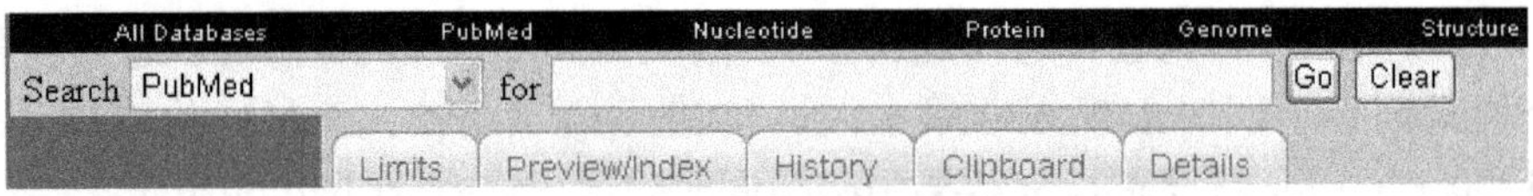

图 3-2　PubMed 主页的检索框

在检索窗内键入要检索的一个或多个词语，并点“Go”按钮或回车，就会出现检索结果。

检索词的输入形式：直接输入单词、短语或表达式，也可用＊及“ ”。如 aspirin、stomach ulcer、Iddm AND apoptosis、asthma Kamada A 或 asthma，Kamada A 等；输入著者姓名的格式如 weng xz 或“ weng xz [au]”。

2. 高级检索（Advanced Search）

检索步骤：比如检索词为“阿尔茨海默病的基因治疗”（图 3-3）。

点击功能键中的“Preview/Index”，在 Search for 框中输入“alzheimer disease”，点击特征栏的“Preview/Index”按钮；在“All Fields”选择一个检索字段，其右侧输入框中输入检索词“gene therapy”，点击“AND”，点击屏幕上部“Preview”开始检索并显示记录条数，这样可以反复操作；若点击“Go”则显

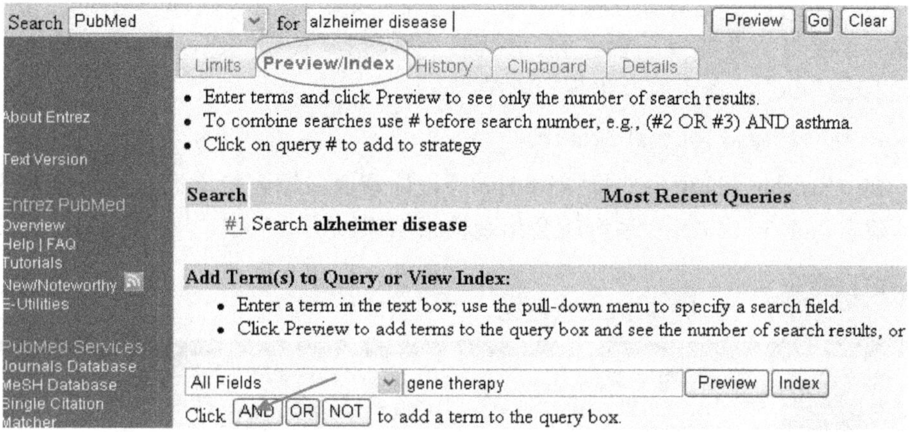

图 3-3　PubMed 的高级检索界面

示结果；如果选择一个检索字段，在提问框中输入检索词，点击“Index”，则系统显示相应字段的索引词列表。选中一个索引词，点击逻辑符（AND、OR、NOT），被选中的索引词会自动粘贴在提问框中，然后点击“Preview”或“Go”按钮。

3. 限定检索（Limits Search）

检索步骤：比如，检索词为“近 2 年有关细胞凋亡的综述文献”（图 3-4）。点击功能键中的“Limits”键；输入检索词“apoptosis”。

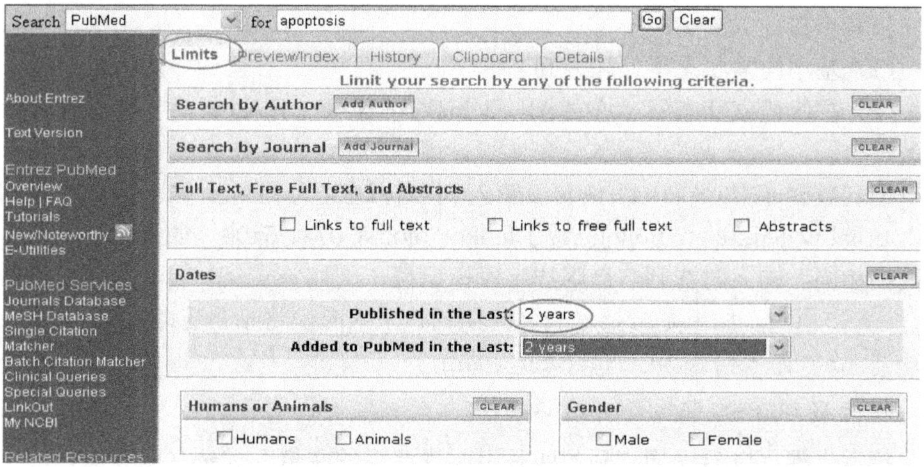

图 3-4　PubMed 限定检索界面

在 Limit your search by any of the following criteria 栏下，进行如下各种限

定：作者、期刊、免费或只检带文摘的记录、文献类型（选择 review）、语种、子集、年龄组、人类或动物实验、性别、录入系统日期（2years）、文献出版日期；点击“Go”，系统就会出现检索结果。

4. 期刊检索（Journal Search）

在“Search”选项中选择“Journals”，检索窗口输入检索词。例如检索 *Science* 杂志，点击“GO”，系统就会出现检索结果（图 3-5）。

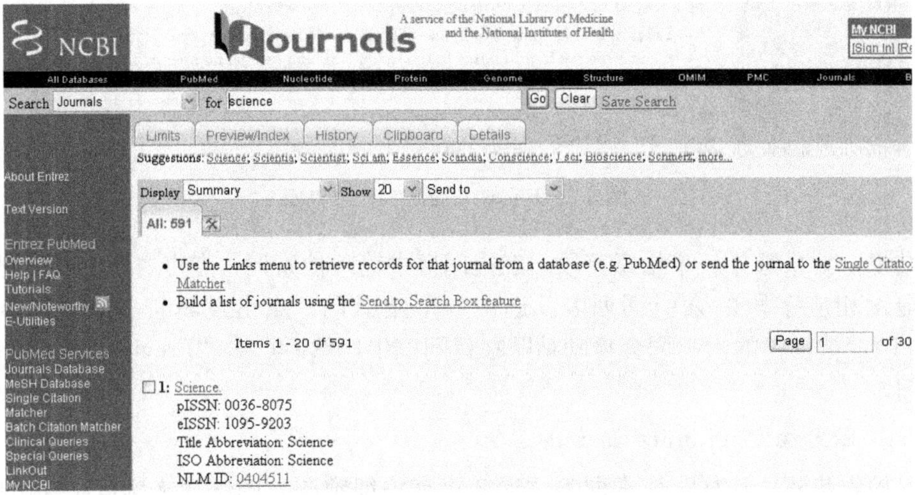

图 3-5　PubMed 的期刊检索界面

检索步骤：

（1）基本检索状态下，输入刊名。

（2）高级检索状态下，在“All Fields”中选择“Journal“字段，然后输入刊名。

期刊数据库 Journals Database 输入刊名标题应为刊名全称、缩写或 ISSN，如 Journal of leukocyte biology 或 J leukoc biol 或 0741-5400。如果期刊的刊名与主题词相同，输入时在刊名后附加字段标识符，例如 gene therapy [ta]、science [ta]、cell [ta]。如果是带括号刊名的期刊，录入时应将括号省略，例如 J Hand Surg [Am] 输入格式为 J Hand Surg Am。

5. 主题词检索（MeSH Browser）

检索步骤：以检索词“阿司匹林引起胃溃疡的文献”为例（图 3-6）。

（1）点击主页“Mesh Browser”，进入 MeSH 浏览器的首页。

（2）在提问框中输入“aspirin”，点击“Go”按钮，显示该主题词的定义。

（3）点击该词。可做如下 3 种选择（选择副主题词 adverse effects；Restrict

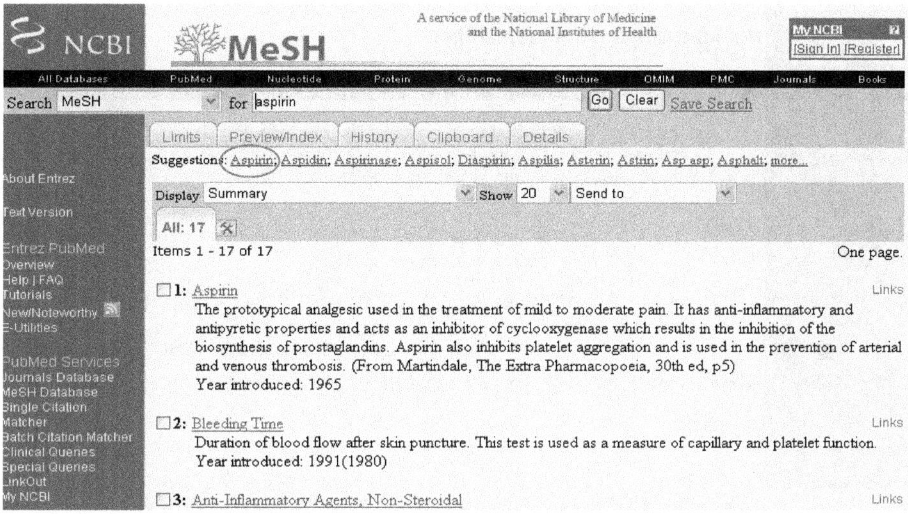

图 3-6　PubMed 的主题词检索界面

Search to Major Topic headings only；Do Not Explode this term）的浏览树形结构。

（4）输入第二个检索词“stomach ulcer”，点击“Go”。

（5）点击此词，选副主题词，chemical induced。

（6）点击“PubMed Search”按钮。系统就会出现检索结果。

备注：如果键入的词不规范，MeSH 浏览器将提示该词不是主题词，并显示与之相对应的 MeSH 词。

6. 引文匹配（Citation Matcher）

检索步骤：①点击页面左边的“Single Citation Matcher”，会出现引文匹配界面（图 3-7）。②按界面提示分别填入所知信息。③点击“Go”按钮，可得到相应的特定文献信息。

7. 临床查询（Clinical Queries）

临床查询是专为临床医生设置的可以检索某一临床主题领域的治疗、诊断、病因和预后 4 个方面内容的文献，同时还可选择强调查全率或是查准率。也可以检索该主题词领域的系统性的综述等类型文献。

（五）检索结果

检测结果显示（图 3-8）：PubMed 可以批量显示检索结果，默认为每页显示 20 条记录，最多为每页显示 500 条。可以通过 Display 下拉菜单选择显示方式。①Summary 格式（默认格式）——显示作者姓名、文章题目、出处、记录状态、

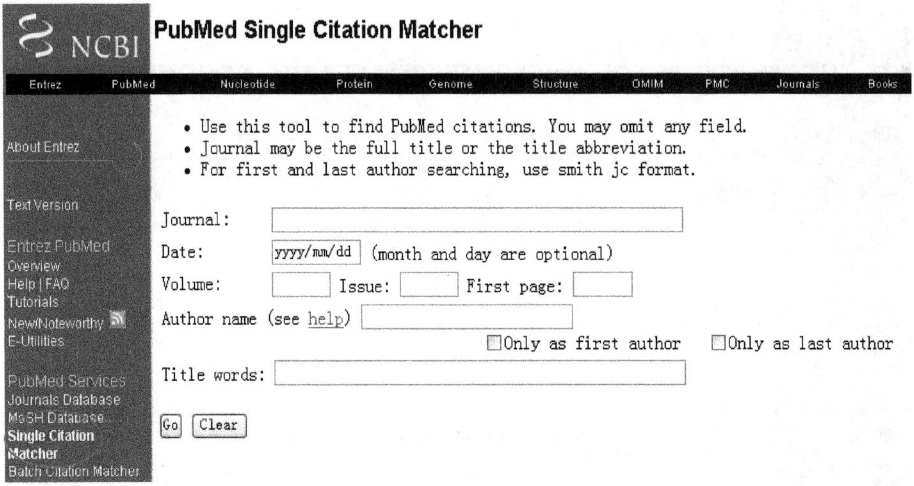

图 3-7　PubMed 引文匹配界面

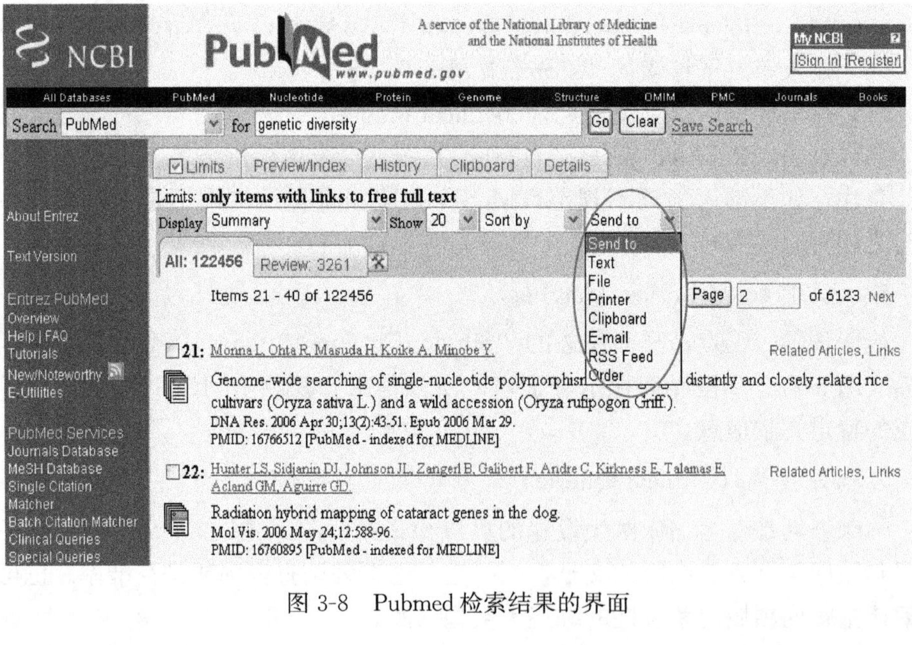

图 3-8　Pubmed 检索结果的界面

语种、出版物类型、PMID；②Brief 格式——显示作者姓名、文章题目的前 30 个字母、PMID；③Abstract 格式——显示出处、记录状态、文章题目、作者姓名、作者单位、文摘、出版物类型、缩写、注释、PMID 等；④Citation 格式——显示出处、记录状态、文章题目、作者姓名、作者单位、文摘、出版物类型、缩写、注释、MeSH、化学物质名称、SI 数据库索取号、基金号、PMID

等；⑤Medline——所有记录字段都以两个字节的格式显示，应用该格式保存记录可以方便用户用文献管理软件保存；⑥ASN. 1——ASN. 1（Abstract Syntax）可扩展标识语言格式显示；⑦Text——这种显示格式不包括侧目条和工具栏的信息；⑧Protein Links——可显示链接到蛋白质数据库相关蛋白质的超链接；⑨Nucleotide Links——可显示链接到核苷酸数据库相关基因的超链接；⑩Structure Links——可显示链接到结构数据库中相关结构的超链接；⑪Genome Links——链接到相关基因组。

直接点击结果中的著者姓名和文摘图标，可以用格式显示该记录。若要以某格式显示全部记录，则要先在显示下拉菜单上选择显示格式，单击“Display”即可。若只要显示几篇记录，可在记录左侧的选择框标记所选的文献，再选择显示格式，点击“Display”即可。

（六）记录的保存和打印

1. 检索结果的保存

保存检索到的文献，可点击工具栏上的“Send to”按钮进行不同方式的保存（图 3-8）。

Send to Text：将当前网页的检索结果以文本的形式保存。

Send to File：将检索结果存盘。存盘时 PubMed 默认文件名为“query. fcgi”。该文件名可以修改，文件格式也可以在“. fcgi”和“*. *”中选择，将. fcgi 后缀变成. txt 或. doc 即可。如果想存为超文本格式，则需要使用浏览器中的“另存为…”功能，并选择“html”格式后另存盘。

Send to Clipboard：将检索结果保存至临时剪贴板。

Send to E-mail：将检索结果通过 E-mail 发到电子信箱。

Send to Order：通过馆间互借定购原文。

2. 打印（Print）

使用浏览器的打印功能进行屏幕上内容的打印。如果要选择打印，可以先将所选的内容添加到 Clipboard，然后再打印，或者存盘后再在 Word 中打印。

（七）链接功能

1. 链接相关文献

PubMed 系统中的每条文献记录均有一个相关文献链接，在检索结果的显示状态下，每条记录的右边均有“Related Articles”超链接。点击该链接，系统按文献的相关度从高到低显示相关文献。利用“History”（检索史）按钮能进一步限制相关文献。点击“History”，把相关检索式的编号录入检索提问框，然后再键入附加条件词，最后点击“Go”。如在检索提问框中键入“＃7 AND english [la]”，可将检索进一步限定在英文文献范围内。

2. 链接 NCBI 数据库

PubMed 主页上与 NCBI 的 5 个数据库建立了超链接。这些数据库包括：Protein［氨基酸（蛋白质）序列］数据库，Nucleotide（DNA 序列）数据库，Popset（种群、种系发生或突变序列）数据库，Structure（分子结构模型）数据库和 Genome（基因组序列）数据库。

3. 链接外部资源

PubMed 提供从检索结果到期刊全文、生物学数据、序列中心等的链接。该功能通过链接上述资源站点的方式来实现。在检索结果显示状态下，点击“LinkOut”进入相关网站。

4. 链接相关图书

点击“Books”，可参考相关书籍的文摘页。书籍文摘页上的某些短语是超链接，点击短语超链接，可连到相关图书的页码表，可在表上找到有关短语。

此外，PubMed 系统允许用户查看被引期刊的名称表，点击主页上的“PubMed Journal Brower”即可。PubMed 向用户提供期刊的缩写名称和 ISSN 号。

三、Elsevier Science 电子期刊

Elsevier Science 是世界上公认的高品位学术期刊出版公司，地处荷兰，也是全球最大的出版商。SDOS 是它的网络全文期刊数据库，提供 1998 年以来 Elsevier 公司 1300 余种电子期刊的全文检索服务。用户可通过互联网在线上搜索、浏览、打印以及下载所需的期刊论文。由于期刊全文数据库种数不断增加，其各学科所包含的种数也小有差异。

Elsevier Science 的 1700 多种全文电子期刊的学科分布如下：Chemistry and Chemical Engineering（化学和化工类）（189 种）；Clinical Medicine（临床医学类）（232 种）；Computer Science（计算机科学类）（102 种）；Earth and Planetary Science（地球和行星科学类）（80 种）；Engineering，Energy and Technology（工程、动力和技术类）（223 种）；Environmental Science and Technology（环境科学和技术类）（68 种）；Life Science（生命科学类）（339 种）；Materials Science（材料科学类）（116 种）；Mathematics（数学类）（45 种）；Physics and Astronomy（物理学和天文学类）（133 种）；Economics，Business and Management Science（经济学、商业和管理类）（115 种）；Social Science（社会科学类）（189 种）。

由于这个数据库是远程的，用户需要先使用网络账号登录，然后才能在 Internet 上通过浏览和检索两条途径获取期刊论文。

(一) 浏览途径

系统提供的浏览页面是按字顺（Alphabetical List of Journals）和分类（Category List of Journals）排列的期刊目录，用户在浏览页中选择，并点击刊名，进入该刊所有卷期的列表，点击所选中的年、卷、期，浏览该期所有文章的题目，进而可浏览每篇文章的摘要或全文。单击目次页页面右侧的期刊封面图标，可连接到 Elsevier Science 出版公司网站上该期刊的主页（此为国外站点）。在期刊浏览页上方设有一个检索框，可进行快速检索。

(二) 检索途径

1. 简单检索

简单检索的检索字段包括“any field”、“title”、“abstract”、“Author'-sName”、“ISSN”、“Journal Title”等。检索结果有两类信息，一类是期刊题名，在题名下有该刊目次页（Table of contents）的超级链接和相关性排序分值（Score）；另一类是期刊论文题录，显示论文标题、出处、作者和相关性排序分值（Score）。另外在检索结果页面的左上角有搜寻相关文件按钮，通过搜寻相关文件可检索到与该类内容类似的文章。

2. 高级检索

高级检索界面分为上下两个区，即检索策略输入区和检索结果的限定区。在检索策略输入区有两个检索框，这两个检索框可以是“AND（逻辑和）”、“NOT（逻辑非）”和“OR（逻辑或）”的关系。检索字段比简单检索界面增加了“ISSN（国际标准刊号）”、“PII（Published Item Identifier，出版物识别码）”、“Search in author keywords（作者关键词）”等。检索结果的限定区包括：“Journal Categories（学科分类）”、“Article Type（文章类型）”、“Language（语种）”、“Limit dates（时间限定）”、“Documents per page（每页显示的文献数量）”、“Sort documents by（排序）”等，可进行更精确的检索。

(三) 保存全文和检索结果的题录

利用 Acrobat Reader4.0 版本浏览全文，可直接使用命令菜单按钮保存该文件（PDF 格式）。否则需返回期刊的目次页，在欲保存的论文题名下，选中“Article Full Text PDF ”按钮，单击鼠标右键，从弹出的菜单中选择“目标另存为”，保存该论文（PDF 格式）；对欲保存的期刊或论文的题录，选中其题名前的小框，而后单击“Save Checked”按钮，即可生成一个新的题录列表。

从浏览器的“文件”菜单选择“另存为”，可按“. txt”格式或“. html”格式保存题录。

四、其他检索系统

（一）生物学信息数据库（BIOSIS Previews，简称 BP）

生物学信息数据库（BIOSIS Previews，简称 BP）由原美国生物学文摘生命科学信息服务社（BIOSIS）（现隶属于 Thomson Scientific）编辑出版，是世界上最大的关于生命科学的文摘索引数据库。该数据库对应的出版物有：《生物学文摘》（Biological Abstracts，简称 BA）创刊于 1926 年，《生物学文摘/报告、综述、会议》（Biological Abstracts/Reports，Review，Meetings）创刊于 1989 年，《生物研究索引》（BioResearch Index）创刊于 1969 年到 1979 年。

BIOSIS Previews 提供 1969 年以来的数据。BIOSIS Previews 的数据来源于 5500 多种生命科学的期刊和 1500 多个国际会议、评论文章、软件评论、图书以及与生命科学研究相关的美国专利等出版物，内容覆盖传统生物学（分子生物学、植物学、生态与环境科学、医学、药理学、动物学）、交叉学科（农业、生物化学、生物医学、生物技术、实验、临床和兽医学、实验、临床、遗传学、营养学、公共卫生）和仪器、实验方法等相关领域。

网址：http://isiknowledge. com

进入 BIOSIS Previews 数据库后，有 3 种检索，即快速检索（Quick Search）、一般检索（General Search）和高级检索（Advanced Search）。点击界面上的提示条即可以在 3 种检索方法中切换。

（二）英国《科学文摘》数据库（INSPEC）

《科学文摘》（Science Abstracts，简称 SA），电子版称为 INSPEC。INSPEC 是为世界科技文献提供摘要和索引的主要书目数据库。覆盖了全球发表在相关学科领域的 4200 种期刊（其中 1/5 为全摘），2000 种以上的会议录、报告、图书等，文献来自于 80 多个国家和地区，涉及 29 种语言，收录年代自 1969 年开始，目前数据量已达 800 万条记录，内容覆盖的学科范围包括：原子物理及分子物理，数学和数学物理，凝聚态物理，气体、流体、等离子体，光学和激光，声学，电力系统，热力学，磁学，生物物理和生物工程，原子物理，基本粒子，核物理，仪器制造与测量，半导体物理，天文学与大气物理，材料科学，水科学与海洋学，环境科学，超导体，电路、电路元件和电路设计，电信，电子光学和激光，微电子学，医学电子学，计算机科学，控制系统及理论，人工智能，软件工程，办公室自动化，机器人，情报学。

该数据库中的每条记录均包含英文的标题、描述性的摘要及文献的详细信息，例如，期刊名、作者名、作者单位、原文献的语种等。数据库每周更新一次，每年大约增加近450000条新记录。网上可检索到1969年至今的文献记录。当打开INSPEC数据库之后，进入检索主页，在页面上有各种检索提示。

网址：http://www.isiknowledge.com

（三）Springer LINK全文电子期刊

德国施普林格（Springer-Verlag）是世界上著名的科技出版集团，Springer Link系统提供学术期刊及电子图书的在线服务。Springer公司和EBSCO/Metapress公司现已开通Springer Link电子期刊服务。

目前Springer Link所提供的全文电子期刊共包含200年以来的500多种学术期刊（其中近400种为英文期刊），按学科分为以下12个类别：生命科学、医学、数学、化学、计算机科学、经济、法律、工程学、环境科学、地球科学、物理学与天文学，是科研人员的重要信息源。

网址：http://springer.lib.tsinghua.edu.cn

访问方式：直接访问国内镜像站，访问权限通过IP地址控制。

（四）科学技术文献速报

日本的《科学技术文献速报》于1958年创刊，它是由日本科学技术情报中心（Japan Information Center of Science and Technology，简称JICST）编辑出版的一套文摘性杂志，是世界上比较著名的综合性检索工具之一。

JICST报道的领域涉及物理、应用物理、电气工程、管理与系统技术、土木建筑工程、能源、核工程、化学及化工、环境、机械工程、金属工程、矿山工程、生命科学等科学技术所有领域。收录文献的内容类型主要是：①原著文献：包括以论文形式发表的文献和通信性期刊及期刊中letters、comments、notes、communication等栏目中的简短文献；②解说性文献：包括文献评论、解说内容翔实的文献、实用技术资料、数据表、生产流程图、计算图等，还包括安全基准、规格、设计书及有关科技方针政策方面的一般性文献。

《速报》是跨年卷。每个分册每年第一期均于4月份出版，最末期于次年3月份出齐。各分册均有印刷版、缩微版和磁带版。

五、中文数据库

（一）中国期刊全文数据库（CNKI）

中国期刊全文数据库是目前世界上最大的连续动态更新的中国期刊全文数据

库。收录1994年至今约7486种期刊全文，并对其中部分重要刊物回溯至创刊。至2005年12月31日，累积期刊全文文献1670多万篇。目前，正以每天数千篇的速度进行更新。阅读全文需在网站主页下载CAJ全文浏览器。

（二）维普全文数据库

维普全文电子期刊（中文科技期刊全文数据库）收录了9000余种期刊，收录年限从1989年开始，文献总量已经达到1300多万篇，学科覆盖社会科学、自然科学、工程技术、农业科学、医药卫生、经济管理、教育科学和图书情报等所有领域。阅读全文需下载维普全文浏览器。

（三）万方数据库

万方数据资源系统由科技信息子系统、数字化期刊子系统以及商务信息子系统构成。数字化期刊目前已集纳了理、工、农、医、人文5大类的2000多种科技期刊，实现了全文上网，主要有：中华医学会系列杂志、大学学报、中国科学系列杂志、科学普及期刊等。文件为PDF格式，阅读全文需Acrobat Reader浏览器。

（四）中国高等教育数字化图书馆

中国高等教育文献保障系统（China Academic Library and Information System，简称CALIS），是经国务院批准的我国高等教育“211工程”、“九五”、“十五”总体规划中的三个公共服务体系之一。CALIS实现了信息资源共建、共知、共享，以发挥最大的社会效益和经济效益，为中国的高等教育服务。

CALIS管理中心设在北京大学，下设了文理、工程、农学、医学四个全国文献信息服务中心，包括华东北、华东南、华中、华南、西北、西南、东北七个地区文献信息服务中心和一个东北地区国防文献信息服务中心。

2005年底，初步建成具有国际先进水平的开放式中国高等教育数字图书馆。以系统化、数字化的学术信息资源为基础，以先进的数字图书馆技术为手段，建立包括文献获取环境、参考咨询环境、教学辅助环境、科研环境、培训环境和个性化服务环境在内的六大数字服务环境，为高等院校教学、科研和重点学科建设提供高效率、全方位的文献信息保障与服务。

从1998年开始建设以来，CALIS管理中心引进和共建了一系列国内外文献数据库，包括大量的二次文献库和全文数据库。建成联机合作编目系统、文献传递与馆际互借系统、统一检索平台、资源注册与调度系统，形成了较为完整的CALIS文献信息服务网络。收录了2000年前16万篇中文学位论文、2001年起15万篇中文学位论文的文摘、10万篇国外学位论文全文、5万种教学参考信息、

12 万册古籍、22 万册民国书刊、26 万册现代图书、12 万册英文图书、2 万种电子版图书，覆盖高校所有公共基础课、大部分专业基础课和一部分精选专业课，与 116 个图书馆共建共享。需要全文时可向有关高校的图书馆提出请求。

网址：http://www. cadal. zju. edu. cn 中英文图书数字化国际合作计划

六、外文全文文献站点及国内外关于生命科学的出版物

（一）外文全文文献站点（所有外文数据库，阅读全文均需要 Acrobat Reader）

（1） Annual Reviews http://www. anualreviews. org

该数据库收录各学科的综述性文章，SCI 影响因子极高。

（2） Biomed Net(即 BMN)http://www. bmn. com

世界上著名医学、生命科学数据库。

（3） Blackwell-syn http://www. blackwell-synergy. com/

该数据库包括 *Plant J*. *Plant Molecular Biotechnology* 等影响因子较高的期刊。

（4） Catchtword http://www. catchword. com/

Catchword 是一个综合性数据库，目前提供 65 个出版商大约 1100 种杂志的链接，Catchword 可以通过著者、篇名、杂志名进行检索，免费提供检索结果的题录，只有购买 Catchword 数据库的用户名和密码才能从该数据库网站下载全文。全文为 PDF 格式，需要 Acrobat Reader 浏览器。

（5） EBSCO http://search. epnet. com

EBSCO 公司是专门经营纸质期刊、电子期刊发行和电子文献数据库出版发行业务的集团公司。其数据库是一个大型综合数据库，其中的学术研究精粹数据库（Academic Search Elit）包括生物科学、工商经济、咨询科技、通信传播、工程、教育、艺术、医药学等领域的 1 700 余种全文期刊，该数据库每天更新。Academic Search Premier 包括 3 400 余种科技期刊。

（6） ECO http://www. cnpeak. com. cn/oclcpsp/oclclogin. jsp

即 OCLC 或 First Search，也是一个综合性较强的数据库，大部分文章都有全文。

（7） Highwire http://highwire. stanford. edu

世界上第二大免费数据库，该网站提供部分文献的免费检索，和所有文献的超级链接，免费文献在左边标有 FREE。

（8） Idealibrary http://www. idealibrary. com

世界著名全文数据库，与 Elsevier 等出版社有合作，将与 SCIENCEDI-

RECT 合并。

(9) Ingenta/Uncover　http://www.ingenta.com

Ingenta.com 是 Ingenta 公司的一个主要产品，是一个全球性学术研究的大型网关。它致力于学术研究性文章的网上检索和传递，目前收集有 25 000 种出版物的摘要和 4500 种出版物的全文。140 个出版商在 Ingenta.com 上提供了他们的文章全文。

(10) Kluwer　http://www.kluweronline.com

荷兰 Kluwer Academic Publisher 是具有国际性声誉的学术出版商，它出版的图书、期刊一向品质较高，备受专家和学者的信赖和赞誉。Kluwer Online 是 Kluwer 出版的 750 余种期刊的网络版，专门基于互联网提供 Kluwer 电子期刊的查询、阅览服务。

(11) Lexis-nexis　http://www.lexisnexis.com/universe

(12) Nature Press　http://www.nature.com

(13) OVID　http://gateway.ovid.com

(14) Oxford Reference　http://www.oxfordreference

(15) Oxford Press　http://www.oup.co

收录牛津大学出版社出版的 150 多种期刊。

(16) Sciencedirect　http://www.sciencedirect.com

Sciencedirect 是由荷兰 Elsevier Science 建立的全文检索数据库，包括原来的 Idealibrary 在内的期刊总计 1500 多种。

(17) Springer 德国站点　http://link.springer.de/

德国著名出版社 Springer 提供的数据库，包括该出版社出版的 430 余种期刊的全文。

(18) UMI　http://global.umi.com/pqdweb

商业数据库。

(19) OVID Kluwer　http://www.cdrompro.com.br/kluwer

北京大学镜像站点：http://kluwer.calis.edu.cn/

（二）关于生命科学的出版物及其网站

(1) 美国科学杂志　http://www.china.sciencemag.org

(2) 遗传　http://www.ycjournal.com

(3) *Cell*　http://www.cell.com/

(4) *Crop Science*　http://crop.scijournals.org/

(5) *Developmental Biology*　http://www.ijdb.ehu.es

(6) *EMBO*　http://emboj.oupjournals.org/

（7）*Genes and Development* http://www.genesdev.org

（8）*JBC*（著名生化） http://www.jbc.org

（9）*Journal of Molecular Biology* http://journals.bmn.com/journals/list/latest?jcode=jmb

（10）*Nature* http://www.nature.com

（11）*Nucleic Acids Research* http://nar.oupjournals.org/

（12）*Plant Cell* http://www.plantcell

（13）*Plant Physiology* http://www.plantphysiol.org

（14）*Science Magazine* http://www.sciencemag.org/

国内重要的学术杂志有《中国科学》、《科学通报》、《自然科学进展》、《生物化学与生物物理学报》、《生物化学与生物物理进展》、《植物学报》等。

第四节 纸质文献及其利用

文献是知识的载体，载体是文献的表现形式，知识是文献的本质属性。无论是纸质文献还是电子文献或网络文献，除对知识信息表现的形式不同外，揭示的仍然是知识的本质核心。

纸质文献是以载体为单位，经过加工整序后，按照一定规律存放在架位上，表现出来的是一种物理实体，如一册书、一本杂志、一张报纸等，所反映的是一种静态信息，如文字、图表、图像、数值数据等，所提供的是附载在物理实体范围内的知识内容。因此纸质文献的信息内容是以静态的形式呈现的，可随身携带，随时随地直接翻阅。

一、纸质文献的优缺点

（一）纸质文献的优点

（1）纸质文献具有较强的权威性。

（2）纸质文献在知识产权和版权保护方面目前已经有较健全的法律法规，知识产权和版权受到法律的保护。

（3）易于获取，经济实用，便于携带，阅读方便，直观性强，随时随地都可获得，价格便宜，一次性购入后不必再支付网络及版权费用，能满足众多读者的阅读。不受阅读场所的限制，可以带到自己喜欢的场所以自己喜欢的方式阅读。阅读时方便人们在文献上做笔记，便于人们在同一时间对多种文献信息进行对照阅读，便于长时间阅读。只要光线自然柔和，对视力影响不大，阅读保健效果好。

（4）观念与阅读习惯使人们更愿意接受纸质文献。数百年来，人们一直与纸质文献相伴，纸质文献的生产和利用已经形成了一个相当完善和稳固的体系。

（二）纸质文献的缺点

（1）纸质文献的存放需要大量的架位和库房空间，随着文献信息量的急剧增长，纸质文献的储藏空间和文献本身所含的信息量都受到不同程度的限制。

（2）纸质文献容易变质和自然老化，并且其知识的复制需要大量的人力和时间，因而不易于保存。

（3）纸质文献以优质木材为信息资料载体，既占用人类的森林资源，又因制作纸张造成污染破坏人类的生存环境。

（4）纸质文献本身所含的知识量不大，许多相关的知识内容需要负载于大量纸质载体上，不利于人们的检索和利用。

（5）纸质文献传递主要是通过馆内借阅和馆际互借来实现文献的传递，在这种流通方式下，一种资源只能在同一时间内为一个用户所用，这样就会因副本量的不足而无法完全体现该文献的价值；而互借资料也会因地域条件的限制而不够及时，影响流通速度，给资源共享带来不便。

二、纸质文献的利用

纸质文献是一种“提问-检索”的模式：带着问题——进图书馆——询问或利用检索工具——获取相关书目或篇名索引——查找原文。纸质文献的检索的多为手工检索即利用检索工具（目录、索引、文摘等二次文献检索工具）间接地获取原始文献。

第五节　电子文献及其利用

电子文献是信息社会文献载体形成、发展、进化的必然产物，是一种新型的知识和信息载体，以磁、光、电为介质，以数码方式存储文字、图像、图形、声音等多种形式的信息，通过计算机或具有类似功能的设备阅读使用。

电子文献类型按信息的载体分为：联机网络出版物和单独发行的光盘、磁盘出版物；按信息的表现形式分为：电子出版物和非电子出版物；按信息的媒体形式分为：文本、超文本、多媒体和超媒体等。

电子文献产品多种多样。从结构上看，既有学术性、商业性内容，也有文学性、教育性、娱乐性内容；既有书目型、全文型产品，也有阅读型、视听结合型和多媒体对话型产品；既有正式出版物，也有个人信函资料、档案记录等非正式出版物。正式出版的电子文献主要有电子图书、电子期刊、电子报纸、电子名录、电子地图、软件出版物、光盘数据库、联机出版物、多媒体出版物及各种网络搜索工具等，他们当中有些是以付费网站的形式出现，而相当部分是以光盘形式发布的；非正式出版的电子文献同样是重要的文献资源，主要有电子新闻、电子邮件、电子布告和电子论坛等。

一、电子文献的优缺点

（一）电子文献的优点

（1）信息存储容量大、传递快、检索方便、利于共享。

（2）体积轻小、节约空间。

（3）图文声像并茂，交互性强生产成本低。

（4）出版周期短，信息通过计算机网络高速传播信息获取快，更新快等。

（5）具有计算机检索功能、超文本功能，易于统计、分析、排序等，使之成为一种具有强大生命力的大众传媒。

（二）电子文献的缺点

（1）电子文献的真实性：数字转换技术容易产生信息误差及载体可改写性，不能保证其内容的真实性和可靠性。一份文件或一本图书转换成数字化形式后，其内容总有些失真，没法保持原样原味。而且由于电子文献的复制、修改极为容易，给侵权行为打开了方便之门。会影响发表权问题、跨国出版权问题等，从而影响电子文献在网络上的传播使用。电子出版物目前缺乏统一的管理机制，没有严格的审稿制度，使其信息的权威性、准确性、深度性变化莫测，很难受任何形式的同行评议或内容审查，导致人们对电子出版物学术含量产生疑虑。

（2）阅读不便：必须借助电脑读书，一般不能够进行随手记录，不能同时对多种文献信息进行对照阅读。

（3）电子文献的储存：光学载体的电子文献必须加保护层，而保护层的材料在使用中易受腐蚀，使得载体感光变质，信息丢失。磁性载体的电子文献也易受温度、湿度、光照、清洁度、空气污染等的侵蚀，盘片易受磁场、核辐射、机械运动等影响，进而影响磁性载体信息的可靠性，导致数据衰减。

电子网络文献受网络环境的限制，如病毒、磁场、电磁脉冲等因素的影响，信息失真的可能性相对较大。要求网络畅通无阻就可进行传递。

（4）长时间阅读会影响视力。

二、电子文献的利用

电子文献是一种“浏览-查询”的模式：带着问题——上网——利用搜索引擎——浏览相关站点——查询相关类目或输入查询词——点击打开原文。

电子文献的检索主要是通过搜集引擎、登录，直接链接数据库获取原始文献。特别是以计算机技术和通信技术为代表的现代信息技术的迅速发展使信息检索技术的软硬件环境有了很大程度的提高，检索技术也从纸质文献的线性检索向超文本支持的非线性检索发展，电子文献的检索正呈现智能化、可视化、简单化、多样化、个性化、商业化的发展势态，从而实现智能、高效、快速而灵活的文献信息检索，最后达到随心所欲地查找、迅速获取信息的水平。电子文献既可以是静态的又可以是动态的；只有通过下载并依附于计算机和相关的阅读器才能阅览。

三、电子文献的载体类型及其标识

对于非纸张型载体的电子文献，当被引用为参考文献时需在参考文献类型标识中同时标明其载体类型。《中国学术期刊（光盘版）检索与评价数据规范》建议采用双字母表示电子文献载体类型：磁带（magnetic tape）——MT，磁盘（disk）——DK，光盘（CD-ROM）——CD，联机网络（online）——OL，并以下列格式表示包括了文献载体类型的参考文献类型标识：[文献类型标识/载体类型标识]，如：[DB/OL]——联机网上数据库（database online）；[DB/MT]——磁带数据库（database on magnetic tape）；[M/CD]——光盘图书（monograph on CD-ROM）；[CP/DK]——磁盘软件（computer program on disk）；[J/OL]——网上期刊（serial online）；[EB/OL]——网上电子公告（electronic bullet in board online）。

第六节　文献的阅读与管理

由于信息技术的不断更新，快捷方便，利用电子文献的人越来越多，如何阅读和整理自己下载的资料成为重要的环节。目前，文献管理软件很多，比如Endnote、Reference Manager 和 NoteExpress 等。

一、Endnote 文献管理软件简介

Endnote 是一个专门用于科技文章中管理参考文献数据库的软件，而且通过插件可以很方便地在 word 中插入所引用的文献，软件自动根据文献出现的先后顺序编号，并根据指定的格式将引用的文献附在文章的最后。如果在文章中间插入了引用的新文献，软件将自动更新编号，并将引用的文献插入到文章最后参考文献中的适当位置。主要优点：英文文献兼容性好，可以通过 Internet 到 PubMed 直接检索后保存到数据库中或者读入各种格式的 Medline 检索的结果。

这个软件的优点有：

（1）根据杂志的要求自动生产参考文献，所以在写文章的时候你再也不用考虑如何根据杂志的要求进行排版了。参考文献库一经建立，以后在不同文章中引

用时，既不需重新录入参考文献，也不需仔细地人工调整参考文献的格式。而且参考文献很多情况下可以直接从网上下载导入库中，很方便。

（2）对文章中的引用进行增、删、改以及位置调整都会自动重新排序。文章中引用的形式（如数字标号外加中括号的形式，或者是作者名加年代的形式等）以及文章后面参考文献列表的格式都可自动随意调整。

（3）方便自己查找文献。可以把自己读过的参考文献全部输入到 Endnote 里。

（4）Endnote 与 Word 的真正协同功能。安装了 EN 后，自动在 Word 中建立了一个新的工具栏，在写作时最常用的几项功能都只需简单点击这个工具栏即可。

二、NoteExpress 文献管理软件简介及其使用

NoteExpress 是国内最专业的文献检索与管理系统，完全支持中文。NoteExpress 可通过各种途径高效、自动的搜索（含互联网）、下载、管理文献资料和研究论文。该软件可嵌入 MS Word 环境使用，在使用 Word 中输出各种格式化的参考文献信息，不需要脱离 Word 环境。

（一）NoteExpress 具有以下优点

（1）根据杂志的要求自动生成参考文献，所以在写文章的时候不必考虑如何根据杂志的要求进行排版。

（2）随时调整参考文献的格式。使用这些软件可以在需要的时候随时调整参考文献的格式。

（3）方便自己查找文献。可以把自己读过的参考文献全部输入到 NoteExpress 里，这样在查找的时候就非常方便。

NE 除管理参考文献资料外，还可以管理硬盘上其他文章或文件，作为个人知识管理系统。支持绝大多数文献的导入格式，并支持自己编辑的文献格式。

NoteExpress 是科研人员、学者、学生和图书管理人员的进行论文写作的绝佳工具。从对中文的支持性能以及在线数据库的方面考虑，本节主要介绍文献管理软件 NoteExpress（以下简称 NE）管理电子书籍或文献的软件及其使用。

（二）NE 文献管理软件的一般步骤

（1）书目信息的获取　打开 NE 软件，点击工具栏中的“检索”——“在线数据库”（图 3-9），选择一个数据库。对于中文书籍，建议大家用“北图联合编目中心”，而外文书籍用“Columbia University—New York，NY”，其他比较好的有 California State University 各馆和 Library of Congress。这些馆里的藏书比较多，容易查到书目。Amazon 中的书也很多，但是有些信息不够全，不作为

首选。

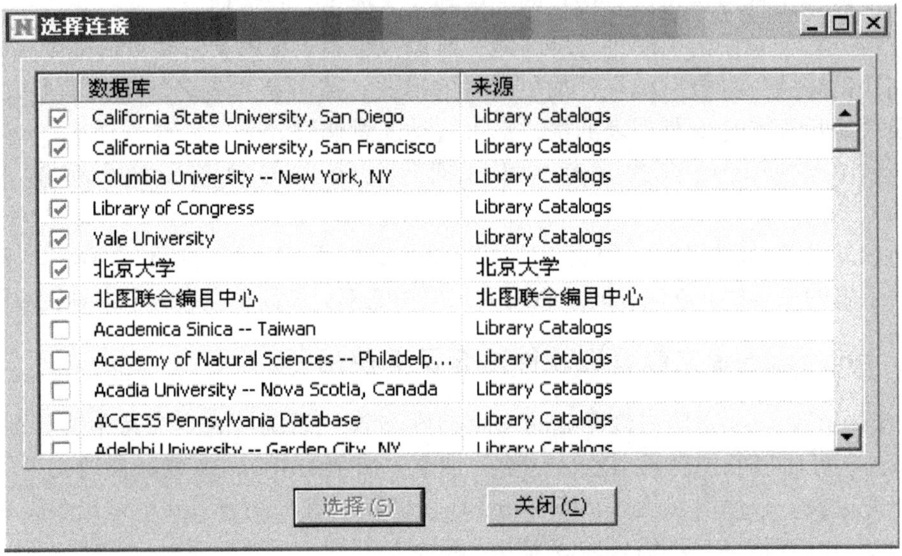

图 3-9　NE 的在线数据库界面

（2）加入到 NE 数据库　检索到结果后，在目标书目前打勾，按“插入数据库”，这条信息就加入本地数据库了（图 3-10）。

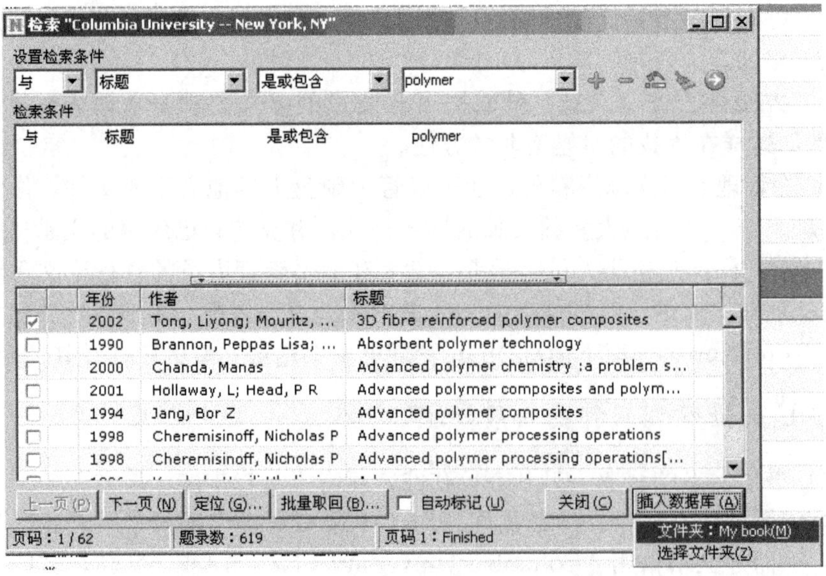

图 3-10　NE 检索结果插入数据库界面

(3) 建立书籍链接 在NE中建立书籍的链接选择书目（图3-11），在“附件”窗口下单击右键，选择“添加文件”（如果是文件夹就选择“添加文件夹”），找到对应的书籍文件或文件夹，点“确定”。这样就把数据库的书目和书籍的文件或文件夹建立了链接，在此双击就可以直接打开这本书（或所在的文件夹了）。此处可以添加多个链接，一本书分成几个部分同样可以添加进来，而对应的书目仍是一个。

图3-11 NE中建立书籍链接的界面

(4) 给书籍做标记 有时为了某种目的，需要将书目加以区别。比如，把已经下载的书目和需要下载的书目区分，可以加上不同的标记，如把已经下载的标记为“1”，没有下载的标记为“0”（默认标记）。在这条书目上点右键“标记”即可。

（注：每添加一条书目，最好打开这本书，与书目核对，检查书目信息的完整性。如出版社、出版地、ISBN、版本等。有的作者用缩写，最好换成全名。这样便于引用。一些书的ISBN因纸版、电子版、平装和精装而异，请注意区分。下载书目时可以从不同的图书馆检索，比较书目的异同，选择详细的保存。）

参考文献

崔可芳，周秀丽．2003．电子文献与纸质文献的并存关系．中国公共卫生管理，19（4）：349～350

电子文献的载体类型及其标识 摘引自《中国学术期刊（光盘版）检索与评价数据规范》

史京山，孟庆湖．1992．文献检索与实践．长沙：中南工业大学出版社

杨昌俊，杨九龙．2002．信息检索基础．西安：西北大学出版社

杨丽玲，屈宝强，董小燕. 2003. 传统文献，电子文献，网络文献比较研究. 情报科学，21（11）：1179～1180
张红. 2003. 电子文献与纸质文献的比较研究. 现代情报，（9）：10～12
张竞先. 1987. 生物学文摘. 成都：四川科学技术出版社
张自钧，陈桂章. 1998. 医学信息检索与利用. 上海：上海医科大学出版社
朱宁. 2003. 数字文献与纸质文献开发利用的比较研究. 咸宁学院学报，23（5）：167～169
http：//elsevier. lib. tsinghua. edu. cn/help/default/helpmain. html
http：//lib. wznc. zj. cn/szzy/jiangyi/1. doc
http：//springer. lib. tsinghua. edu. cn
http://www. ncbi. nlm. nih. gov/entrez/query. fcgi
http://www. calis. edu. cn/calisnew/calis _ index. asp?fid=1&class=1
http://www. clas. ac. cn/lib/res/resdetail. asp?resID=111&reszixun=J
http://www. jiansuo. net/portal/knowledge/6/31/11. html
http://www. scinote. com/supportcn/cgi-bin/topic _ show.
http://www. yyxxg. com/wop/articleshow. asp?articleid=73

第四章　开 题 报 告

任何一项工作都有两种形式，一种是消极式工作，另一种是积极式工作。也就是说提前要消除可能发生的错误，提前计划。因此，写工作计划实际上就是对我们自己工作的一次盘点，让自己做到清清楚楚、明明白白。计划是我们走向积极式工作的起点，是提高工作效率的有效手段。科学研究工作是一种多层次的工作，更需要对其进行周密严谨的计划，即撰写开题报告。这作为科学研究工作的第一个环节非常重要。在美国，许多科学家每年几乎要用两个多月的时间从事课题建议书（即开题报告）的起草工作。在我国，关于科技工作者要写“科研开题报告”，大学研究生、本科生申请学位要写“学位论文开题报告”等规定正在实施中。

第一节　开题报告的作用及其意义

一、开题报告的含义和作用

开题报告是指课题方向确定之后，课题负责人在文献调研的基础上，写成的关于课题选择与如何实施的论述性报告。开题报告是用文字体现的论文构想，由开题者向专家、学者、科技人员进行陈述，因而篇幅不宜过长，只是将选题依据，如何研究理论适用等交代清楚，以便专家们提出合理的和建设性意见和建议。从而更有利于课题的顺利展开和成功完成。所以，开题报告可作为毕业论文答辩委员会对学生答辩资格审查的依据材料之一。同时开题报告还有以下作用：

（1）撰写开题报告是提高选题质量和水平的重要环节。做好开题报告的主要目的是促使大家理清研究思路，完善研究设计，开题者可以把自己对所研究课题的认识、理解程度和准备工作情况加以整理、概括，以便使具体的研究目标、步骤、方法、措施、进度、条件等得到更明确的表达。

（2）制定开题研究的行动计划和安排，是解决开题者提出的问题进行探索的途径。它初步规定了课题研究各方面的具体内容和步骤，对整个研究工作的顺利开展起着关键的作用。一个好的方案可以使研究者明确研究的方向，避免发生进行一段时间后不知道下一步干什么的情况，保证整个研究工作有条不紊地进行。总之，没有科学的开题报告，就没有科学而有价值的成果。

（3）开题报告就是对课题价值与可行性的认定。开题报告主要是说明这个课题有研究价值，自己有条件进行研究以及准备如何开展研究等问题，也可以说是对课题的论证和设计。换言之，就是当课题方向确定之后，课题负责人在调查研究的基础上撰写的报请上级批准的选题计划，这样才能让别人信服你所研究的题目具有新颖性，或者说可以填补理论的不足，而且证明你有能力完成这项研究。一开始研究者就对研究过程有了很好的把握，那么整个研究过程就能平稳地进行，并且指导教师就能按照作者的研究计划进行监督和指导研究工作。而且开题的过程还可以对研究工作产生直接的影响，或者是开展研究工作的一种暂时性指导，或者作为课题修正时的重要依据。因此说开题报告是对学位论文质量的监督和保证。

(4) 开题报告是课题研究人员科研知识和能力的“缩影”，是选题阶段的主要文字表现，它实际上成了连接选题过程中备题、开题、审题及立题这四大环节的强有力的纽带。

总之，开题报告是解决做什么，为什么这么做，怎样做，有什么结果。

二、写好开题报告的基础性工作

写好研究方案一方面要了解它们的基本结构与写法，但“汝果欲学诗，功夫在诗外”，写好开题报告和研究方案重要的还是要做好很多基础性工作的。首先，我们要了解别人在这一领域研究的基本情况。研究工作最根本的特点就是要有创造性和新颖性，熟悉了别人在这方面的研究情况，我们才不会在别人已经研究很多、很成熟的情况下，重复别人走过的路，而会站在别人研究的基础上，去开拓更高层次、更有价值的东西来研究；其次，我们要掌握与我们课题相关的基础理论知识。理论基础扎实，研究工作才能有一个坚实的基础。没有理论基础，就很难深入研究，很难有真正的创造。

因此，我们进行科学研究，一定要多方面地搜集资料，加强理论学习。这样我们写报告和方案的时候，才能更有把握，制定出的报告和方案才能更科学、更完善。

第二节　开题报告的写作规范

撰写开题报告是进行科研课题的首要工作。通过开题报告的思考与写作可以帮助我们清楚地了解自己为什么要做这个课题，究竟想做什么，想得到什么，怎么做，能否达到自己的预期目标？经过分析后欠妥的地方可以立即调整，使课题目标达成的可能性更大，从而避免“大题小作”或“小题大作”。开题报告的写作根据研究的类别略有不同，但一般地说，开题报告都包括以下几个方面的内容。

一、题目

题目是学位论文中心思想的高度概括。开题报告的题目最终将是论文的题目，因此，它同论文所要研究的内容是密切相连的。对题目的要求主要有以下几点：

1. 准确规范

题目要将研究的问题准确地概括出来，要反映出研究的深度和广度，要反映出研究的性质，要反映出实验研究的基本要求——处理因素、受试对象及实验效应等，把课题研究的问题和对象交代清楚，一定要紧扣研究内容，避免范围过大或过小。

2. 用词造句要科学、规范

科学就要求不要用似是而非的、口号式的词语。科学研究就应该是用科学的、规范的语言去表述自己的思想和观点。同时，研究课题应当是我们要解决的、正在探讨的、正开始研究的问题，不要把结论性的语言当作自己课题的题目。

3. 简洁

要用尽可能少的文字表达，要简明扼要、通俗易懂，一般不超过 20 个汉字。

4. 新颖

包含两层意思，一是指抓住最新出现的问题，即要有动向水平、具有开创性的题目；二是指在原有问题的基础之上，提出新的问题或新的研究思路。

二、选题的目的与意义

既要回答为什么研究，主要交代研究问题的基本概念，背景，拟解决的关键性问题及解决这一问题的意义。其主要内容包括研究的背景是什么，也就是根据什么，或者是受什么启发而搞这项研究，另一方面就是通过分析实际情况，指出为什么研究这项课题，研究的价值是什么，最终要解决什么样的问题。表述时一般先要谈现实需要，即由存在的问题导出研究的实际意义，然后再谈理论及学术价值，要求具体、客观，且具有针对性。应当注重以资料分析为基础，注重时代、地区或单位发展的需要，切忌空洞无物的口号。这样有针对性地写所选课题的目的和意义就比较科学、实用，才能保证所选课题有价值。当然，选题不仅要有较大意义，更重要的是要具有可行性。

三、国内外研究现状，即文献综述

所谓综述，“综”即综合，就是指作者对学术观点和理论方法进行归纳整理、综合分析，使文献资料更加精练、明确、层次分明、有逻辑性，总的来说就是综合某一学科领域在一定时期内的研究概况；“述”更多的并不是叙述，而是对各家学说、观点进行评述与述评，即要有作者自己的独特见解。文献综述的撰写要以查阅文献为前提，所查文献应与研究问题相关，与问题无关则流散无穷；但又不能过于局限，过于局限又违背了学科交叉渗透的原则，使视野狭隘，思维窒息。文献阅读应当注重分析研究，善于发现问题，突出选题在当前研究中的位置、优势及突破点；要摒弃偏见，善于发现并应用与本人观点相悖的观点。综述的对象，除观点外，还可以是材料与方法等。此外，文献综述所引用的主要参考文献应予著录，一方面可以反映作者立论的真实依据，另一方面也是对原著者创造性劳动的尊重。通过文献综述主要掌握目前该项研究进行的广度、深度和已经取得的成果，寻求有待解决的问题，以此来确定本课题研究的起点，与其他研究相比有什么特色和突破点。注意的是查阅文献一定要瞄准主流（核心期刊，经典著作，研究报告等），随时整理，最后按问题进行文献组织。

四、研究方案

研究方案的目的是具体说明如何解决所提出的问题，即从实验材料、研究方法、路径上详细说明问题解决的内容，从而证明自己拟进行的研究是可行的。对于所提出的有价值的研究问题，并不意味着对这一问题的研究可以做下去。只有制定科学的、可以有效实施的研究方案，才能保证研究顺利进行。

1. 研究的目标

即本研究最后要达到的具体目的，要解决哪些具体的问题。研究目标体现了研究工作的价值特征。研究目标是努力的方向，体现了问题的解决程度。研究目标必须是具体的，不能笼统，必须清楚、准确、精炼、明了。只有目标明确，突出重点，才能保证具体的研究方向，才能排除研究过程中的各种干扰因素。但是研究目标不宜规定得太具体和死板，或者是目标定位过高，对规定的目标没有进行过研究或者无法进行研究。

2. 研究的内容

研究内容体现课题工作量的特征。要根据研究目标来确定具体的研究内容，并且一个目标可能要通过几方面的研究内容来实现，它们可以不是一对一的关系，因此在研究的过程中，应当把课题进行分解。在学位论文的撰写中，研究内容能让学生实际地掌握各种各样的单元技术，在培养学生的能力方面是课程学习方式所不能比拟的。边用边学，可以加深学生对知识的理解和灵活掌握程序，提高应用知识的能力，提高重复能力，为创造能力的培养奠定坚实的基础。开题报告中的研究内容要求全面、翔实、周密，体现以论文问题为中心。研究内容笼统、模糊，甚至把研究目的、意义当作内容，往往使研究进程陷于被动。

3. 研究的方法

“研究方法”这部分主要是反映本研究通过什么方法来验证我们的假设，为什么要用这种方法，以及要“做什么”、“怎么做”。方法是达到目标、实现创新的途径，是解决问题的客观可能性与主观能动性的汇合处，体现创造的特征。没有正确的研究方法，就不能深入认识事物的本质，揭示其客观规律；没有正确的研究方法，就不能有所发现、有所发明、有所前进、有所创新，自然也就不能获得研究成果。

研究方法很多，按照人的活动分为实践性方法和理论性方法。前者如观察、实验、调查，后者如抽象方法、假说方法。各种科研方法按照适用范围可以分为3类：即适用于一切学科领域的哲学方法；适用于众多学科领域的一般方法；适用于某些具体学科领域的特殊方法或专门方法。一般研究都综合运用多种研究方法。确立方法涉及多方面内容，如技术发展水平、文献调研、实验室分析、研究的共性和个性、创新、决策、逻辑和想象等，是开题报告中的难点和重点，需要深入全面开展具体研究。而且，对于已研究过的课题，只要采取一个新的视角，采用一种新的方法，也常能得出创新的结论。

一般自然科学研究中，在研究方法这一部分还要指明本研究涉及的设备和仪器，要详细、逐一说明每种仪器在研究工作中的作用，同时还要将方法与仪器设备统筹考虑。

五、研究的进度

为了使研究工作能够在既定的时间内完成，研究人员应该制定较详细的工作计划，即课题研究的步骤。整个研究在时间及顺序上的安排，一般都是从基础性问题开始，分阶段进行。每一阶段的起止时间都有严格的规定，而且对每一阶段要完成的研究目标、任务，各阶段的主要研究步骤，以及研究日程安排等都要详细界定。各阶段之间不能间断，以保证研究进程的连续性。

六、预期结果的陈述

预期结果一般是指在一个更广的范围内，研究结果有什么样的意义，通常是强调研究结果在实际、理论和政策方面的意义。它是研究人员对研究问题进行论证和对使用方法进行分析的自然结果，即本研究拟取得什么形式的阶段研究成果和终结研究成果。表现成果的形式是多样的，包括调查报告、实验报告、论文等。在研究过程中应经常考虑自己研究的实质性意义，不要夸大自己的研究结果的重要性，也不要把未经论证的结果作为自己的贡献。

七、条件分析

首先要突出仪器设备等物质条件的优势，另一方面就是要突出课题申请者和研究成员的优势。明确协作单位及分工，分工要合理，明确各自的工作及职责，同时要注意全体人员之间的密切合作。

八、拟解决的关键问题和创新点

拟解决的主要问题就是论文的主攻方向、研究目标。具体是指研究者预先设想的、将要在论文中证明的某一个新的理论问题，或者是某一个新的技术问题，或是某一个新的方法问题等。这个问题是在综述国内外研究动态的基础上提出来的，论文的各个部分都是为了论述这一主要问题，而主要问题的解决，将得出研究成果。因此在研究的过程中，对可能遇到的最主要的、最根本的关键性困难与问题要有准确、科学的估计和判断，并采取可行的解决方法和措施。研究要突出重点，突出所选课题与同类其他研究的不同之处。

撰写开题报告是科学研究者必备的能力，不同层次的开题报告的内容稍有所不同，但是写作的目的、要求和方法大同小异。写好开题报告是做好研究工作的良好开端，在当今世界做科学研究，只有重视并认真、科学地做好研究课题方案的设计，制定好开题报告，才能为获得优秀科研成果打开成功之门。一句话，没有科学周密的开题报告，没有对研究设计的精心准备，就没有科研活动的发生，更不会有真正意义上的学术突破。

第三节　生命科学相关基金项目介绍

一、国家自然科学基金

国家自然科学基金是1986年初成立的，由国家自然科学基金委员会负责组织、实施、管理国家自然科学基金项目，并根据国家发展科学技术的方针、政策和规划，以及科学技术发展方向，面向全国资助基础研究和应用研究，基金主要来自国家财政拨款，同时接受国内外单位和个人的捐赠，根据项目类型和管理工作的需要，实行经费定额补助式和成本补偿式两种资助方式。

国家自然科学基金是国家创新体系的重要组成部分，其战略定位是“支持基础研究，坚持自由探索，发挥导向作用”。自然科学基金面向全国，采取竞争机制，以资助“项目”和“人才”的方式，择优并重点支持我国具有良好研究条件和研究实力的高等院校和研究机构中的科技工作者从事自然科学基础研究。基础研究科学问题有两个来源，一是从科学自身发展提出的问题，二是从经济社会发展提出的问题。

自然科学基金经过近二十年的发展，其资助格局目前基本可分为“项目”和“人才”两大资助体系，这两个体系是相辅相成、互相交叉和互相促进的。项目资助体系以面上项目、重点项目和重大项目为主，构成自然科学基金项目资助的三个层次，同时根据需要设有若干专项类项目和国际合作与交流项目。“十五”期间，自然科学基金委根据基础研究的特点和科学发展的需要，试点实施“国家自然科学基金重大研究计划”。人才资助体系包含青年科学基金、国家杰出青年科学基金、海外和香港/澳门青年学者合作研究基金、创新研究群体科学基金和国家基础科学人才培养基金，其中青年科学基金也是面上项目的组成部分。

（1）面上项目包括自由申请项目、青年科学基金项目和地区科学基金项目三个亚类，是自然科学基金最主要和最基本的项目类型。其资助范围几乎覆盖自然科学所有的研究领域，主要资助以自由探索为主的科学研究工作，研究人员可以在自然科学基金资助范围内自由选择研究题目进行创新性研究。面上项目评审将创新性与研究价值作为重要标准，同时鼓励研究人员树立“敢为人先”的探索精神。

（2）重点项目主要用于支持研究人员结合国家需求，把握世界科学前沿，在一些重要研究领域和新学科生长点开展关键科学问题研究；特别支持研究人员在科学前沿和对学科发展具有重要推动作用的领域做研究，在对经济和社会可持续发展有重要应用前景和意义、能够充分发挥我国资源或自然条件特色的领域做研究。重点项目研究领域主要来源于：①自然科学基金委学科发展战略和优先资助领域；②已获得重要进展、其研究内容经过进一步提炼并加大支持力度即可望取得突破性进展的面上项目；③科技工作者和有关机构根据科学技术发展趋势和国内具备的工作基础提出的建议。

（3）重大项目主要用于支持科学发展中具有战略意义，我国具有优势，可望取得重大突破，达到或接近国际先进水平的前沿性基础研究；支持国家经济发展亟待解决的重大科学问题，对开拓发展高新技术产业具有重要影响或有重大应用前景的基础性研究；支持围绕国家可持续发展战略目标或为国家宏观决策提供依据的重要基础性研究，以及具有广泛深远影响的科学数据积累等基础性工作；支持自然科学基金面上、重点项目多年资助基础上凝练出来的、需加大资助力度即可望取得重大突破的重大科学问题研究。

（4）重大研究计划是自然科学基金委根据基础研究的规律和特点，为进一步促进科技发展，提高我国科技持续创新能力试点实施的一项新举措。该计划是针对科学发展的核心问题，整合与集成不同学科背景、不同学术思路和不同层次的项目，形成的具有统一目标的项目群。重大研究计划具有较强的导向性，有助于科学家创新思想与国家战略需求相结合，促进学科交叉和学术争鸣，激励创新，实施相对长期（6～8 年）的支持。重大研究计划在国家科技发展总体布局和创新体系框架下，注意与国家其他重大科技计划协调配合，构成链条和互补关系。

(5) 国家杰出青年科学基金是国家为促进青年科学和技术人才的成长，鼓励海外学者回国工作，加速培养造就一批进入世界科技前沿的优秀学术带头人而特别设立的。本基金的研究内容自由选择，但必须是具有创新的基础性研究。基金资助国内及尚在境外即将回国工作的优秀青年学者，在国内进行自然科学基础研究。

(6) 海外青年学者合作研究基金是为吸引和鼓励海外优秀青年学者每年在国内进行一定期限的基础研究而设立的。要求申请者能在海外从事科学研究，可保证每年在国内工作两个月以上。

(7) 香港、澳门青年学者合作研究基金是为吸引和鼓励香港、澳门优秀青年学者每年在内地进行一定期限的基础研究而设立的。要求申请者在香港或澳门从事科学研究，可保证每年在内地工作两个月以上。

(8) 创新研究群体科学基金是为稳定地支持基础科学的前沿研究，培养和造就具有创新能力的人才和群体而设立的，主要资助国内以优秀科学家为学术带头人、中青年科学家为骨干的研究群体，围绕某一重要研究方向在国内进行基础研究。

(9) 国家基础科学人才培养基金是为了实施科教兴国战略，加强基础科学人才的培养，提高我国基础科学人才的科学素质和实验能力而设立的。主要用于支持国家理科基础科学人才培养基地的建设。本基金适度向西部倾斜，并部分资助特殊学科的基础科学人才培养。

(10) 专项类项目是为满足基础研究的相关需求、根据某些特定的目的和意义而设立的。目前主要包括数学天元基金项目、优秀国家重点实验室研究项目基金、科普项目、科学仪器基础研究专款、国家自然基金委主任基金项目、科学部主任基金项目、重点学术期刊专项基金项目、青少年科技活动专项等。

(11) 联合基金项目是为了发挥自然科学基金的优势，吸引社会科技资源支持基础研究，培养科技人才，推动知识创新与技术创新的结合设立的。近年来，自然科学基金委与国内有关部门或机构共同提供研究经费设立联合基金，支持相关领域的基础研究工作。

(12) 国际（地区）合作与交流工作围绕科学基金中心任务，以推动源头创新为主题，营造有利于中国科研人员参与国际（地区）合作与竞争的良好环境，鼓励基金承担者开展积极而富有成效的国际合作与交流。国际（地区）合作与交流项目包括协议项目、重大国际（地区）合作研究项目、国家重点实验室国际合作交流专项、海外留学人员短期回国工作讲学专项、非协议在华国际会议、国际（地区）合作研究项目、与港、澳、台地区的合作交流项目、中德科学中心项目。

申请国家自然科学基金资助项目可以登陆自然科学基金委网站（http://

www. nsfc. gov. cn）查阅有关规定、办法和相关信息。

二、国家社会科学基金

国家社科基金设立重点项目、一般项目和青年项目。

国家社科基金项目的选题，要以我国改革开放和社会主义现代化建设中的重大理论问题和实践问题作为主攻方向，积极探索有中国特色的社会主义经济、政治、文化的发展规律，注重基础研究、新兴边缘交叉学科和跨学科综合研究，积极推进理论创新，支持具有重大价值的历史文化遗产的抢救和整理工作。

《课题指南》、《申报公告》等申报材料可到下列网站查询、下载。全国哲学社会科学规划办公室的网址是 http://www. npopss-cn. gov. cn，教育部人文社会科学网络管理信息中心网址是 http://www. sinoss. net。

三、科技部科技计划

（一）“863”计划

国家高技术研究发展计划（“863”计划）是一项具有明确国家目标的国家科技计划。由于科学家的建议和邓小平同志对建议的批示都是在 1986 年 3 月作出的，因此这个宏伟计划被命名为“863”计划。

“863”计划从世界高技术发展趋势和中国的需要与实际可能出发，坚持“有限目标，突出重点”的方针，选择生物技术、航天技术、信息技术、激光技术、自动化技术、能源技术和新材料 7 个领域 15 个主题作为我国高技术研究与开发的重点，组织一部分精干的科技力量。1993 年通信技术作为一个主题列入“863”计划。从 1991 年到 1995 年，国家科委适时地将水稻基因图谱、航空遥感实时传输系统、HJD-04 型大型数字程控交换机关键技术、超导技术和海洋技术作为专项纳入“863”计划。1996 年 7 月，国家科技领导小组批准将海洋高技术作为“863”计划的第八个领域。目前，“863”计划共有 8 个领域、20 个主题。

通过实施“863”计划，逐渐形成了适合我国国情的高技术研究开发的发展战略，完成了高技术研究和开发的总体布局，建立起一批高技术研究和高技术产品开发的基地，培养、造就了新一代高技术科技队伍，获得了一批具有国际水平的成果，突破了一大批重大关键技术，大大提高了我国高技术研究开发水平，增强了我国科技实力，部分成果向商品化、产业化方向延伸，开始对国民经济和社会发展产生重大影响。

目前，在“七五”、“八五”和“九五”三个五年计划成功实施的基础上，国务院于 2001 年 4 月正式批准在“十五”期间继续实施“863”计划。“十五”期间，“863”计划选择了信息技术、生物和现代农业技术、新材料、先进制造与自动化技术、能源技术、资源环境技术6个高技术领域的19个主题和若干个重大专项作为发展重点。其中，主题项目以鼓励创新、攻克重大关键技术、掌握知识产权为导向，重大专项以市场和应用为导向，重大产品、系统或工程为核心组织实施。申请书可在网上下载（网址：http://www.863.org.cn）。

（二）国家科技攻关计划

国家科技攻关计划（以下简称攻关计划）是国家的指令性计划。它的出台，标志着我国综合性的科技计划从无到有，成为我国科技计划体系发展的里程碑。该计划自1983年开始以来，实施了“六五”科技攻关计划、“七五”科技攻关计划、“八五”攻关计划、“九五”国家科技攻关计划，在科技促进农业发展、传统工业的技术更新、重大装备的研制、新兴领域的开拓以及生态环境和医疗卫生水平的提高等方面都取得了重大进展，解决了一批国民经济和社会发展中难度较大的技术问题，对我国主要产业的技术发展和结构调整起到了重要的先导作用。同时造就了大批科技人才，增强了科研能力和技术基础，使我国科技工作的整体水平有了较大提高。目前，“十五”攻关计划由重大项目、重点项目和引导项目三部分组成，同时实施关联行动。“十五”国家科技攻关计划继续坚持面向国民经济建设主战场，从国民经济建设和社会可持续发展的重大需求出发，以促进产业技术升级和机构调整、解决社会公益性重大技术问题为主攻方向，通过重大关键技术的突破、引进技术的创新、高新技术的应用及产业化，为产业结构调整、社会可持续发展及提高人民生活质量提供技术支撑。详情登陆网站 http://gongguan.jhgl.org/index.asp。

（三）“973”计划

即国家重点基础研究发展计划。1997年6月4日，原国家科技领导小组第三次会议决定要制定和实施《国家重点基础研究发展规划》，随后由科技部组织实施了国家重点基础研究发展计划（亦称“973”计划）。该计划是党中央、国务院为实施“科教兴国”和“可持续发展战略”，加强基础研究和科技工作作出的重要决策；是实现2010年至21世纪中叶我国经济、科技和社会发展的宏伟目标，提高科技持续创新能力，迎接新世纪挑战的重要举措。该计划项目的立项要按照“统观全局，突出重点，有所为，有所不为”的指导思想，主要是满足我国未来经济建设和科学技术发展的需要，围绕农业、能源、信息、资源环境、人口与健康、材料等国民经济、社会发展及科技自身发展的国家需求和有重大影响、能在世界占有重要一席之地的重点学科领域，瞄准科学前沿和重大科学问题，开展多学科综合研究和学科交叉研究，提供解决重大关键问题的理论依据和形成未来重大新技术的科学基础。详情登陆网站 http://www.973.gov.cn/。

（四）政策引导类科技计划

（1）火炬计划是一项发展中国高新技术产业的指导性计划，于 1988 年 8 月经国务院批准，由国家科委组织实施。火炬计划的宗旨是：实施“科教兴国”战略，贯彻执行改革开放的总方针，发挥我国科技力量的优势与潜力，以市场为导向，促进高新技术成果商业化、高新技术商品产业化和高新技术产业国际化。

火炬计划项目是火炬计划的重要组成部分，是火炬计划实施的出发点和落脚点。火炬计划项目，是以国内外市场需求为导向，以国家、地方和行业的科技攻关计划、高新技术研究开发计划成果及其他科研成果为依托，以发展高新技术产品、形成产业为目标，择优评选并组织开发的具有先进水平和广阔国内外市场及较好经济效益的高科技项目。重点发展领域是：新材料、生物技术、电子与信息、光机电一体化、新能源、高效节能与环保。详情请登陆网站 http://www.chinatorch.gov.cn/default.aspx。

（2）星火计划是 1986 年初经中国政府批准实施的第一个依靠科学技术促进农村经济发展的计划，是我国国民经济和科技发展计划的重要组成部分。其宗旨是：把先进适用的技术引向农村，引导亿万农民依靠科技发展农村经济，引导乡镇企业的科技进步，促进农村劳动者整体素质的提高，推动农业和农村经济持续、快速、健康发展。星火计划的实施，促进了农村经济的发展，提高了乡镇企业的技术和管理水平，推动了城乡一体化进程，促进了农村产业结构的优化，加速了传统农业向现代农业的转变，增加了广大农民的收入。详情请登陆网站 http://www.cnsp.org.cn/。

（3）科技型中小企业技术创新基金是经国务院批准设立，用于支持科技型中小企业技术创新的政府专项基金。创新基金将以创新和产业化为宗旨，以市场为导向，上连“863”、“攻关”等国家指令性研究发展计划和科技人员的创新成果，下接“火炬”等高技术产业化指导性计划和商业性创业投资者，在促进科技成果产业化、培育和扶持科技型中小企业的同时，推动建立起符合市场经济客观规律、支持科技型中小企业技术创新的新型投资机制。详情请登陆网站 http://www.innofund.gov.cn。

（4）国家重点新产品计划是国家科技计划体系中科技产业化环境建设的重要组成部分，是一项政策性引导计划。“十五”期间，它以“加强引导、鼓励创新、扶持重点、营造环境”为指导思想，通过政策性引导和扶持，促进新产品开发和科技成果转化及产业化，加速科技产业化环境建设，推动企业的科技进步，提高企业技术创新能力，带动我国产业结构优化升级和产品结构调整，增强我国产品国际竞争力。

四、国家留学基金管理委员会

国家留学基金管理委员会（以下简称基金委）是直属于教育部的非营利性事业法人单位。

基金委的宗旨是：根据国家法律、法规和有关方针政策，负责中国公民出国留学和外国公民来华留学的组织、资助、管理工作，以利于发展中国与世界各国教育、科技、文化交流和经贸合作，加强中国与世界各国人民之间的友谊与了解，促进中国社会主义现代化建设和世界和平事业。

国家留学基金主要来源于国家留学基金计划的财政专款。基金委同时也接受境内外友好人士、企业、社会团体及其他组织的捐赠和资助。

基金委的任务是：用法制和经济手段管理出国留学和来华留学事务；负责管理、使用国家留学基金，确定有关资助项目与方式，制定管理规章，发挥基金使用效益；受委托管理各项与国外双边、多边交换或单项奖学金，并接受境内外有关组织、机构和个人的委托，管理有关教育交流和科技合作方面的其他事务，资助有益于发展中国教育事业和对外友好关系的项目；争取境外捐助，拓宽基金来源，增加基金积累；与境内外相应机构建立联系，开展交流与合作。

根据国家经济建设和社会发展的需要，为加强科学、技术、文化、教育、管理等方面高层次人才的培养，促进我国和世界各国的交流与合作，国家留学基金管理委员会每年按照国家公派出国留学选派办法和年度选派计划，特别在重点资助学科专业，以国家留学基金资助方式在全国选拔各类出国留学人员。具体的资助计划及申请办法以及申请的一些相关的条件请查阅相关网站 http://www.csc.edu.cn。

五、教育部留学回国人员科研启动基金

1990 年由教育部设立的留学回国人员科研启动基金是为发挥广大留学回国人员在社会主义现代化建设中的作用，支持他们回国后的教学、科研工作而设立。主要资助对象为获得博士学位，在外留学三年以上（获国内博士学位在外留学一年以上），年龄在 45 岁以下，回国后在教育、科研单位工作从事教学、科研工作的留学回国人员，可在回国两年内提出申请。资金主要用于购买科研所需的专用仪器、零部件、试剂、图书资料和调研、参加国内学术会议。申请手续：申请人可通过国内单位，或教育部国际合作与交流司，或教育部留学服务中心，或我驻外使（领）馆教育处（组）索取《留学回国人员科研启动基金申请表》，填后报教育部留学服务中心。

六、山西省自然科学基金

山西省自然科学基金（以下简称科学基金）用以资助本省自然科学领域中的基础研究和应用基础研究，资助项目应从基础性研究的特点和有重要科学意义的基点出发，优先支持重点学科的前沿课题，以及可能对山西省经济发展发挥较大作用的应用基础研究。全省各高等院校和科研院所的科技工作者均可按规定申请。科学基金项目分两个方面，即面上项目和重点项目。面上项目由科技工作者自由申请，重点项目可由科技工作者申请、有关单位推荐、专家推荐和基金会领导建议等。

山西省基础研究计划项目主要支持具有本省特色与优势，带有基础性、创造性、探索性及前瞻性等特点的，以及一旦突破将对经济和社会发展产生重要影响的，具有应用前景的基础研究。重点安排数理学科、化学与化工学科、能源与环境学科、电子与信息学科、材料与工程学科、医药卫生学科、农业生物学科等领域。支持对象主要是高等院校、省级以上科研院所。

山西省基础研究计划的项目申报与评审流程请登陆网站 http://www.sxinfo.gov.cn/kjtweb/jsp/gov/guide/g008.htm；该项目各类表格下载请登陆参照网页 http://www.sxinfo.gov.cn/kjtweb/jsp/gov/project/project_jc/table.htm。

七、山西省国际科技合作计划项目

山西省国际科技合作计划（以下简称“计划”）作为山西省科技计划的重要组成部分，要紧紧围绕本省总体发展目标，立足本省的需求和发展，适应形势要求，加强引导，充分挖掘国内外以及本区域有效资源，合理配置，通过引进、消化、吸收和创新，解决制约本省经济社会发展中的技术瓶颈和难题，增强本省科技创新能力，加速发展高科技，实现产业化；积极引导实施“走出去”战略，发展外向型经济，提高本省对外开放度；促进本省产业结构的优化和调整以及生态环境的改善，推动科技和经济社会的跨越式发展。

项目申请领域为生态环境建设和现代农、林、牧业技术，具有本省主导或特色产业的食品深加工与制造技术，生物与新医药技术，电子信息技术，光机电一体化技术，先进制造技术，新能源与新材料，高效节能与环境保护技术，古建筑保护与旅游产品开发技术，国际科技合作与交流平台建设。

项目申请书及有关文件可在“山西之窗”（网址：http://www.shanxiwindow.net）下载。

八、山西省科技成果推广计划项目

山西省科技成果推广计划是一项促进科技成果转化和产业化的重点科技计

划。其宗旨在于按照“人才、专利和技术标准”三大战略的要求，以推进我省经济结构调整为重点，以市场为导向，以产学研合作为纽带，坚持自主创新和技术引进相结合，积极促进科技成果转化和产业化。省科技成果推广计划主要支持重大、共性和社会公益性科技成果的推广应用与政策、机制研究，建设科技成果推广转化服务体系，努力营造有利于科技成果转化和产业化发展的良好环境。项目申报指南和要求可登陆在山西省科学技术厅网站查阅，网址为 http://www.sx-info.gov.cn。

第四节　课题申请书的撰写

课题申请书是对拟申报课题进行论证的过程。课题申报成功立项之后，才能得到相关基金的支持和帮助。课题能否立项，与选题的新颖性、选题的意义等因素有关，同时，也与课题申请人对课题的论证质量有关。对于一项研究课题，研究者必须通过提交正式的研究计划或者申请书等书面形式，对课题的价值、科学性和可行性进行论证。

课题论证有助于进一步详细阐述课题研究过程的行动纲领，从而使有关部门、评审专家在一定程度上了解研究者的科学态度、学术水平和科研能力，便于进行课题评审工作，做出科研项目立项和资助的决定。同时课题论证指明了课题所要达到的目标和研究成果的表现方式，为今后对研究课题的进展和完成情况进行检查、鉴定提供了标准和具体指标。

相对于开题报告来讲，由于课题申请书的撰写是为了使课题能得到有关专家的评审通过，顺利科研立项和得到有关基金部门的资助。因此在撰写课题申请书的过程中，无论在选题立意方面，还是在研究方法、内容、可行性上，都应该比开题报告更详细、明确，更具有说服力。

一般地，每个课题管理部门都会印制课题申请表，或者会在网上发布电子版本的课题申请表。课题申请者只要下载相关课题申请的表格并按照规定进行填写即可。

一、课题申请表的一些基本格式和内容

(1) 封面　包括课题论证报告的名称、学科门类、项目名称、申请人姓名、工作单位、申请日期等。如果申请书附有推荐书，封面通常还要求同时填写两位以上推荐者的姓名、专业技术职务和工作单位。

(2) 封二　填表说明。包括对申请书的严格要求，以及有关项目的填写或本基金情况的特殊说明。

(3) 简表　内容包括研究者的姓名、性别、学历、民族、年龄、职务、课题组人数、课题类别、所属学科以及研究的主要内容和意义摘要、预期成果摘

要等。

(4) 课题申请者学习、进修和科研工作简历包括年月、单位、毕业论文题目、导师姓名和成果，以及研究项目名称及承担的主要研究工作等。

(5) 研究课题所涉及的学科领域，阐述项目的研究意义，分析国内外研究现状、存在的主要问题、本课题的学术思想、立论依据、研究目标以及拟解决的关键问题，表明本研究的特色和独创之处。

(6) 研究内容和工作方案包括采取的措施、方法、技术线路、实验手段、关键技术、进度安排、拟达到的技术指标、提交成果的方式等。

(7) 课题申请者已取得的成绩包括已完成的主要科研成果、发表的论著目录、发表处及获奖情况等。

(8) 申请人及主要参加者的相关情况包括姓名、性别、年龄、专业技术职务、从事的专业、工作单位、在课题中的分工、每年用于本课题工作的时间等内容。

(9) 课题经费预算包括申请资助总金额、每年拨款数、有无其他资金来源、各项具体经费的支出预算以及经费需要的理由和必要性。

(10) 所在单位学术委员会、领导的审核意见。即对申请书中申请者所填写项目的真实性以及合理性进行证明，并签署具体的意见。

上述这些部分并不是所有的基金会都是一样的安排顺序和要求，甚至在重点内容的强调上也会不同的侧重，会设一些特殊性的项目。

二、论证报告撰写技巧

论证报告的质量不仅直接反映申请者的学术水平和科研能力，而且还直接决定课题是否被资助和批准。因此，撰写论证报告的策略和方法是很重要的。下面就关于撰写论证报告的技巧进行陈述。

1. 问题的陈述部分

陈述问题时应当使用通俗易懂的语言，简单清晰。申请者应以“本研究的目的是……”来概括，阐明课题意义应实事求是。对基础性工作，阐明的时候要有学术深度和学术上的新颖性；对应用性工作，应把社会意义、经济意义等阐明清楚；对基础研究方面的工作，应把学术问题阐述清楚，不要牵强附会。同时应对研究对象和范围加以界定，简要概括说明研究的主要假设。

2. 文献综述部分

把握论证报告的篇幅，紧紧围绕主题，对研究综述所涉及领域的内容要进行高度概括，对本研究拟进行突破、创新、改进的方面要重点分析，并且分析时要客观、全面，更重要的是对文献进行认真介绍。引用文献一定要按正式发表论文的要求正规引用，作者顺序要准确，还要防止罗列文献。

3. 研究方法部分

在对基本情况说明的基础上，重点说明研究的总体思路、设计的逻辑思想、主要测量方法等。

4. 研究进度安排

将整个课题合理地分为若干部分，划分应符合研究的逻辑进展顺序；在每段、每部分上合理、有效地分配研究者的时间和精力，注意保证研究的重点；时间安排应当遵循经济性原则，并充分考虑研究工作中可能遇到的各种意外困难和出现的新情况，做到既紧凑又留有余地；进度安排上应当重点估计研究的总体进展和目标。

5. 课题组与已有工作基础说明

对于综合性课题，课题组成员最好来自不同的学科，以利于从多学科角度对问题进行研究。为了保证科研工作的顺利进行，课题组成员的学术水平、年龄层次应当合理搭配。应详尽说明课题组成员在本课题所涉及领域曾做过的有关研究，有多少该方面的研究经验，受过何种专门训练，已有的知识和技能储备，研究资料的拥有和把握情况，为完成本课题而做的各种准备，其所在单位对完成课题能给予何种支持，研究工作是否得到有关部门的密切配合等。

6. 研究经费的预算

以最低的研究费用争取最大的研究成果。计算根据及理由要具体、充分，经费预算要全面考虑、详细，并留有一定余地。同时要考虑到基金历年来资助的强度，注意到预算的合理和适度，防止过高的、不符合实际的预算。

三、课题申请书撰写应注意的几个问题

1. 认真阅读项目指南

项目指南指出了我国自然科学基金在基础研究和部分应用研究方面当前应重点发展和资助的研究范围、领域及某些定向研究课题。申请者应结合自己所从事的学科领域，充分利用项目指南所提示的近期重点资助的研究范围、领域和某些定向课题，选好自己的研究题目。选题一定要有创新性，避免与同类研究低水平重复。

每个大学科的指南基本分为三个层次：一是资助范围；二是鼓励研究领域；三是定向课题。申请人应根据自己从事的专业和意向，选择自己想研究的学科，根据这一大学科的资助范围、鼓励研究领域和定向硬性规定选择项目指南中的规定内容，申请者可以选择指南以外的科学问题进行申请，但会影响项目的获准。

2. 认真阅读填写说明，正确填写申请书

申请者在选定课题后，如何将自己的实际情况在评审中表达出来，也即在填写申请书时如何做到充分、清晰地反映课题的意义、学术思想和工作水平、研究方法和技术路线、研究能力和研究条件等是申请课题能否获得资助的另一关键所在。

对于需要推荐的研究课题，选择对自己有一定了解的、有较高学术地位的专家作为推荐者，同时应征求专家的意见，反复修改，保证课题申请书书写的正确性、有效性以及项目申请的成功率。

如实填写自己过去承担过的或积极参与过的研究课题，发表的论著和所受的学术训练，这些都是评价申请者学术水平、科研经验与能力的客观依据。

3. 认真阅读科学基金的管理办法，严格经费管理

申请经费要坚持科学原则，严格按照课题研究需求进行预算。同时项目申请经费过多，会造成科学基金无力支持。

要认真阅读相关科学基金的管理办法，其中对项目申请的条件附以详细规定。课题申请者要执行基金资助项目管理的有关规定。

参 考 文 献

董奇. 2004. 心理与教育研究方法. 北京：北京师范大学出版社

http://www.163test.com/Html/essay_zhidao/032243326.html. 如何写开题报告

第五章　实 验 设 计

第一节　实验设计概述

实验设计（design of experiment，DOE）是以概率论与数理统计为理论基础、合理安排实验的一种方法论，它研究如何高效而经济地获取数据信息、科学地分析处理、得出正确的结论。实验设计的创始人是英国农学家、遗传学家、统计学家费舍尔（R. Fisher，1890～1962）。他于20世纪20年代至40年代，建立了实验设计和方差分析方法。费舍尔的统计学研究始终和农业科学、生物学、遗传学研究紧密联系。20世纪40年代，英、美、日等工业化国家把实验设计及其分析方法推广到工业领域并予以发展。日本学者田口玄一（1947，1957）等相继提出了正交实验设计、参数设计和容差设计，使多因素实验能够部分实施，并解决了产品和工艺过程中的稳健性问题。美国学者G. E. P Box（1957）提出了调优运算设计，中国学者方开泰等（1978）提出了均匀设计，这些发展和丰富了实验设计的内容。实验设计经过大约80年的研究和实践，为工、农业生产的发展做出了巨大贡献，已经成为科技工作者必须掌握的一门科学。本文从案例入手，介绍DOE在各行各业的应用实例，然后介绍单因素实验和序贯优选法、双因素和多因素组合实验、多因素实验设计的思路，进而以讲解正交设计为主，简要介绍回归正交设计、均匀设计和三次设计。

要最有效地进行科学实验，必须用科学方法来设计。所谓实验的统计设计，就是在设计实验的过程中，保证收集的数据适合于用统计方法分析，从而得出有效的和客观的结论。如果想用数据做出有意义的结论，用统计方法做实验设计是必要的。当问题涉及受实验误差影响的数据时，只有统计方法才是客观的分析方法。这样一来，任一实验问题就都存在两个方面：实验的设计和数据的统计分析。这两个课题是紧密相连的，因为分析方法直接依赖于所用的设计。

一、实验设计的基本程序

如果在设计和分析一个实验时需要使用某种统计方法，那么参与实验的相关人员必须预先做出选择。对于像研究的目的是什么、如何收集数据等问题，要有清晰的认识，至少对如何分析这些数据要有定性的了解。推荐的步骤如下：

(一) 响应变量的选择

在选择响应变量时，实验者应确信这一变量真正会对所研究的过程提供有用的信息。最经常的是取测量特性的平均值或标准差（或两者）为响应变量。多重响应不常用。仪表性能（或测量误差）也是一个重要因素。如果仪表性能差，则只有相对大的因素效应才能通过实验检测出来，或者需要做附加的重复实验。

(二) 因素和水平的选择

实验者必须选择在实验中准备用来处理的因素，以及在做实验时规定这些因素的水平。还必须考虑如何将这些因素控制在所希望的数值上以及如何测量这些数值。在这个过程中，需调查研究所有可能是重要的因素，而不受过去经验的过分影响，特别是在实验的早期阶段或工序尚未成熟时。当目的是因素筛选或过程特征化时，最好是保持低的因素水平（最经常的是用两个水平）。

(三) 问题的识别和问题的提出方法

这一点看起来似乎是容易明白的，但在实践中，确认需要实验的问题却并不那么简单，将问题摆明并变为都可接受的题目也不是那么简单的。需要弄清有关实验目的的全部想法。通常，重要的是吸引所有有关人员的参与（包括操作人员）。清晰的提问对更好地理解现象和最终求得问题的解答有重大帮助。

(四) 实验设计的选择

如果头三个步骤正确完成，这一步相对容易。选择设计涉及考虑样本量（重复次数），对实验选择合适的实验次序，确定是否划分区组或是否涉及其他随机化约束。

在选择设计时，重要的是思想上总要关注实验目的。在很多工程实验中，我们一开始就知道，有些因素水平会使响应得出不同的数值。因此，我们感兴趣于识别哪些因素引起这种差异并估计响应改变量的大小。在有的情况中，我们会更感兴趣于验证一致性。例如，比较两种生产条件 A 和 B，A 是标准的，B 是成本较低的。则实验者感兴趣的是两种生产条件的产率是否有差异。

(五) 进行实验

当进行实验时，谨慎监视实验的过程以确保每件事情都按计划做完是非常重要的，这个阶段中实验方法的错误通常会破坏实验的有效性。计划在先是成功的关键，还应当及时记录实验现象和数据，在实验中将观察到的现象如实、准确地记录下来。除了用文字进行记录外，还可以用数据或符号进行记录。

（六）数据分析

分析数据应该用统计方法，使得结果和结论都是客观的，而不是主观臆断。如果实验设计正确，并且按设计实行，则可用很多软件来分析数据，在数据的解释中，简单的图解法起了重要的作用，方差分析和模型适合性检测也是重要的分析方法。统计方法不能证明一个因素（或几个因素）有特殊的效应。它们仅为实验结果的可靠性和有效性提供准则。从本质上说来，应用统计方法不允许利用实验来证明任何事情，但是，统计方法允许我们去度量结论中可能出现的误差或者对一个命题附加上置信水平。统计方法的基本优点是它对做出判决的过程加入了客观性。统计方法和良好的专业知识以及常识结合在一起通常会引出正确的结论。

二、实验设计的三要素

（一）实验因素

所有影响实验结果的条件都称为影响因素，实验研究的目的不同，对实验的要求也不同。影响因素有客观与主观、主要与次要因素之分。研究者希望通过研究设计进行有计划地安排，从而能够科学地考察其作用的大小，这些因素称为实验因素（如药物的种类、剂量、浓度、作用时间等）；对评价实验因素作用大小有一定干扰性且研究者并不想考察的因素称为区组因素或称重要的非实验因素（如动物的窝别、体重等）；其他未加控制的许多因素的综合作用统称为实验误差。最好通过一些预实验，初步筛选实验因素并确定取哪些水平较合适，以免实验设计过于复杂，实验难以完成。

（二）实验单位（实验对象）

实验因素所作用的对象称为实验单位，或者实验所用的材料即为实验对象。如用菠菜做实验，菠菜就是本次实验的实验对象，或称为受试对象。若用菠菜的叶做实验，其表现形式叫样品（有时一个样品由若干的叶混合而成）。此时，一个样品就是一个实验单位。实验对象选择的合适与否直接关系到实验实施的难度，以及别人对实验新颖性和创新性的评价。一个完整的实验设计中所需实验材料的总数称为样本含量。最好根据特定的设计类型估计出较合适的样本含量，样本含量过大或过小都有弊端。不同性质的实验研究需要选取不同种类的实验单位。

（三）实验效应（观察指标）

实验因素取不同水平时在实验单位上所产生的反应称为实验效应。实验效应是反映实验因素作用强弱的标志，它必须通过具体的指标来体现，一般是通过某些观测指标数值的大小来体现。要结合专业知识，尽可能多地选用客观性强的指标；在仪器和试剂允许的条件下，应尽可能多选用特异性强、灵敏度高、准确可靠的客观指标。对一些半客观（比如读 pH 试纸上的数值）或主观指标（对一些定性指标的判断上），一定要事先规定读取数值的严格标准，只有这样才能准确地分析自己的实验结果，从而大大提高实验结果的可信度。

三、实验设计原则

实验设计有属于专业方面的，有属于统计方面的。从统计方面说，主要应当考虑随机化（randomization）、重复（replication）、对照（control）等问题，这就是实验设计的重要原则。

（一）局部控制原则

局部控制原则也叫实验条件的局部一致性原则，局部控制是指在实验时采取一定的技术措施或方法来控制或降低非实验因素对实验结果的影响。在实验中，当实验环境或实验单位差异较大时，仅根据重复和随机化两原则进行设计不能将实验环境或实验单位差异所引起的变异从实验误差中分离出来，因而实验误差大，实验的精确性与检验的灵敏度低。为解决这一问题，在实验环境或实验单位差异大的情况下，根据局部控制的原则，可将整个实验环境或实验单位分成若干个小环境或小组，在小环境或小组内使非处理因素尽量一致。每个比较一致的小环境或小组，称为单位组（或区组）。因为单位组之间的差异可在方差分析时从实验误差中分离出来，所以局部控制原则能较好地降低实验误差。

以上所述重复、随机化、局部控制三个基本原则称为费舍尔（R. A. Fisher）三原则，是实验设计中必须遵循的原则，再采用相应的统计分析方法，就能够最大程度降低无偏估计实验误差、无偏估计处理的效应，从而对于各处理间的比较做出可靠的结论。实验设计三原则的关系和作用如图 5-1 所示。

实验设计中除了以上的三个基本原则以外，还应当注意以下的一些主要的原则。

（二）重复原则

所谓重复，就是将一基本实验在相同实验条件下独立重做一次或多次。任何实验都必须能够重复，这是实验具有科学性的标志。我们这里所讲的重复，是指将“基本实验”重做一次或多次，而不是指一次基本实验的结果重复测量多次。重复测量所估计的误差只是测量过程中的误差，不是实验误差。上述随机性原则虽然要求随机抽取样本，从而在相当大的程度上抵消非处理因素所造成的偏差，

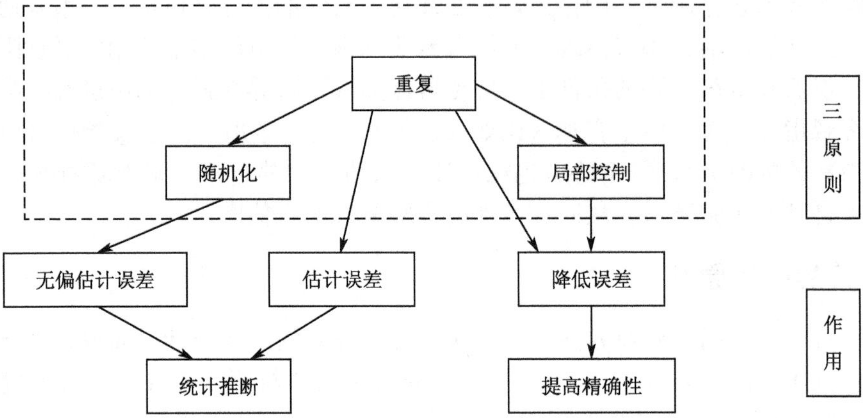

图 5-1　实验设计三原则的关系

但不能消除它的全部影响。重复的原则就是为解决这个问题而提出的。一般认为重复 5 次以上的实验才具有较高的可信度。重复有两条重要的性质。第一，允许实验者得到实验误差的一个估计量。这个误差的估计量成为确定数据的观察差是否是统计上的实验差的基本度量单位。第二，如果样本均值用作为实验中一个因素的效应的估计量，则重复允许实验者求得这一效应的更为精确的估计量。如 σ^2 是数据的方差，而有 n 次重复，则样本均值的方差是 σ^2/n。这一点的实际含义是，如果 $n=1$，如果 2 个处理的 $y_1=145$ 和 $y_2=147$，这时我们可能不能做出 2 个处理之间有没有差异的推断，也就是说，观察差 $147-145=2$ 可能是实验误差的结果。但如果 n 取值合理的大，实验误差足够小，则当我们观察得 $y_1<y_2$ 时，我们就有相当可靠的结论：$y_1<y_2$。

（三）随机化原则

随机化原则是实验设计使用统计方法的基石。统计学理论是建立在独立随机变量基础之上的，它的研究对象必须是随机变量。因此在做统计推断时，所获得的样本必须是随机样本，否则就不能用统计方法推断。所谓随机化原则，是指实验材料的分配和实验处理的顺序，都是随机确定的。统计方法要求观察值（或误差）是独立分布的随机变量。随机化通常能使这一假定有效。把实验进行随机化处理，一是可以消除或减少系统误差，使显著性检验有意义；二是有助于“均匀”可能出现的外来因素的效应，避免实验结果中的偏差。实际操作中可以运用“随机数字表”、“随机排列表”和计算机产生“伪随机数”实现随机化。尽量运用统计学知识来设计自己的实验，减少外在因素和人为因素的干扰。

（四）其他原则

1. 对照原则

在实验设计中，通常设置对照组，通过干预或控制研究对象以消除或减少实验误差，鉴别实验中的处理因素同非处理因素的差异。只有通过设立对照，我们才能清楚地看出实验因素在其中所起的作用。当某些处理本身夹杂着重要的非处理因素时，还需设立仅含该非处理因素的实验组为实验对照组。实验设计中可采用的对照方法很多，除了有阳性对照、标准对照、自身对照、相互对照之外，还可采用空白对照的原则：即不给对照组以任何处理因素。值得强调的是，不给对照组以任何处理因素是相对于实验组而言的，实际上对对照组还是要做一定的处理，只是不加入实验组的处理因素。

2. 平衡原则

一个实验设计方案的均衡性好坏，关系到实验研究的成败。应充分发挥具有各种知识结构和背景的人的作用，群策群力，有效地提高实验设计方案的均衡性。在实验设计的过程中要注意时间上的分配。

3. 弹性原则

所谓空格，指的是在时间分配图上留有空缺。适当的空缺是非常必要的，只有这样才能富有弹性地实施实验计划，并不断地调整好自己的实验进度。

4. 经济原则

不论什么实验，都有它的最优选择方案，这包括资金的使用，也包括人力、时间的损耗。必要时可以预测一下自己实验的产出和投入的比值，这个比值越大越好，当然是以拥有的实验条件作基础。

四、实验方案的拟定

（一）实验方案的基本概念

实验方案（experimental scheme）是指根据实验目的与要求而拟定的进行比较的一组实验处理的总称。实验方案是整个实验工作的核心部分，因此需周密考虑，慎重拟定。实验方案按供试因素的多少可区分为单因素实验方案和多因素实验方案。

1. 单因素实验方案

单因素实验（single-factor experiment）是指整个实验中只比较一个实验因素的不同水平的实验。单因素实验方案由该实验因素的所有水平构成。这是最基本、最简单的实验方案。例如配制 4 种不同 pH 的模拟酸雨，进行樟树幼苗的胁迫实验。这是一个有 4 个水平的单因素实验，配置模拟酸雨的 4 种不同 pH，即该因素的 4 个水平就构成了实验方案。

2. 多因素实验方案

多因素实验（multiple-factor or factorial experiment）是指在同一实验中同时研究两个或两个以上实验因素的实验。多因素实验方案由该实验的所有实验因素的水平组合（即处理）而成。多因素实验方案又分为完全方案和不完全方案两类。

1）完全方案

在列出因素水平组合（即处理）时，要求每一个因素的每个水平都要相遇一次，这时，水平组合（即处理）数等于各个因素水平数的乘积。例如以 3 种不同强度的光对 3 种草本植物进行实验。两个因素分别为光强（A）、草本植物（B）。光强（A）分为 A_1、A_2、A_3 水平，草本植物（B）分为 B_1、B_2、B_3 水平。共有 A_1B_1、A_1B_2、A_1B_3、A_2B_1、A_2B_2、A_2B_3、A_3B_1、A_3B_2、A_3B_3 共 $3\times3=9$ 个水平组合（处理）。这 9 个水平组合（处理）就构成了这两个因素的实验方案。根据完全实验方案进行的实验称为全面实验。全面实验既能考察实验因素对实验指标的影响，也能考察因素间的交互作用，并能选出最优水平组合，从而充分揭示事物的内部规律。多因素全面实验的效率高于多个单因素实验的效率。全面实验的主要不足是：当因素个数和水平数较多时，水平组合（处理）数太多，以至于在实验时人力、物力、财力、场地等都难以承受，实验误差也不易控制。因而全面实验宜在因素个数和水平数都较少时应用。

2）不完全方案

这也是一种多因素实验方案，但与上述多因素实验完全方案不同，它是将实验因素的某些水平组合在一起形成少数几个水平组合。这种实验方案的目的在于探讨实验因素中某些水平组合的综合作用，而不在于考察实验因素对实验指标的影响及因素间的交互作用。这种在全部水平组合中挑选部分水平组合获得的方案称为不完全方案。根据不完全方案进行的实验称为部分实验。动物实验的综合性实验（comprehensive experiment）、正交实验（orthogonal experiment）都属于部分实验。

综合性实验是针对起主导作用且相互关系已基本清楚的因素设置的实验，它的水平组合就是一系列经过实践初步证实的优良水平的配套。正交实验是在全部水平组合中选出有代表性的部分水平组合设置的实验。

一个周密、完善的实验方案不仅可以节省人力、物力，多快好省地完成实验任务，而且可以获得正确的实验结论。如果方案拟定不合理，如因素、水平选择不当，部分实验方案所包含的水平组合针对性或代表性差，实验将得不出应有的结果，甚至导致实验的失败。因此，实验方案的拟定在整个实验中占着极其重要的位置。

（二）拟定实验方案的要点

为了拟定一个正确的、切实可行的实验方案，应从以下几方面考虑：

1. 明确研究工作的目的，根据实验的目的、任务和条件挑选实验因素

拟定方案时，在正确掌握生产中存在的问题后，对实验目的、任务进行仔细分析，抓住关键，突出重点。首先要挑选对实验指标影响较大的关键因素。若只考察一个因素，则可采用单因素实验。若是考察两个或两个以上因素，则应采用多因素实验。从另外一个角度讲，任何研究工作在实验过程中都有可能出现一些意想不到的结果，沿着这个新发现做下去就有可能取得重大突破。这种情况不同于没有目的地做实验，探索性的工作本身也是有明确的目的性的。如进行酸雨胁迫植物的实验，在拟定实验方案时，设置一个添加一定剂量酸雨的处理和不添加酸雨的对照，得到一个包含两个处理的单因素实验方案；或设置几个添加不同剂量酸雨的处理和一个不添加酸雨的对照，得到一个包含多个处理的单因素实验方案。进行酸雨不同添加剂量与不同品种植物的胁迫实验，则是一个二因素实验方案。应该注意，一个实验中研究的因素不宜过多，否则处理数太多，实验过于庞大，实验干扰因素难以控制。因此凡是能用简单方案的实验，就不用复杂方案。

2. 因素和水平的选择

安排一个实验之前，首先要考虑哪些因素会对实验结果产生影响。根据各实验因素的性质分清水平间的差异。各因素水平可根据不同课题、因素的特点及实验对象的反应来确定，以使处理的效应容易表现出来。

（1）水平的数目要适当。既不能贪大求全，又不能丢失主要影响因素。水平数目过多，不仅难以反映出各水平间的差异，而且加大了处理数；水平数太少又容易漏掉一些信息，致使结果分析不全面。

（2）水平的确定是和因素的类型密切相关的，如果是固定型因素，则应考虑所选出的水平必须具有代表性；如果是随机型因素，则应考虑如何从该因素的水平总体中随机抽出实验所需的水平数。水平间的差异要合理。有些因素在数量等级上只需少量的差异就反映出不同处理的效应。如模拟酸雨胁迫中酸雨的添加等。而有些则需较大的差异才能反映出不同处理效应来，如饲料用量等。

（3）实验方案中各因素水平的排列要灵活掌握。一般在文献依据或者预备实验的基础上，可采用等差法（等间距法）、等比法和随机法 3 种。等差法是指各相邻两个水平数量之差相等，如添加某种化学物质时各水平的排列为：100μg、200μg、300μg，其中 200μg 为中心水平，向上向下都相隔 100μg；等比法是指各相邻两个水平的数量比值相同，如添加某种化学物质时各水平的排列为 100μg、200μg、400μg、800μg，相邻两水平之比为 1∶2；随机法是指因素各水平随机设

置，如添加某种化学物质时各水平的排列为 100μg、150μg、450μg、300μg 各水平的数量无一定关系。

3. 实验方案中必须设立作为比较标准的对照

实验的目的就是通过比较来鉴别处理效应的大小、影响等。为了达到这一目的，实验方案应当包括各实验处理，以及作为比较的对照。任何实验都不能缺少对照，否则就不能显示出实验的处理效果。根据研究的目的与内容，可选择不同的对照形式。例如，进行模拟酸雨对植物胁迫的实验，添加酸雨为处理，不添加酸雨为对照，这样的对照为空白对照。进行几种模拟酸雨添加量的比较实验，各个处理可互为对照，不必再设对照。在对某种植物做生理生化指标检验时，所得数据是否异常应与植物的正常值作比较，植物的正常值就是所谓的标准对照。在杂交实验中，要确定杂交优势的大小，必须以亲本作对照，这就是实验对照。另外，还有一种自身对照，即处理与对照在同一植物上进行，如植物模拟酸雨处理前与处理后生理指标的比较等。

4. 实验处理（包括对照）之间应遵循唯一差异原则

该原则是指在进行处理间比较时，除了实验处理不同外，其他所有条件应当尽量一致或相同，使其具有可比性，才能使处理间的比较结果可靠。例如，进行不同品种小麦的施肥比较实验，各参试小麦除了品种不同外，其他如大小、年龄、重量等都应一致，光照、温度和水分等条件都应相同，才能准确评定品种的优劣。

5. 有的实验要设置预试期

所谓预试就是正式实验开始之前根据实验设计进行的过渡实验，为正式实验做好准备工作。通过预先种植，使供试的植物适应相同的环境，对不合适的供试植物进行调整和选择，同时也使实验人员熟悉操作方法和程序。预试期的长短，可根据具体情况决定，预试期间供试植物的数量应适当多于正式实验所需的数量。通过对预试所得到的数据资料的分析，还可检查实验设计的科学性、合理性和可行性，发现问题及时解决。

6. 实验设计的选择

在一个实验中，采用哪一种设计方式安排实验是非常重要的。实验所采用的设计方式是根据实验的需要所选择的。如果是单因素实验，可以选择完全随机化设计或随机化完全区组设计；如果是两因素实验，根据实验的要求可选择两因素交叉分组设计、裂区设计或者嵌套设计等。同时，在制定实验计划时，实验者首先必须确定希望在变量间发现多大的差异和容许冒多大的风险，以便决定样本含量（重复数）。例如对一个成组比较实验而言，首先需要确定，希望发现两个总体平均数之间的多大差异，希望发现的差异越小，所需的样本含量就越大。另外，容许犯两种错误的概率越小，样本含量也应越大。实际操作时，应根据工作的需要选择一个适当的值，以满足实验的要求为准，不要一味追求重复次数。在制定计划时，还必须确定以怎样的方式收集数据以及在各个处理之间如何进行随机化等，以便满足实验设计中对随机化的要求。

这里还需要强调的另一个问题是，在设计实验时必须考虑统计的可靠性和花费代价之间的平衡。为了提高统计的可靠性，一般的做法是扩大样本含量，其直接后果是增加了实验的费用并消耗了更多的时间和精力。一个良好的实验设计是权衡的结果，既保证统计上的可靠性，又保证了投入上的经济性。

第二节　简单实验设计

一、成组比较实验设计

将实验材料随机分成两组，每组各接受一种处理，通过分析处理效应的差异是否由随机误差造成的，来判断是不是存在处理效应。对于不同类型的因素，在设计实验时没有原则上的不同。例如，为了比较两种不同浓度的模拟酸雨处理对植物的效应，设计一植物实验，可以将实验植物随机分成两组，一组使用 pH 5.6 的酸雨处理，另一组使用 pH 3.5 的酸雨处理。成组比较实验设计应注意以下几个问题：

（1）一定要用随机化方法划分两组实验材料。随机化的方法很多，如抽签、用随机数字表分组或用计算机得出的随机数字分组等。

（2）在成组比较实验中，对照组的样本含量应当尽量与实验组相同，相差太多不利于统计检验。

（3）选择一个适当的样本含量，既要达到统计学上的要求，又要有可行性。样本含量越大，或者说重复次数越多，统计推断的结果越可靠。但随着样本含量的增加，相应的工作量和费用的支出也越来越多。实验设定重复的目的是为实验误差提供一个估计量，没有重复的实验中，不知道处理间的差异到底是处理的效应还是误差的效应。这样的实验，在做统计推断时是没有意义的。只有设置重复才能得到标准差，进而得到标准误，才能进行各种统计推断。

（4）在成组比较实验中，怎样设置对照，应该根据具体实验来确定。但应掌握一个原则，即除去所要比较的因素外，其他各方面都应与处理一致。否则，就没有比较的意义了。

（5）实验误差来源于各个观测值之间的变差。变差有两个来源，一是存在于实验材料本身的内在变差；二是由于重复实验之间所处的环境条件及实验操作的不均一性等原因造成的变差。结合具体实验，还会有其他一些产生误差的原因，这就需要具体问题具体分析了。实验误差问题，不仅在成组比较实验中存在，在其他实验设计中同样存在。

二、配对比较实验设计

在成组比较实验设计中，动物个体间的内在差异，或者说，由于遗传素质的差异所引起的变差很难消除，在这种情况下，可以采用配对比较法设计实验。下面以动物实验为例，说明配对比较实验设计。为了比较两种不同的处理效应，选出 n 窝动物，每窝抽出两只条件一致的个体（如相同体重、相同性别等），分别接受不同的处理，从而构成样本含量为 n 的配对比较实验。每对动物间的遗传构成基本一致，因此可以认为，每对之间的变差基本上是由于处理效应所造成的，与成组设计相比，产生实验误差的因素得到进一步控制。在以植物为材料做实验时，可以取同一植株的不同部位做不同处理，如两片叶子、两个枝条、两个分蘖等。在设计配对实验时，配对的双方一定要有内在的联系，否则不能配对。如一个小麦新品种与另一个小麦品种的比较，或一种新农药与一种标准农药（或空白对照）的比较，可采用这种设计方法。而一对夫妻，从社会学的角度可以配对，但从生物学的角度看，他们是姻亲，不是血亲，没有血缘关系，不能配对。

配对法设计可用于有变异的环境，初、高级实验均可使用，但处理数多时不能采用，只用于两个处理的实验。一般来说，配对设计比成组设计更容易检验出两组数据平均数之间的差异。因此，在条件许可的情况下，尽量把实验设计为配对比较法。用配对设计可排除数据之间可能存在的相关，提高检验效率，达到事半功倍的效果。

配对比较实验设计应用于农业生产实践中时，例如小麦发芽实验、水果保鲜实验、肥料对比实验等，需要注意以下几点：

（1）一个对照区与一个处理区组成一对，同一配对除研究因子不同外，其他条件（环境及日常管理）要求一致；不同对间允许有差异。要选好对照，否则会导致实验全盘失败。

（2）植株高大的作物，可以单株为实验单位，其他作物可以小区为单位。单株实验要 25 对以上，以株为观测记录单位，切勿将原始数据合并，因为合并的数据无法估计实验误差。小区为单位的实验必须有 5 对以上，最好有 13 对，如此才能保证实验的精确度。

（3）在每一对内，处理与对照要随机排列。

配对比较实验设计的优缺点如下：

优点：①设计简单，易于掌握，实施方便。②对实验地要求不高，仅要求同一对条件相同，不同对间允许有差异。③实验精确度高，小区实验、大区实验均可采用。

缺点：①只限于两个处理，不能用于重复因子实验。②对照区占地 1/2，较浪费土地，且对照区通常不施肥、不施药，造成一定的经济损失。

第三节 单因素实验设计

一、完全随机设计

完全随机化设计（completely randomized design）是用随机的方法给处理指派实验序号和实验对象的实验设计，实际上是成组比较实验设计的扩展。在成组比较实验中，实验因素只有两个水平，若水平数增加到 3 个或 3 个以上，则成组比较实验设计即变为完全随机化设计。完全随机化的意思是实验用的全部供试个体（或田间实验用的小区）被分配到处理的哪一个水平是用随机化方法确定的。这种设计保证每个供试个体都有相同机会接受任何一种处理，而不受实验人员主观倾向的影响。这就要求实验个体（或实验小区）必须具备同质性。在农业生产等实验中，当实验条件特别是实验个体的初始条件比较一致时，可采用完全随机设计。这种设计应用了重复和随机化两个原则，因此能保证实验结果受非处理因素的影响基本一致，真实反映出实验的处理效应。

完全随机的分组方法：每个参试的品种或处理（包括对照）占有两个或两个以上的小区，称之为有重复。没有重复的实验，无法估计实验误差。如图 5-2 中，每个格子代表一个小区，则五个品种，每个品种各种五个小区，叫重复五次。

完全随机化设计是单因素的多个水平之间的比较。其实质是将供试个体随机分组。随机分组的方法有抽签法和用随机数字表法，以用随机数字表示为好，因为随机数字表上所有的数字都是按随机抽样原理编制的，任何一个数字出现在任何一个位置都是完全随机的。除从随机数字表可查得随机数字外，有些统计软件及计算器也有此功能，且用起来更方便。下面举例说明用随机数字表将实验动物分组的方法。

A	B	C	B	E
C	D	A	C	D
A	E	D	E	B
E	B	C	B	E
D	C	A	D	A

图 5-2 不同供试品种在不同小区中的分布

（一）两个处理比较的分组

例 1 现有同品种、同性别、同年龄、体重相近的健康绵羊 18 只，试用完全随机的方法分成甲、乙两组（表 5-1）。

表 5-1　完全随机方法的分组结果

绵羊编号	1	2	3	4	5	6	7	8	9	10	11	12	13	14	15	16	17	18
随机数字	16	07	44	99	83	11	46	32	24	20	14	85	88	45	10	93	72	88
组　别	乙	甲	乙	甲	甲	甲	乙	乙	乙	乙	乙	甲	乙	甲	乙	甲	乙	乙
调整组别							甲		甲									

首先将 18 只绵羊依次编为 1，2，…18 号，然后从随机数字表中任意一个随机数字开始，向任一方向（左、右、上、下）连续抄下 18 个（两位）数字，分别代表 18 只绵羊。令随机数字中的单数为甲组，双数为乙组。如从随机数字表（Ⅰ）第 12 行第 7 列的 16 开始向右连续抄下 18 个随机数字填入表第二行。

随机分组结果：

甲组：2　4　5　6　12　14　16

乙组：1　3　7　8　9　10　11　13　15　17　18

甲组比乙组少 4 只，需要从乙组调整两只到甲组。仍用随机的方法进行调整。在前面 18 个随机数字后再接着抄下两个数字：71、23，分别除以 11（调整时乙组的绵羊只数）、10（调整 1 只绵羊去甲组后乙组剩余的绵羊只数），余数为 5、3，则把分配于乙组的第 5 只绵羊（9 号）和余下 10 只的第 3 只绵羊（7 号）分到甲组。调整后的甲、乙两组绵羊编号见表 5-2。

表 5-2　调整后的甲乙两组编号

甲组	2	4	5	6	7	9	12	14	16
乙组	1	3	8	10	11	13	15	17	18

（二）三个以上处理比较的分组

例 2　设有同品种、同性别、体重相近的健康仔猪 18 头，按体重大小依次编为 1、2、3、…，18 号，试用完全随机的方法，把它们等分成甲、乙、丙三组。

由随机数字表（Ⅱ）第 10 列第 2 个数 94 开始，向下依次抄下 18 个数，填入表 5-3 第 2 行。

表 5-3　完全随机方法的分组结果

动物编号	1	2	3	4	5	6	7	8	9	10	11	12	13	14	15	16	17	18
随机数字	94	94	88	46	56	00	04	00	26	56	48	91	90	88	26	53	12	25
以 3 除后之余数	1	1	1	1	2	0	1	0	2	2	0	1	0	1	2	2	0	1
组别	甲	甲	甲	甲	乙	丙	甲	丙	乙	乙	丙	甲	丙	甲	乙	乙	丙	甲
调整组别												丙		乙				

一律以 3（处理数）除各随机数字，若余数为 1，即将该动物归于甲组；余数为 2，归入乙组；商为 0 或余数为 0，归入丙组。结果归入甲组者 8 头，乙组 5 头，丙组 5 头。各组头数不等，应将甲组多余的 2 头调整 1 头给乙组、1 头给丙组。调整甲组的 2 头动物仍然采用随机的方法。从随机数字 25 后面接下去抄 2 个数 63、62，然后分别以 8（甲组原分配 8 头）、7 除之（注意：若甲组原分配有 9 头，须将多余的 3 头调整给另外两组，则抄下 3 个随机数分别以 9、8、7 除之），得第一个余数为 7，第二个余数为 6，则把原分配在甲组的 8 头仔猪中第 7 头仔猪即 14 号仔猪改为乙组；把甲组中余下的 7 头仔猪中的第 6 头仔猪即 12 号仔猪改为丙组。这样各组的仔猪数就相等了。调整后各组的仔猪编号见表 5-4。

表 5-4　调整后的甲乙两组编号

组别	仔猪编号					
甲组	1	2	3	4	7	18
乙组	5	9	10	14	15	16
丙组	6	8	11	12	13	17

以上是用完全随机的方法，将实验动物分为两组或三组的情形，若将实验动物分为四组、五组或更多的组，方法相同。

完全随机化设计是一种最简单的设计方法，其主要优缺点如下：

优点：①设计容易，处理数与重复数都不受限制，适用于实验条件、环境、实验动物差异较小的实验。②统计分析简单，无论所获得的实验资料各处理重复数相同与否，都可采用 t 检验或方差分析法进行统计分析。

缺点：①由于未应用实验设计三原则中的局部控制原则，非实验因素的影响被归入实验误差，实验误差较大，实验的精确性较低。②在实验条件、环境、实验动物等差异较大时，不宜采用此种设计方法。

单因素实验只能解决一个因素各水平之间的比较问题，其他因素就无法研究。实际上，往往有必要同时考察这些因素，只有这样才能做出更加符合客观实际的科学结论，才有更大的应用价值。这就要求进行两因素或多因素实验。

二、随机单位区组设计

为了控制实验误差，实验材料必须具备同质性。然而，对于规模较大的实验，一次实验所需的材料比较多，要求实验材料具备同质性就比较困难。为了解决这个问题，可以采取一种类似配对比较实验的设计方法安排实验。在配对比较实验的每一重复中，同质性的实验材料只有两个，如果把同质性的实验材料扩大到 3 个或 3 个以上，每个材料各接受一个处理，这时的一对材料便成为一组具有同质性的材料，这样的一组材料称为一个区组（block）。区组的含义很广泛，一般的提法是，将性质相似的实验材料或大致相同的环境条件安排在同一组群中，称为区组。

随机单位区组设计（randomized block design）也称为随机区组（或窝组）设计。它是根据局部控制的原则，如将同窝、同性别、体重基本相同的动物划归一个单位区组，每一单位区组内的动物数等于处理数，并将各单位组的实验动物随机分配到各处理组，这种设计称为随机单位区组设计。

随机单位区组设计要求同一单位组内各头（只）实验动物状况尽可能一致，不同单位区组间的实验动物允许存在差异，但每一单位区组内实验动物的随机分组要独立进行，每种处理在一个单位区组内只能出现一次。例如，为了比较 5 种不同饲料添加剂对猪增重的效果，从 4 头母猪所产的仔猪中，每窝选出性别相同、体重相近的仔猪各 5 头，共 20 头，组成 4 个单位区组。设计时每一单位区组有仔猪 5 头，每头仔猪随机地喂给不同的饲料添加剂。这就是处理数为 5、单位组数为 4 的随机单位区组设计。

（一）随机单位区组设计的分组方法

在畜牧、水产等动物实验中，除把初始条件相同的动物如同窝仔畜划为同一单位组外，还可根据实际情况，把不同实验场、同一场内不同畜舍、不同池塘等划分为单位组。下面结合例子说明分组的方法。

例 3　前面提到的 5 种饲料添加剂分别以 A_1、A_2、A_3、A_4、A_5 表示，供试 4 窝仔猪分别按体重依次编号为：1～5 号为第Ⅰ组，6～10 号为第Ⅱ组，11～15 号为第Ⅲ组，16～20 为第Ⅳ组。试按随机单位区组设计将实验仔猪分组（表 5-5）。

表 5-5　5 种饲料添加剂实验随机单位组设计表

仔猪编号	1	2	3	4	5	6	7	8	9	10	11	12	13	14	15	16	17	18	19	20
随机数字	15	50	75	25	—	71	38	86	58	—	95	98	56	85	—	99	83	21	62	—
除数	5	4	3	2	—	5	4	3	2	—	5	4	3	2	—	5	4	3	2	—
余数	5	2	3	1	—	1	2	2	2	—	5	2	2	1	—	4	3	3	2	—
添加剂	A_5	A_2	A_4	A_1	A_3	A_1	A_3	A_4	A_5	A_2	A_5	A_2	A_3	A_1	A_4	A_4	A_3	A_5	A_2	A_1

先从随机数字表（Ⅱ）第 15 行、第 11 列 15 开始，向下依次抄下 16 个随机数字（舍弃 00），每抄 4 个数字留一空位，见表 5-5 第 2 行。再将同一单位组内前 4 个随机数字依次除以 5、4、3、2（最大数 5 为处理数），根据余数（余数为 0 者，以除数代之）确定每一单位组内各供试仔猪喂给的添加剂种类。如第一单

位组中，第一个余数是 5，则将第 1 号仔猪喂给 5 种添加剂列于第 5 位的 A_5 添加剂；第二个余数是 2，则将第 2 号仔猪喂给剩下的 4 种添加剂 A_1、A_2、A_3、A_4 列于第二位的 A_2 添加剂；第三个余数是 3，则将第 3 号仔猪喂给剩下的 3 种添加剂 A_1、A_3、A_4 列于第三位的 A_4 添加剂；第四个余数是 1，则将第 4 号仔猪喂给剩下的 2 种添加剂 A_1、A_3 列于第 1 位的 A_1 添加剂；第 5 号仔猪只能喂给剩下的 A_3 添加剂。用同样方法逐一确定其他单位组内各仔猪喂给的添加剂，结果见表 5-6。

表 5-6　5 种饲料添加剂实验随机单位组设计实验动物分组表

添加剂	单位组			
	Ⅰ	Ⅱ	Ⅲ	Ⅳ
A_1	4	6	14	20
A_2	2	10	12	19
A_3	5	7	13	17
A_4	3	8	15	16
A_5	1	9	11	18

（二）配对设计分组方法

配对设计是处理数为 2 的随机单位区组设计。在进行配对设计时，配成对子的两个实验单位必须符合配对要求：配成对子的两个实验单位的初始条件尽量一致，不同对子间实验单位的初始条件允许有差异，每个对子就是实验处理的一个重复，然后将配成对子的两个实验单位随机地分配到两个处理组中。

例如，现有同一品种的供试家畜 18 头，分别将性别、年龄相同，体重相似的两头家畜配成对子，共 9 对，编号为 1～9 号。试用随机方法将每个对子中的两头家畜分到甲、乙两个处理组中。

由随机数字表（Ⅰ）的第 16 行、第 8 列 20 开始，向右依次抄下 9 个随机数字，将单数组中配对的第一头家畜归入甲组，第二头家畜归入乙组；双数组中配对的第一头家畜归入乙组，第二头家畜归入甲组，则 9 对家畜的分组结果见表 5-7。

表 5-7　配对设计的分组结果

配对编号	1	2	3	4	5	6	7	8	9
随机数字	20	38	26	13	89	51	03	74	17
配对中第一头家畜组别	乙	乙	乙	甲	甲	甲	甲	乙	甲
配对中第二头家畜组别	甲	甲	甲	乙	乙	乙	乙	甲	乙

随机单位区组设计的优缺点如下：

优点：①设计与分析方法简单易行。②由于随机单位组设计体现了实验设计三原则，在对实验结果进行分析时，能将单位组间的变异从实验误差中分离出来，有效地降低了实验误差，因而实验的精确性较高。③把条件一致的供试动物分在同一单位组，再将同一单位组的供试动物随机分配到不同处理组内，加大了处理组之间的可比性。④在一个完整的实验中如需要取消某些处理，并不会影响对实验结果的分析；或者如果意外的丢失了一两个数据，也可以通过适当的方法来补救。

缺点：①当处理数目过多时，各单位组内的个体数也过多时，要使各单位组内供试个体的初始条件一致将有一定难度，即存在较大的变差时，就会产生较大的误差。因而在随机单位组设计中，处理数以不超过 18 为宜。②配对设计对实验动物配对要求严格，不允许随意配对。

实验结果为计量资料时，采用前面所介绍的配对设计 t 检验法进行统计分析。若实验结果为次数资料，采用配对次数资料的 χ^2 检验法进行分析。

第四节　拉丁方设计

随机化完全区组设计比随机化设计精密，它可以从完全随机化设计的误差平方和中分离出区组平方和。但它要求区组内的条件必须完全一致，这个要求在有些实验中是很难满足的。为了解决随机化完全区组设计的区组内条件不一致的问题，可以采用“拉丁方（Latin square design）”设计。其原理与随机化完全区组类似。拉丁方的名字最初是由 R. A. Fisher 给出的。拉丁方设计是从横行和直列两个方向进行双重局部控制，使得横行和直列两向皆成单位组，是比随机单位区组设计多一个单位组的设计。在拉丁方设计中，每一行或每一列都成为一个完全单位组，而每一处理在每一行或每一列都只出现一次，也就是说，在拉丁方设计中，实验处理数＝横行单位组数＝直列单位组数＝实验处理的重复数。在对拉丁方设计实验结果进行统计分析时，由于能将横行、直列二个单位组间的变异从实验误差中分离出来，因而拉丁方设计的实验误差比随机单位组设计的误差小，实验精确性比随机单位组设计的高。

拉丁方设计多用于高级实验。做田间实验时，要求实验地方正平坦，处理数一般不超过 8 个。这种设计方法特别适用于有两个明显实验误差的实验（包括时间、空间上的差异），实行双重局部控制，大大提高了分析的精确度。

一、拉丁方简介

（一）拉丁方

以 n 个拉丁字母 A，B，C…为元素，作一个 n 阶方阵，若这 n 个拉丁方字

母在这 n 阶方阵的每一行、每一列都出现且只出现一次，则称该 n 阶方阵为 $n\times n$ 阶拉丁方。第一行与第一列的拉丁字母按自然顺序排列的拉丁方，叫标准型拉丁方。3×3 阶标准型拉丁方只有上面介绍的 1 种，4×4 阶标准型拉丁方有 4 种，5×5 阶标准型拉丁方有 56 种。若变换标准型的行或列，可得到更多种的拉丁方。在进行拉丁方设计时，可从上述多种拉丁方中随机选择一种；或选择一种标准型，随机改变其行列顺序后再使用。

1. 将随机区组的行、列都控制为区组

每种药剂（或处理）包括对照在内，在每一行及每一列中都必须出现一次且仅一次，使行数＝列数＝处理数。

2. 每种药剂（或处理）包括对照，在各个行、列中均需随机排列

随机排列的方法：拉丁方的排列方式多种多样，但均由标准拉丁方演变而来。所谓标准拉丁方即第一直行和第一横行为顺序排列的拉丁方。

（二）常用拉丁方

在动物实验中，最常用的有 3×3，4×4，5×5，6×6 阶拉丁方。下面列出部分标准型拉丁方，供进行拉丁方设计时选用。

2×2 拉丁方 其标准方 1 个，共 2 种排列方式

$$\begin{matrix} A & B \\ B & A \end{matrix} \qquad \begin{matrix} B & A \\ A & B \end{matrix}$$

3×3 拉丁方 其标准方 1 个，共 12 种排列方式。

$$\begin{matrix} A & B & C \\ B & C & A \\ C & A & B \end{matrix}$$

4×4 拉丁方 其标准方 4 个，共 576 种排列方式

①				②				③				④			
A	B	C	D	A	B	C	D	A	B	C	D	A	B	C	D
B	A	D	C	B	C	D	A	B	D	A	C	B	A	D	C
C	D	B	A	C	D	A	B	C	A	D	B	C	D	A	B
D	C	A	B	D	A	B	C	D	C	B	A	D	C	B	A

5×5 拉丁方 其标准方 56 个，共 161，280 种排列方式。处理数更多的拉丁方，其排列方式更多。

5×5 拉丁方

A	B	C	D	E
B	A	E	C	D
C	D	A	E	B
D	E	B	A	C
E	C	D	B	A

6×6 拉丁方

A	B	C	D	E	F
B	F	D	C	A	E
C	D	E	F	B	A
D	A	F	E	C	B
E	C	A	B	F	D
F	E	B	A	D	C

7×7 拉丁方

A	B	C	D	E	F	G
B	C	D	E	F	G	A
C	D	E	F	G	A	B
D	E	F	G	A	B	C
E	F	G	A	B	C	D
F	G	A	B	C	D	E

8×8 拉丁方

A	B	C	D	E	F	G	H
B	C	D	E	F	G	H	A
C	D	E	F	G	H	A	B
D	E	F	G	H	A	B	C
E	F	G	H	A	B	C	D
F	G	H	A	B	C	D	E
G	H	A	B	C	D	E	F
H	A	B	C	D	E	F	G

9×9 拉丁方

A	B	C	D	E	F	G	H	I
B	C	D	E	F	G	H	I	A
C	D	E	F	G	H	I	A	B
D	E	F	G	H	I	A	B	C
E	F	G	H	I	A	B	C	D
F	G	H	I	A	B	C	D	E
G	H	I	A	B	C	D	E	F
H	I	A	B	C	D	E	F	G
I	A	B	C	D	E	F	G	H

10×10 拉丁方

A	B	C	D	E	F	G	H	I	J
B	C	D	E	F	G	H	I	J	A
C	D	E	F	G	H	I	J	A	B
D	E	F	G	H	I	J	A	B	C
E	F	G	H	I	J	A	B	C	D
F	G	H	I	J	A	B	C	D	E
G	H	I	J	A	B	C	D	E	F
H	I	J	A	B	C	D	E	F	G
I	J	A	B	C	D	E	F	G	H
J	A	B	C	D	E	F	G	H	I

A、*B*、*C*、*D*、*E*、*F*、*G*、*H*、*I*、*J* 为参试品种或处理（包括对照）。

二、拉丁方设计的方法

拉丁方设计实行了双重局部控制，精确度最高。在生物学实验中，如果要控制来自两个方面的系统误差，且实验个体的数量又较少，则常采用拉丁方设计。采用拉丁方设计时，必须注意以下两点：

（1）拉丁方设计由于实行双重局部控制，即行、列都是区组，因此必须在相当均匀的实验地上才能采用这种设计。

（2）药剂（或处理）数目不能太多，否则难于实现双重局部控制，但处理数又不能太少，否则影响实验的精确度。一般处理数 5～8 个为宜。

下面结合具体例子说明拉丁方设计方法。

例 4 不同捕蛾灯的捕螟蛾效果比较实验。不同的灯位和不同的日期的条件是两种实验误差，这两种因素均会影响捕蛾灯的捕蛾效果，若采用拉丁方设计，可以有效地控制这两种误差（图 5-3）。

例 5 为了研究 5 种不同温度对蛋鸡产蛋量的影响，将 5 栋鸡舍的温度设为 A、B、C、D、E，把各栋鸡舍的鸡群的产蛋期分为 5 期。由于各鸡群及其产蛋期的不同对产蛋量有较大的影响，因此采用拉丁方设计，把鸡群和产蛋期作为单

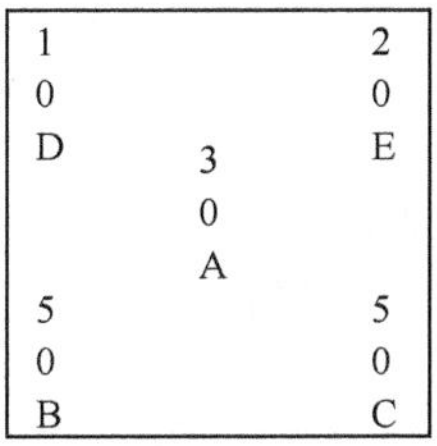

1、2、3、4、5为灯座

灯位＼日期	第一天	第二天	第三天	第四天	第五天
1	D	B	C	A	E
2	E	D	A	C	B
3	A	C	B	E	D
4	B	A	E	D	C
5	C	E	D	B	A

A、B、C、D、E为不同色光灯

图 5-3 不同捕蛾灯的捕螟蛾效果比较实验

位组设置，以便控制这两个方面的系统误差。拉丁方设计步骤如下：

1. 选择拉丁方

选择拉丁方时，应根据实验的处理数和横行、直列单位组数先确定采用几阶拉丁方，再选择标准型拉丁方或非标准型拉丁方。此例中实验处理因素为温度，处理数为5；将鸡群作为直列单位组因素，直列单位组数为5；将产蛋期作为横行单位组因素，横行单位组数亦为5，即实验处理数、直列单位组数、横行单位组数均为5，则应选取5×5阶拉丁方。本例选取前面列出的第2个5×5标准型拉丁方，即：

$$
\begin{matrix}
A & B & C & D & E \\
B & A & D & E & C \\
C & E & B & A & D \\
D & C & E & B & A \\
E & D & A & C & B
\end{matrix}
$$

2. 随机排列

在选定拉丁方之后，如是非标准型时，则可直接按拉丁方中的字母安排实验方案。若是标准型拉丁方，还应按下列要求对横行、直列和实验处理的顺序进行随机排列。

3×3标准型拉丁方：直列随机排列，再将第二和第三横行随机排列。

4×4标准型拉丁方：随机选择4个标准型拉丁方中的一个，然后再将横行、直列及处理都随机排列。

下面对选定的5×5标准型拉丁方进行随机排列。先从随机数字表（Ⅰ）第22行、第8列97开始，向右连续抄录3个5位数，抄录时舍去“0”、“6以上的数”和重复出现的数，抄录的3个五位数字为：13542，41523，34521。然后将上面选定的5×5拉丁方的直列、横行及处理按这3个五位数的顺序重新随机排列。

1）直列随机

将拉丁方的各直列顺序按 13542 顺序重排。

2）横行随机

再将直列重排后的拉丁方的各横行按 41523 顺序重排。

选择拉丁方

1	2	3	4	5
A	*B*	*C*	*D*	*E*
B	*A*	*D*	*E*	*C*
C	*E*	*B*	*A*	*D*
D	*C*	*E*	*B*	*A*
E	*D*	*A*	*C*	*B*

直列随机

	1	3	5	4	2
1	*A*	*C*	*E*	*D*	*B*
2	*B*	*D*	*C*	*E*	*A*
3	*C*	*B*	*D*	*A*	*E*
4	*D*	*E*	*A*	*B*	*C*
5	*E*	*A*	*B*	*C*	*D*

横行随机

4	*D*	*E*	*A*	*B*	*C*
1	*A*	*C*	*E*	*D*	*B*
5	*E*	*A*	*B*	*C*	*D*
2	*B*	*D*	*C*	*E*	*A*
3	*C*	*B*	*D*	*A*	*E*

3）把 5 种不同温度按第三个 5 位数 34521 顺序排列

即：*A*=3，*B*=4，*C*=5，*D*=2，*E*=1，也就是说，在拉丁方中的 *A* 表示第 3 种温度，*B* 表示第 4 种温度等。以此类推，从而得出 5×5 拉丁方设计，如表 5-8 所示。

表 5-8　5 种不同温度对鸡产蛋量影响的拉丁方设计

产蛋期	鸡群				
	一	二	三	四	五
Ⅰ	*D*(2)	*E*(1)	*A*(3)	*B*(4)	*C*(5)
Ⅱ	*A*(3)	*C*(5)	*E*(1)	*D*(2)	*B*(4)
Ⅲ	*E*(1)	*A*(3)	*B*(4)	*C*(5)	*D*(2)
Ⅳ	*B*(4)	*D*(2)	*C*(5)	*E*(1)	*A*(3)
Ⅴ	*C*(5)	*B*(4)	*D*(2)	*A*(3)	*E*(1)

注：括号内的数字表示温度的编号

由表 5-8 可以看出，第一鸡群在第Ⅰ个产蛋期用第 2 种温度，第二鸡群在第Ⅰ个产蛋期用第 1 种温度等。实验应严格按设计实施。

在采用 4 个以下处理的拉丁方设计时，为了使估计误差的自由度不少于 12，可采用“复拉丁方设计”。即同一个拉丁方实验重复进行数次，并将实验数据合并分析，以增加误差项的自由度。

拉丁方设计的优缺点：

优点：①拉丁方设计实行了双重局部控制，在不增加实验单位的情况下，比随机单位组设计多设置了一个单位组因素，能将行和列两个单位组间的变异从实验误差中分离出来，因而实验误差比随机单位组设计小，实验的精确性比随机单位组设计高。②实验结果的分析简便，特别适用于有两种较明显伪误差的实验。

缺点：①对实验地的要求较苛刻，要求整块实验地较均匀、平坦、方正。②因为在拉丁设计中，行单位组数、列单位组数、实验处理数与实验处理的重复数必须相等，所以处理数受到一定限制。若处理数少，则重复数也少，估计实验误差的自由度就小，影响检验的灵敏度；若处理数多，则重复数也多，行、列单位组数也多，导致实验工作量大，且同一单位组内实验动物的初始条件亦难控制一致。因此，拉丁方设计一般用于5～8个处理的实验，少于5个时误差大，多于8个时难于实现双重局部控制。③该实验的农事活动及调查、观察工作需在短时间内完成，故在人力使用上不易安排。④应当注意，在进行拉丁方实验时，某些单位区组因素，如奶牛的泌乳阶段，实验因素的各处理要逐个地在不同阶段实施，如果前一阶段的实验有残效，在后一阶段中，就会产生系统误差而影响实验的准确性。此时应根据实际情况，安排适当的实验间歇期以消除残效。另外还要注意，行、列单位组因素与实验因素间不存在交互作用，否则不能采用拉丁方设计。

第五节　多因素实验设计

多因素实验设计是指在实验中包括两个或两个以上因素（自变量），并且每个因素都有两个或两个以上的水平，各因素的各个水平相互结合构成多种组合处理的一种实验设计。

一、两因素交叉分组实验的设计

在实际工作中经常会遇到两个或两个以上因素共同影响实验结果的情况。例如，一组病人同时服用两种药物，每种药物有不同剂量（水平），通过实验选出这两种药物的最佳配伍计量。假设A药物有 a 个水平，B药物有 b 个水平，共有 ab 个剂量组合，每一组合重复 n 次。共有 abn 名病人参加实验。这样的实验设计称为交叉分组设计（cross over design）（表5-9）。

表5-9　两因素实验设计模式

A因素	B因素					
	B_1	B_2	…	B_j	…	B_b
A_1	x_{11}	x_{12}	…	x_{1j}	…	x_{1b}
A_2	x_{21}	x_{22}	…	x_{2j}	…	x_{2b}
⋮	⋮	⋮	…	⋮	…	⋮
A_i	x_{i1}	x_{i2}	…	x_{ij}	…	x_{ib}
⋮	⋮	⋮	…	⋮	…	⋮
A_a	x_{a1}	x_{a2}	…	x_{aj}	…	x_{ab}

二、两因素随机化区组实验设计

一个两因素交叉分组实验，若每一处理重复 n 次，全部实验共 abn 次。这 abn 次实验的实验条件或实验材料必须具同质性。否则，实验材料或实验条件的差异所引起的误差会混杂在实验误差中，影响实验结果的可靠性。为避免这种情况的发生，与随机化完全区组的做法一样，将每一套水平组合安排在一个区组中，也就是每一个区组是一个无重复的两因素交叉分组实验，n 次重复构成了 n 个区组。由于每一个区组的规模变小了，同质性的要求容易得到满足。这样的一种设计称为两因素随机化区组设计。两因素随机化区组设计与随机化完全区组设计一样，随机化是受到限制的，需分两阶段进行，先在区组内的处理之间进行随机化，然后再在区组之间随机化。

三、裂区实验设计

裂区设计（split-plot design）与两因素随机区组设计相近似。不同的是后者在每一区组内 A、B 两因素的 $a\times b$ 次处理是完全随机化的。而裂区设计的每一区组内 A 因素先分为 a 个处理，在每一处理内 B 因素再分为 b 个处理。随机化过程只能分别在 A 因素的 a 个处理之间及 B 因素的 b 个处理之间进行。由 A 因素所划分的 a 个部分称为主区（main plot），每一主区再划分的 b 个部分称为次区（sub-plot）。

裂区设计的适用范围：①复因子实验中，两个因子要求的精确度不一时，可用裂区设计。②各个因子的各个水平需要的面积大小不一时，亦可用裂区设计。③在原有的实验的基础上，临时加入一个研究因子时，可用裂区设计。

裂区设计的特点：因子分主次，主要因子安排在主区，次要因子安排在次区。

例如，病虫害防治实验。研究因子两个：药剂种类和喷雾方式。参试药剂四种：A_1、A_2、A_3、A_4。喷雾方式两种：静电喷雾和非静电喷雾。药剂为主要因子，喷雾方式为次要因子。重复三次。

注意事项：在裂区实验设计中，常常将要求精度低而且较次要的因素放在主区，而将要求精度较高且较重要的因素放在次区。

田间排列说明：首先要分清主要因子和次要因子。主要因子是想要获得较高精确度的因子。次要因子是精确度可以低些的因子。①先将次要因子作随机区组排列，每个小区称作次区，在同一个区组的各个次区中，随机安排次要因子的各个水平，即次区处理。②将每个次区划分为若干个小小区，小小区称作主区，在每个次区中把主要因子的各个水平随机安排在各个裂区上，主要因子的各个水平称为主区处理。③裂区设计的区组数≥12/（主区处理数－1）（次区处理数－1）

+1为宜。④裂区的面积大小同一般随机区组设计时小区面积相同，不能太小。

裂区设计的原则是：主要因子的各个水平安排在裂区，次要因子的各个水平安排在次区。只有这样，主要因子的各个水平的重复数才会大大的多于次要因子的各个水平的重复数，才能获得较高的精确度。

优点：①田间实施比较方便。②能利用原有的实验地及实验材料，进行深一步的研究。③某个因子可获得较高的精确度。

缺点：①资料的统计分析比较复杂，不易掌握。②次要因子的精确度较低。

四、正交设计

关于多因素实验我们介绍了随机区组设计和裂区设计两种设计方法，但这两种设计方法均属于复因子实验的全面实施，所成的区组叫完全区组，即每一种处理组合在每一区组都必须设置一个小区。然而，对于农林实验，特别小区面积需较大的热带作物实验，做全面实施往往是不可能的。如欲做肥料三要素实验，每因子取三个水平，则共有27个处理组合，若把实验布置成完全区组，则每区组需设置27个小区。不仅在实际执行时常因地形所限而不易找到如此庞大的区组，即使能找到也难于实行局部控制。此外，完全区组设计工作量太大，耗费人力物力也多。为解决以上矛盾，人们提出从全部处理组合中挑选出一部分来做完全区组实验，而且要求这种部分实施同样能达到主要的实验目的。理论与实践都证明这是可能的，这就是本节所介绍的正交实验方法。

正交设计是多因素分析的有力工具，特别是当要从许多因素中选出主要因素及其最优水平时，使用正交设计是很方便的，可以用较少的实验次数得到较多的信息。正交设计仅用于多因素实验，田间排列可采用随机区组设计或拉丁方设计等。在动物实验研究中，对于单因素或两因素实验，因为其因素少，实验的设计、实施与分析都比较简单。但在实际工作中，常常需要同时考察3个或3个以上的实验因素，若进行全面实验，则实验的规模将很大，往往因为实验条件的限制而难于实施。正交设计就是安排多因素实验、寻求最优水平组合的一种高效率实验设计方法。

进一步的问题是：①从全部处理组合中应该挑几个处理组合来做实验？②从全部处理组合中具体挑选哪几个处理组合来做实验？这两个问题都可以从正交表中得到回答。

（一）正交设计的概念及基本原理

1. 正交设计的基本概念

正交设计是利用正交表来安排与分析多因素实验的一种设计方法。从实验的全部水平组合中，挑选部分有代表性的水平组合进行实验，通过对这部分实验结果的分析了解全面实验的情况，找出最优的水平组合。

2. 正交设计的基本原理

在实验安排中，每个因素在研究的范围内选几个水平，就好比在选优区内打上网格，如果网上的每个点都做实验，就是全面实验。如上例中，3 个因素的选优区可以用一个立方体表示（图 5-4），3 个因素各取 3 个水平，把立方体划分成 27 个格点，反映在图 5-4 上就是立方体内的 27 个“.”。若 27 个网格点都实验，就是全面实验，其实验方案如表 5-10 所示。

表 5-10 3 因素 3 水平全面实验方案

		C_1	C_2	C_3
A_1	B_1	$A_1B_1C_1$	$A_1B_1C_2$	$A_1B_1C_3$
	B_2	$A_1B_2C_1$	$A_1B_2C_2$	$A_1B_2C_3$
	B_3	$A_1B_3C_1$	$A_1B_3C_2$	$A_1B_3C_3$
A_2	B_1	$A_2B_1C_1$	$A_2B_1C_2$	$A_2B_1C_3$
	B_2	$A_2B_2C_1$	$A_2B_2C_2$	$A_2B_2C_3$
	B_3	$A_2B_3C_1$	$A_2B_3C_2$	$A_2B_3C_3$
A_3	B_1	$A_3B_1C_1$	$A_3B_1C_2$	$A_3B_1C_3$
	B_2	$A_3B_2C_1$	$A_3B_2C_2$	$A_3B_2C_3$
	B_3	$A_3B_3C_1$	$A_3B_3C_2$	$A_3B_3C_3$

3 因素 3 水平的全面实验水平组合数为 $3^3=27$，4 因素 3 水平的全面实验水平组合数为 $3^4=81$，5 因素 3 水平的全面实验水平组合数为 $3^5=243$，这在动物实验中是不可能的。正交设计就是从选优区全面实验点（水平组合）中挑选出有代表性的部分实验点（水平组合）来进行实验。图 5-4 中标有实验号的九个“⊙”，就是利用正交表 L_9（3^4）从 27 个实验点中挑选出来的 9 个实验点。即：

（1）$A_1B_1C_1$　（2）$A_2B_1C_2$　（3）$A_3B_1C_3$

（4）$A_1B_2C_2$　（5）$A_2B_2C_3$　（6）$A_3B_2C_1$

（7）$A_1B_3C_3$　（8）$A_2B_3C_1$　（9）$A_3B_3C_2$

上述选择保证了 A 因素的每个水平与 B 因素、C 因素的各个水平在实验中各搭配一次。对于 A、B、C 3 个因素来说，是在 27 个全面实验点中选择 9 个实验点，仅是全面实验的 1/3。从图 5-4 中可以看到，9 个实验点在选优区中的分布是均衡的，在立方体的每个平面上，都恰是 3 个实验点，在立方体的每条线上也恰有一个实验点。9 个实验点均衡地分布于整个立方体内，有很强的代表性，能够比较全面地反映选优区内的基本情况。

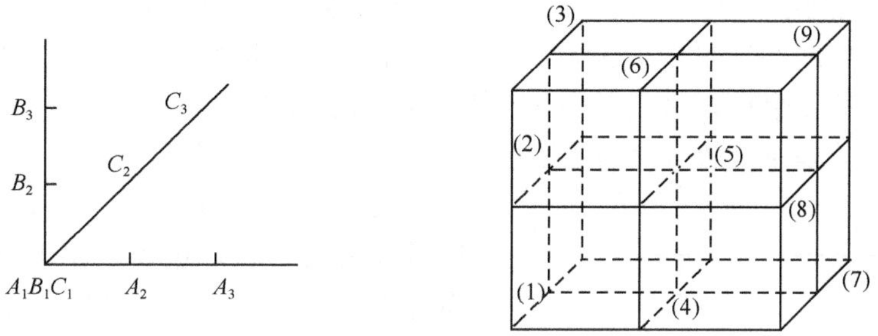

图 5-4 3 因素 3 水平实验的均衡分散立体图

（二）正交表及其特性和类别

1. 正交表

正交实验，是借助于正交表来布置实验的。因此，首先得搞清楚正交表的含义。比如，需做一个 A、B、C 三因子实验，A 分为 A_1、A_2 二个水平；B 分为 B_1、B_2 二个水平；C 分为 C_1、C_2 二个水平。显然，该实验共有 8 个处理组合，详列如下：

$$A_1\begin{cases}B_1\begin{cases}C_1\cdots A_1B_1C_1\\C_2\cdots A_1B_1C_2\end{cases}\\B_2\begin{cases}C_1\cdots A_1B_2C_1\\C_2\cdots A_1B_2C_2\end{cases}\end{cases}\qquad A_2\begin{cases}B_1\begin{cases}C_1\cdots A_2B_1C_1\\C_2\cdots A_2B_1C_2\end{cases}\\B_2\begin{cases}C_1\cdots A_2B_2C_1\\C_2\cdots A_2B_2C_2\end{cases}\end{cases}$$

这 8 个处理组合，可用数字来简单表示，如 $A_1B_1C_1$ 可简记为“111”，$A_1B_1C_2$ 可简记为“112”等等。这样，如若写出“221”，则表示这是处理组合 $A_2B_2C_1$。即因子 A 取 A_2，因子 B 取 B_2，因子 C 取 C_1 所组成的组合。

如果我们希望把实验布置成正交实验，从 8 个处理组合中挑选哪一部分处理组合来做才有代表性呢？可通过查正交表得到回答。二水平的最简单的正交表是 $L_4(2^3)$（表 5-11）。

表 5-11 $L_4(2^3)$ 正交表

处理号	列号		
	1	2	3
1	1	1	1
2	1	2	2
3	2	1	2
4	2	2	1

表 5-11 是由设计图 5-5 产生的。3 个因子各有两个水平的实验，共有 8 个处理组合，正如图 5-5 的 8 个顶点。但如果每个平面取两个点，每条线段取一个点，一次可得 4 个点，这正是图 5-5 的 $A_1B_1C_1$、$A_1B_2C_2$、$A_2B_1C_2$、$A_2B_2C_1$ 4 个实验点，这就是正交表 5-11 的来历。

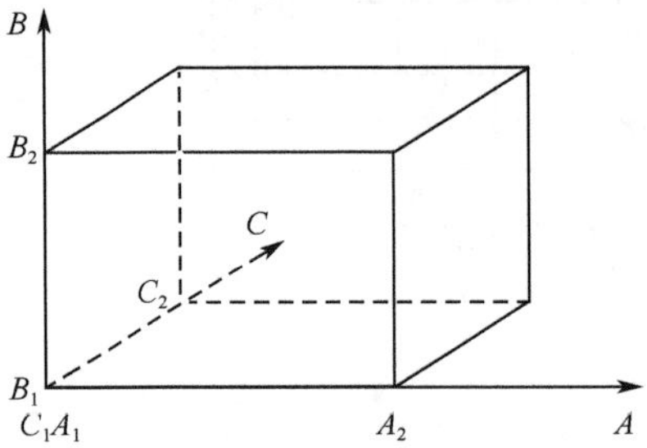

图 5-5　3 因素 2 水平实验的均衡分散立体图

这张表告诉我们，这个实验应该选 4 个处理组合来做实验，这 4 个处理组合就是 4 个横行所示的数字 111，122，212，221。由此可知，$L_4(2^3)$ 的含义是：L 表示它是一张正交表，括号内的底数 2 表示参试的每个因子都是二水平的；指数 3 表示它有 3 列，即最多能安排三个因子的实验；L 右下角的数字 4 表示它有 4 个横行。用它来安排实验每区组须设置 4 个小区，并在这 4 个小区上随机安排 111、122、212、221 这 4 个处理。二水平的正交表还有 $L_8(2^7)$、$L_{12}(2^{11})$、$L_{16}(2^{15})$ 等；三水平的正交表有 $L_9(3^4)$、$L_{27}(3^{13})$ 等。此外还有一种混合型的正交表，如 L_8（4×2^4），它表示第 1 列应安排四水平的因子，另 4 列只能安排二水平的因子，共做 8 个处理组合的实验。

表 5-12 是一张记为 $L_8(2^7)$ 的正交表，其中“L”代表正交表；L 右下角的数字“8”表示有 8 行，用这张正交表安排实验包含 8 个处理（水平组合）；括号内的底数“2”表示因素的水平数，括号内 2 的指数“7”表示有 7 列，用这张正交表最多可以安排 7 个因素。

表 5-12　$L_8(2^7)$ 正交表

实验号	列号						
	1	2	3	4	5	6	7
1	1	1	1	1	1	1	1
2	1	1	1	2	2	2	2
3	1	2	2	1	1	2	2
4	1	2	2	2	2	1	1
5	2	1	2	1	2	1	2
6	2	1	2	2	1	2	1
7	2	2	1	1	2	2	1
8	2	2	1	2	1	1	2

常用的正交表已由数学工作者制定出来，供进行正交设计时选用。二水平正交表有 $L_4(2^3)$、$L_{16}(2^{15})$，三水平正交表有 $L_9(3^4)$、$L_{27}(2^{13})$ 等。

2. 正交表的特性

任何一张正交表都有如下两个特性：

1）任一列中，不同数字出现的次数相等

例如 $L_8(2^7)$ 中不同数字只有 1 和 2，它们各出现 4 次；$L_9(3^4)$ 中不同数字有 1、2 和 3，它们各出现 3 次。

2）任两列中，同一横行所组成的数字对出现的次数相等

例如 $L_8(2^7)$ 中（1，1)，(1，2)，(2，1)，(2，2）各出现两次；$L_9(3^4)$ 中（1，1)，(1，2)，(1，3)，(2，1)，(2，2)，(2，3)，(3，1)，(3，2)，(3，3）各出现 1 次。即每个因素的一个水平与另一因素的各个水平互碰次数相等，表明任意两列各个数字之间的搭配是均匀的。

根据以上两个特性，我们用正交表安排的实验，具有均衡分散和整齐可比的特点。所谓均衡分散，是指用正交表挑选出来的各因素水平组合在全部水平组合中的分布是均匀的。由图 5-2 可以看出，在立方体中，任一平面内都包含 3 个“⊙”，任一直线上都包含 1 个“⊙”，因此，这些点代表性强，能够较好地反映全面实验的情况。整齐可比是指每一个因素的各水平间具有可比性。因为正交表中每一因素的任一水平都均衡地包含着另外因素的各个水平，当比较某个因素的不同水平时，其他因素的效应都彼此抵消。如在 A、B、C 3 个因素中，A 因素的 3 个水平 A_1、A_2、A_3 条件下各有 B、C 的 3 个不同水平，即：

	B_1C_1		B_1C_2		B_1C_3
A_1	B_2C_2	A_2	B_2C_3	A_3	B_2C_1
	B_3C_3		B_3C_1		B_3C_2

在这 9 个水平组合中，A 因素各水平下包括了 B、C 因素的 3 个水平，虽然搭配方式不同，但 B、C 皆处于同等地位，当比较 A 因素不同水平时，B 因素不同水平的效应相互抵销，C 因素不同水平的效应也相互抵消。所以 A 因素 3 个水平间具有可比性。同样，B、C 因素 3 个水平间亦具有可比性。

3. 正交表的类别

1）相同水平正交表

各列中出现的最大数字相同的正交表称为相同水平正交表。如 $L_4(2^3)$、$L_8(2^7)$、$L_{12}(2^{11})$ 等各列中最大数字为 2，称为两水平正交表；$L_9(3^4)$、$L_{27}(3^{13})$等各列中最大数字为 3，称为三水平正交表。

2）混合水平正交表

各列中出现的最大数字不完全相同的正交表称为混合水平正交表。如

$L_8(4\times 2^4)$表中有一列最大数字为 4，有 4 列最大数字为 2。也就是说该表可以安排一个 4 水平因素和 4 个 2 水平因素。再如 $L_{16}(4^4\times 2^3)$、$L_{16}(4\times 12^{12})$ 等都属于混合水平正交表。

（三）正交实验设计的方法

1. 确定因素和水平数

影响实验结果的因素很多，我们不可能通过一次实验对所有影响因素都进行研究。确定参试因子，主要依据实验工作者的生产实践经验和专业知识以及实验所具备的条件，挑选和确定若干对实验指标影响最大、有较大经济意义而又了解不够清楚的因素来研究，定出各因素适宜的水平，列出因素水平表。要注意的是，既不能把所有影响生产的因子都安排在实验中，也不能把重要因子漏掉。一般以不超过 4 个因子为好。各因子取几个水平也要按实际情况来确定。水平取的数量太少可能考察不周，太多又增加实验工作量，一般选 2～4 个水平为宜。

例 6　针刺采胶正交实验的因子、水平见表 5-13。做因子、水平表时，各因子的水平最好不要按大小顺序排列。

表 5-13　例 6 因子、水平表

水平	因素		
	针刺方式(A)	针刺孔数(B)	采胶制度(C)
1	直刺	4	1/2 树围隔日采
2	横刺	6	1/2 树围隔二日
3	高低线	8	1/2 树围隔三日

2. 选用合适的正交表

确定了因素及其水平后，根据因素、水平及需要考察的交互作用的多少来选择合适的正交表。选用正交表的原则是：既要能安排下实验的全部因素，又要使部分水平组合数（处理数）尽可能地少。一般情况下，实验因素的水平数应恰好等于正交表记号中括号内的底数；因素的个数（包括交互作用）应不大于正交表记号中括号内的指数；各因素及交互作用的自由度之和要小于所选正交表的总自由度，以便估计实验误差。若各因素及交互作用的自由度之和等于所选正交表的总自由度，则可采用重复正交实验来估计实验误差。

此例有 3 个 3 水平因素，若不考察交互作用，则各因素自由度之和为：因素数个数×(水平数－1)＝3×(3－1)＝6，小于 $L_9(3^4)$的总自由度 9－1＝8，故可以选用 $L_9(3^4)$；若要考察交互作用，则应选用 $L_{27}(3^{13})$，此时所安排的实验方案实际上是全面实验方案。

3. 做表头设计

所谓表头设计，就是把挑选出的因素和需要考察的交互作用分别排入正交表表头的适当的列上。在不考察交互作用时，各因素可随机安排在各列上；若考察交互作用，就应按该正交表的交互作用列表安排各因素。

1）不考察交互作用的表头设计

不考察交互作用的实验，一般采用未带交互作用列表的正交表进行设计。如例 6，若不考察交互作用，则可采用 $L_9(3^4)$ 进行设计。将因子 A、B、C 分别确定在 $L_9(3^4)$ 的列上。若将 A、B、C 分别确定在 $L_9(3^4)$ 的第 1、2、3 列上，则得例 6 的表头设计见表 5-14。

表 5-14 针刺采胶实验的表头设计

列	1	2	3	4	5	6	7
因子							

正交表 5-14 是由下面的设计图 5-6 产生的。三个因子各有 3 个水平的实验，共有 27 个处理组合，正如图 5-6 的 27 个交点。但如果每个平面取三个点，每条线段取一个点，一次可得 9 个点，正是图 5-6 的 $A_1B_1C_1$、$A_1B_2C_2$、$A_1B_3C_3$ 等 9 个实验点，这就是正交表 5-14 的来历。

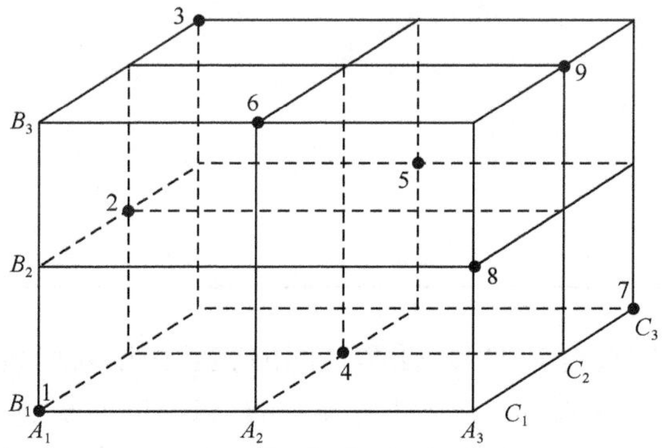

图 5-6 正交实验的均衡分散立体图（3 因素 3 水平）

根据设计的表头，把正交表中各列的数字 1、2、3 换成该列上因子的水平 1、2、3，便得实验方案表 5-15。

表 5-15 每一横行都是一个处理组合，如第 6 号处理 ABC 表示采用横刺 8 孔，隔日采胶。每区组设 9 个小区，随机安排以上 9 个处理。

表 5-15 实验方案表

列号	1	2	3
处理号 \ 因子	1	2	3
1	1(直刺)	1(4 孔)	1(隔日)
2	1(直刺)	2(6 孔)	2(隔二日)
3	1(直刺)	3(8 孔)	3(隔三日)
4	2(直刺)	1(4 孔)	2(隔日)
5	2(直刺)	2(6 孔)	3(隔日)
6	2(直刺)	3(8 孔)	1(隔日)
7	3(直刺)	1(4 孔)	3(隔日)
8	3(直刺)	2(6 孔)	1(隔日)
9	3(直刺)	3(8 孔)	2(隔日)

2）考察交互作用的表头设计

实验如需考察因子间的交互作用，就必须选用附有交互作用列表的正交表来安排实验。$L_8(2^7)$ 的“两列间的交互表”见表 5-16（由正交表转录）。

表 5-16 L_8（2^7）两列间的交互作用列表

列号	1	2	3	4	5	6	7
1	(1)	3	2	5	4	7	6
2		(2)	1	6	7	4	5
3			(3)	7	6	5	4
4				(4)	1	2	3
5					(5)	3	2
6						(6)	1

这张附表是用以查出 $L_8(2^7)$ 任两列间的交互作用列列名的。如 $L_8(2^7)$ 第 1、2 列的交互列，可由表 5.16 中对角线上的（1）向右横看，同时在对角线上的（2）向上竖看，交叉处的数字“3”即为 $L_8(2^7)$ 第 1、2 列交互列的列名（即第 3 列）。同法可查出第 2、4 列的交互列是第 6 列，第 3、7 列的交互列是第 4 列等。

若选用附交互作用列表的三水平正交表做实验，比如选用 $L_8(2^7)$，则其任两列的交互作用列为另外的两列。如欲求 $L_{27}(2^{13})$ 第 1、2 列的交互列，则可由 $L_{27}(2^{13})$ 的“两列间的交互列表”查出是第 3 列和第 4 列。同法可查出第 5、6 列的交互列是第 1 列和第 7 列。

二水平的正交表任两列的交互作用列为1列并非偶然。这是因为两个二水平因子的交互作用的自由度为1，而二水平正交表每列的自由度也恰好等于1（自由度等于该列水平数减1)。三水平的正交表，其任两列的交互列为另外两列，是因为两个三水平因子的交互作用的自由度为4，而三水平正交表的每一列的自由度为2，因此4个自由度应占正交表的两列。

以下举一考察交互作用的表头设计例子。

表5-17 因子、水平表（肥料为硫酸铵）

水平	因子			
	品种 A	前期追肥 B	中期追肥 C	后期追肥 D
1	灵优	8斤	5斤	7斤
2	秋二	16斤	10斤	14斤

例7 水稻高产规律实验的因子、水平如表5-17所示。考察 A，B，C，D，$A\times B$。

$A\times C$，$B\times C$，选用正交表 $L_8(2^7)$。因为需考察 $A\times B$，所以可先把 A 放在第1列，B 放在第2列，由 $L_8(2^7)$ 交互作用列表查出 $A\times B$ 在第3列；将 C 放在第4列，同法查出 $A\times C$ 在第5列，$B\times C$ 在第6列；最后 D 只能放在第7列。这样就得到了如表5-18的表头设计。

表5-18 水稻高产实验的表头设计

列	1	2	3	4	5	6	7
因子	A	B	$A\times B$	C	$A\times C$	$B\times C$	D

表头设计做好以后，便可列出实验方案，即把安排了因子的列中的数字换成该因子相应的水平，就得到了实验表（表5-19)。

表5-19 水稻高产实验的实验方案表

处理	因子						
	品种 A	前期追肥 B	$A\times B$	中期追肥 C	$A\times C$	$B\times C$	后期追肥 D
1	(1)灵优	(1)8斤	1	(1)5斤	1	1	(1)7斤
2	(1)灵优	(1)8斤	1	(2)10斤	2	2	(2)14斤
3	(1)灵优	(2)16斤	2	(1)5斤	1	2	(2)14斤
4	(1)灵优	(2)16斤	2	(2)10斤	2	1	(1)7斤
5	(2)秋二 A	(1)8斤	2	(1)5斤	1	1	(2)14斤
6	(2)秋二 A	(1)8斤	2	(2)10斤	2	2	(1)7斤
7	(2)秋二 A	(2)16斤	1	(1)5斤	1	2	(1)7斤
8	(2)秋二 A	(2)16斤	1	(2)10斤	2	1	(2)14斤

由表 5-19 可知，处理 1 为 $A_1B_1C_1D_1$，即品种用灵优，前期追肥 8 斤，中期追肥 5 斤，后期追肥 7 斤；处理 2 为 $A_1B_1C_2D_2$，即品种用灵优，前期追肥 8 斤，中期追肥 10 斤，后期追肥 14 斤。其余处理均可在表 5-19 中一一查得。

做表头设计时，须注意以下几点：①选择因子的同时，要根据过去的经验和专业知识，初步分析哪些因子之间的交互作用可能较大，需要在实验中加以考察。②需考察交互作用的实验，要利用两列间的交互列间的交互表将各因子及需考察的交互作用分别确定在正交表头，明确其在正交表中的含义。③交互作用所在的列，在实验方案中不起作用，仅在分析实验结果时要用到。

（四）正交实验设计的特点

正交设计的基本特点：用部分实验来代替全面实验，通过对部分实验结果的分析，了解全面实验的情况。选取有代表性的实验点参与实验，这些实验点均衡分散、整齐可比。因此，有可能从众多的处理组合中选出最优的处理组合。正交设计仅是从全面实验中选取有代表性的实验点参与实验的数学方法，而不是田间设计方法。

正交实验设计的优缺点：优点是多、快、好、省，通常比全面实验节省人力、物力 1/2～3/4；缺点是通常用数学的方法选出的最优处理组合没有出现在参试的处理组合中，给现场示范造成一定的困难。故要进一步做一个参试最优处理组合，与用数学的方法选出的最优处理组合作对比实验，作现场示范。而且正因为正交实验是用部分实验来代替全面实验，它不可能像全面实验那样对各因素效应、交互作用一一分析，当交互作用存在时，有可能出现交互作用的混杂。虽然正交设计有上述不足，但它能通过部分实验找到最优水平组合，因而很受实际工作者青睐。

参考文献

贵州农学院. 1989. 生物统计附实验设计（第二版）. 北京：中国农业出版社
明道绪，刘永建. 2001. 二个处理交叉实验结果分析的 t 检验法. 四川农业大学学报
明道绪. 1985. 通径分析——显著性检验. 四川农学院学报
明道绪. 2002. 生物统计附实验设计（第三版）. 北京：中国农业出版社
明道绪. 1986. 通径分析的原理与方法. 农业科学导报
明道绪. 2005. 田间实验与统计分析. 北京：科学出版社
莫惠栋. 1984. 农业实验设计. 上海：上海科学技术出版社
南京农业大学. 1988. 田间实验与统计方法（第二版）. 北京：中国农业出版社
上海师范大学数学系概率统计教研组. 1978. 回归分析及其实验设计. 上海：上海教育出版社
徐继初. 1992. 生物统计及实验设计. 北京：中国农业出版社
赵仁熔，余松烈. 1979. 田间实验方法. 北京：中国农业出版社

第六章　教育科学研究方法

随着素质教育的不断推进以及新一轮课程改革的实施，时代呼唤一种新型的学校文化，催生着教师新的职业生存方式，从根本上讲要求教师以教育研究者的姿态出现在教育舞台上，教师成为研究者已成为现代教师的基本素养之一。同时教育要实现可持续发展，要求教师的专业成长。教育科研无疑是教师专业成长的重要途径，也是实现教育可持续发展的重要保障。

第一节　教育科学研究方法概述

一、教育科学研究方法的概念

教育科学是一门应用科学，它是研究人类知识与价值观念传递过程中的教育现象的科学。教育科学研究不仅包括知识传递过程（即教与学的过程）的研究，也包括人的社会化的研究。

教育科学研究（educational science research）是科学研究的形式之一，是以教育现象为研究对象，以科学的态度，运用科学的方法，有目的、有计划地探索教育现象及规律，阐述、控制、预测教育现象直至发现教育规律并指导教育的创造性的认识活动。

教育科学研究方法（method of educational science research）是正确反映研究对象的客观规律的手段，是研究问题的一般程序和准则，是达到预定目标的必由途径。它是有目的、有计划、有组织、有系统地采用一定的途径、手段、工具、方式等，并遵循一定的研究程序和步骤，对教育现象进行研究，以获得科学结果的系统研究过程。

通过科学研究，特别是将实验、统计及计算机技术等先进科学技术手段运用到教育科研中来，经过科学验证为我所用，使教育从传统的经验及哲学范畴中跨越出来，也可以避免走进“经验是放之四海而皆准的真理”的误区。

二、教育科学研究的研究内容

教育科学研究就是要解决当前教育实际工作中亟待解决的问题，从当前教育工作中的迫切需要出发，注意选择当前存在的实际问题，特别是关键性问题来解决。

教育教学研究通常研究相关学科的教学内容、方法、途径以及教育者与教育对象的心理活动及其相互关系，诸如经验总结、专题研究、实验报告等；或将成功的教育教学经验加以概括，上升成理论，形成共识，在教育教学中加以推广运用；或就当前普遍关心的问题或热点问题进行分析研究，提出自己的观点和建设性意见等。

三、教育科学研究的特点

教育科学属于科学的范畴，教育科学研究具有科学研究的基本特征。除此之外还具有自己的一些特点：

（一）典型的经验主义

即所有的知识是从感觉经验中获得的，但是这种经验的结果必然具有某种信息的形式以便于知识的概括。这些资料以测试分数、实地记录、咨询问题的回答、电脑打出的结果等形式来表现。教育研究者对这些资料进行组织，并从资料中产生假设、验证假设等。

（二）系统性

教育现象作为一种复杂的社会现象，其规律受到各种因素的制约，必须从多方面、多层次加以研究。研究方法不能采用单一的方法，而应该充分考虑各种影响因素之间的相互作用，采取多种研究方法开展系统、综合和整体性地研究。在进行科学研究的过程中，不仅要采用专门的实验法、调查法、统计法等方法，而且还要用到哲学、社会学等社会科学以及信息论、控制论、系统论等自然科学知识，从而体现教育科学研究的系统性。

（三）有效性和可靠性

各种科学研究的研究形式和研究目标虽然不同，但是对于研究的期待是一样的，就是期望研究是有效的，即有效度；而教育科学研究本身也具有自己的研究标准，即置信度。也就是说，研究是基于事实或证据，研究结果能够被证明和被推广的，并且研究前后的一致性能在很大程度上重复。

（四）复杂性

教育科学研究的对象是教育存在和人的学习，教育存在包括教育现象、教育过程和教育理论。影响教育的因素不仅包括客观的条件因素，而且还涉及个人的主观心理因素以及人际社会因素。因此教育现象之间的因果关系比较复杂，使得教育科学研究很难通过严格的实验方法和精确的观测手段进行研究。同时教育存在的异质性也意味着它的研究结论的概括范围受到严重的限制。因此进行教育研究需要抽取更多的样本。

教育科学研究更多的受个人因素的影响，而且其研究对象是有思想、易变化的人或人群，这样很难对其进行极为精确的定量分析。再加上教育现象的不确定性因素较多，它的偶然性和独特性也更大。因此教育科学研究不能完全照搬自然科学的所有方法，而是需要建立符合教育科学本身特征的科学研究方法。

（五）研究方法的多样性

依据研究的目的来分，教育研究分为基础研究和应用研究；按照一般方法论分为定量研究和定性研究。其中定量研究包括调查研究、实验研究和准实验研究；定性研究包括人种学和历史学的研究。下面就教育研究方法作简单介绍。

第二节 实验研究

一、教育实验研究的内涵

实验研究是教育科学研究最主要的方法之一，在教育科学研究中占有重要地位。

教育实验研究是一个历史的、发展着的概念，人们对它的认识正如对教育的认识一样，也存在着广义和狭义之分。狭义上讲，教育科学中的实验研究是指在观察和调查的基础上，对研究的某些变量进行操纵或控制，创设一定的情景，以探求教育现象的原因、发展规律的研究方法。广义的教育实验研究主要研究包括早期的社会改革性质或教育革新性质的实验。我们这里所说的一般是指狭义上的教育实验研究。

二、实验研究的特点

（一）有目的地控制变量

实验研究要人为地创设一定的情景，通过有目的地对研究变量的操纵和控制，使一些教育现象、过程能够在研究中再现或改变，对某些研究结果和理论进行重复和检验，以利于进一步分析研究，以此来揭示变量之间的因果关系。

（二）有严格的研究设计

实验研究的实验设计比较严格，包括被试对象的选取、研究的材料和工具、实验程序、设计分析方法等，特别要对无关变量加以控制，从而保证实验的正确性和科学性。

（三）可重复性

实验都需能以相同的方式重复进行，以便验证结果的信度和效度。凡是理论假设正确、设计严密、操作严谨，所得到的实验结果，都能得到成功的重复验证。

三、实验研究的类型

实验研究根据不同的分类标准，可以分为许多不同的类型。根据实验进行的场所可以分为实验室实验和现场实验；根据研究目的不同，可分为探索性实验、验证性实验和改造性实验；根据实验揭示的变量之间质和量的关系可分为定性实验和定量实验；根据实验设计的不同，可以分为前实验、真实验和准实验，当然教育科学研究中一般为准实验。

（一）按照实验进行场所的不同

1. 实验室实验

实验室实验是在专门特设在实验室内或模拟生活环境，使用各种仪器、设备等，运用一定的技术，并高度控制实验场地情况进行的实验，这种实验对实验变量和各种条件的控制都相当严格，能够较为精确地探讨自变量和因变量的函数关系。但是教育科学本身是极其复杂的许多因素组成的系统工程，所以实验室实验的应用范围有限，一般仅用于教育心理现象方面的实验。

2. 现场实验

现场实验是在自然真实的教育教学情境中进行的实验，这类实验尽可能操纵自变量，控制无关变量，实验过程和实验结果都贴近实际，因此便于推广。现场实验是将实验研究与日常生活及观察结合起来，既体现了实验研究的主动性，并能控制各种变量，又能体现观察法的自然真实，减少人为因素的影响，是教育科学研究常常采用的一种方法。和实验室实验相比，现场实验对实验的各种变量及条件的控制均不够严格和完善，因而易受各种无关变量的干扰而影响研究结果的有效性和精确性。

（二）根据研究目的不同

1. 探索性实验

这种实验有科学的假设作为前提，是指前人从未做过的实验，具有独创性和新颖性的特点。主要是从探索研究对象的因果关系来发现教育现象的本质和规律，以此建构理论。这种实验条件控制严格，程序比较规范，方法的科学性比较高。

2. 验证性实验

这种实验的研究问题来自实际，主要通过实验收集事实材料，来确认研究的对象是否具有研究假设的基本特征，从而丰富事实，总结经验性规律。同时验证性实验还指对已取得的实验成果进行检验、修订和完善，关注实验结果的普遍性。一般是指用同一方法再一次进行的实验，既包括仿照他人曾做过的实验重复实施，也可以是对自己所作过的实验的第二轮重复实验。这种实验方法主要以检验已有经验总结、理论或研究为目的。

3. 改造性实验

改造性实验指在他人曾经做过的实验的基础上，对其加以某些改造的实验。

（三）根据实验揭示变量之间质和量的关系

1. 定性实验

这种实验方法是用文字来描述现象，在实验中仅仅判定研究对象所具有的性质，或是否存在某种因素及某些因素间是否存在某种关系，而不涉及数量关系。

2. 定量实验

这种实验方法是用数字和量度来描述现象的，实验需对研究对象所涉及的各因素间的数量关系做出判断。

（四）根据实验设计的不同

1. 前实验

前实验是可以进行观察和比较的，但是没有办法随机分配被试，对无关干扰和混淆因素缺乏控制，难以探明自变量和因变量之间的因果关系，很难将实验结果推广到实验以外的其他情境和群体。

2. 真实验

真实验严格控制所有影响因变量的因素，实验中被试进行随机分配和抽取，确保被试具有同质性，因此真实验按统计学要求组成实验组和控制组，对两组被试均做前测和后测，严格控制同样的实验环境，对实验组施加实验变量而对控制组维持原有因素不变。

3. 准实验

准实验指在真实的社会环境中不能使用真正的标准实验设计来控制各种变量，特别是不能完全控制无关变量。对被试未能进行随机分配，是自然分配组织，比如班级。

四、以实验设计分类的各种实验研究

（一）前实验设计

前实验设计对任何无关变量都没有控制，因而效度很低，通常称为“非实验设计”。同样非实验设计也具备了实验研究的最基本的两个要素——实验处理和测量。

前实验设计主要有 3 种类型，包括单组后测设计、单组前后测设计、静态比较组设计。

（1）单组后测设计是对一组被试实施实验处理，然后再对这组被试进行观测，以评价实验处理的效果，表示如下：

X（实验处理）　　　　　　O（观测）

（2）单组前后测设计是在单组后测设计的实验处理之前增加一次前测。表示如下：

O_1（观测）　　　　　　X（实验处理）　　　　　　O_2（观测）

通过前测获得所抽取样本的最初水平，与后测效果进行比较，以分析实验处理的效应。但是后测表现出来的变化可能是由前测的影响而导致的，这种设计对无关变量控制不力，可靠性较低。

（3）静态比较组设计更多的是设计了一个不接受处理的控制组。

X（实验处理）　　　　　O_1（观测）

　　　　　　　　　　　　O_2（观测）

（二）真实验设计

真实验设计就是通常所说的实验设计，其本质在于对影响内部效度的无关变量采取了严格的控制并有效地操纵研究变量，在实验设计中综合采取了随机取样、前测和控制组等手段。真实验设计按被试接受实验处理的情况可以分为三大类，即被试间设计、被试内设计和配对组设计。

（1）被试间设计即每个被试只接受一种自变量水平的实验处理，不同被试接受不同自变量水平的实验处理。在这种设计中由于被试是随机取样并随机安排到不同的实验处理的，因而是完全随机化设计；同时各实验处理组之间没有相关，因而又称独立样本设计。

被试间设计的数据统计分析通常是对实验组和控制组的结果进行差异显著性检验或方差分析，如果差异显著就表明实验处理有效。

被试间设计可以分为以下几种类型：

后测设计　是真实验设计中运用较广的一种设计，这种设计可表示如下：

实验组：随机取样 R_1　　X（实验处理）　　　　　　O_1（后测）

控制组：随机取样 R_2　　　　　　　　　　　　　　　O_2（后测）

该设计采用了随机取样的方法，有效控制了选择、选择与成熟之间交互作用等无关变量的影响，控制组的设计也控制了历史、成熟、测验和统计回归等无关变量的影响。但是由于实验处理之前没有前测，虽然可避免练习效应的影响，但不能进行实验处理前后差异的比较。

前后测设计　这种设计可表示如下：

实验组：随机取样 R_1　O_1（前测）　X（实验处理）　O_2（后测）

控制组：随机取样 R_2　O_3（前测）　　　　　　　　O_4（后测）

这种设计可以对实验组前后测的差异和控制组前后测差异进行比较。同时如果实验组和控制组的前测基本相同的话，就可以比较后测。反之，就要比较实验组和控制组前后测的变化，一般可用 t 检验；如果有多个实验处理组，可用方差分析。但是这种设计的前测可能导致练习效应，对结果产生影响。

所罗门四组设计　这种设计分别有两个实验组和两个控制组，其设计的基本模型是：

实验组 1：随机取样　O_1（前测）　X（实验处理）　O_2（后测）

控制组 1：随机取样　O_3（前测）　　　　　　　　O_4（后测）

实验组 2：随机取样　　　　　　　X（实验处理）　O_5（后测）

控制组 2：随机取样　　　　　　　　　　　　　　　O_6（后测）

（2）被试内设计是指每个或每组被试接受所有自变量水平的实验处理的真实验设计。

这种设计可以表示为：

被试	实验处理			
1	X_1（实验处理）	X_2（实验处理）	X_3（实验处理）	X_4（实验处理）
2	X_1（实验处理）	X_2（实验处理）	X_3（实验处理）	X_4（实验处理）
3	X_1（实验处理）	X_2（实验处理）	X_3（实验处理）	X_4（实验处理）
……				

该设计中的被试可以是单个被试也可是被试组，被试组成员一般是同质的，被试组成员可以接受所有的实验处理，但是组内的被试应随机接受每一种实验处理。

被试内设计可分为完全被试内设计和不完全被试内设计两种。前者指每个或每组被试接受所有实验处理，后者是指每个成员或每组被试只接受部分实验处理，而且每个被试所接受的处理也不同。但是被试内设计中被试组要接受多个实验处理并进行重复测量，可能导致练习效应或疲劳效应，从而影响结果的可靠性。

配对组设计

配对组设计的基本模式如下：

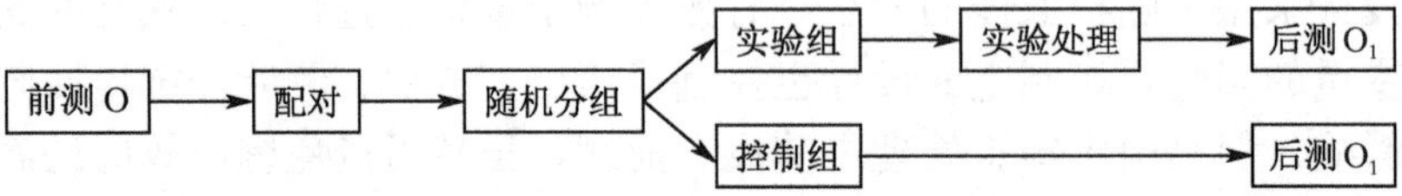

该设计的实验组和控制组同质，平衡了被试变量，而且有着共同的前测，实验结果只需比较两个后测即可。但是找到适当的匹配变量将被试配对比较困难，尤其当测量的内容与因变量无关时，进行配对更不合适。

（三）准实验设计

准实验设计对无关变量的控制比前实验设计严格一些，该设计运用原始群体作为被试，而不是随机安排被试进行处理，这样设立的控制组都是静态的或不相等的。

1. 时间系列设计

时间系列设计就是对一个或多个原始的被试组进行反复测量，并在至少一个组的两次测量之间插入实验处理，这是借助多次重复测量的一种测验后测验设计。

时间系列设计可以简单地图解如下：

其中 O 代表测量，X 代表实验处理。

时间系列设计没有对被试组进行随机分配，但是可以有任何可能次数的观察和测量，实验处理可随机进行。任何一个特定的实验和一种因变量只能有一种结果模式。但是时间系列设计的一个重要特征就是可能的结果模式很多，这就涉及内在效度的问题，需要慎重确定实验结果。

2. 不相等组前后测设计

不相等组前后测设计是指包括一个实验组和一个控制组，既有后测验也有前测验的一种设计，它往往是在做不到按随机化分组和等组法选择的情况下被采用。

其基本模式为：

实验班：O_1（前测） X（实验处理） O_2（后测）

对比班：O_3（前测） O_4（后测）

由于教育研究往往不能随机地分配被试，如在学校中进行研究，一般改变不了教学单位。而现有的教学单位可能并不相等，且可能存在系统偏差，在这种情况下可采用不相等控制组前后测设计。这种设计有助于核对实验组间的相似程度，因为前测的分数是与因变量有密切联系的变量。这种前测是实验前在同样的条件下对所有被试都进行的测试，其前测的分数可用于统计控制或产生增益分数。

真实验设计中被试是随机抽取的，但是不相等组前后测设计的实验组和控制组之间可能存在着偏差。两者在实验前后都进行了前测，但其作用是不同的。前者的前测只是为评估实验处理后的变化提供一个基线或者是为对随机抽样之外的偏差进行控制，在这种情况下，前测是可以省略的，而后者中的前测是必要的，只有通过前测来控制被试的选择偏差。

3. 不相等组前后测时间系列设计

这是前述单组时间系列设计与不相等两组前后测设计的结合。其基本模式为：

实验班：01　03　05　X　07　09　011

对比班：02　04　06　　　08　010　012

这种实验设计能更好地控制成熟的、历史的因素，而且测验的练习效应和敏感性也可得到有效的平衡和控制，但是这种设计可能引起被试的疲劳和敏感。

这种设计的统计方法，可以将两组被试各自一系列时间前测的平均数与一系列时间后测的平均数加以比较，从测量结果的变化说明处理的效果；也可以比较两组之间的一系列时间的前测或后测，以判断两组接受不同处理所产生的效果。

4. 修补设计

修补设计是指将两个不同的前实验设计结合起来，使之成为一项准实验设计。其基本模式为：

A 班：　　　　　X（实验处理）　01（后测）

B 班：02（前测）　X（实验处理）　03（后测）

五、教育实验研究的一般步骤

1. 确定实验课题

教育上的问题是很多的，我们要选择一个适当的问题来研究，就要有一个选择问题的标准，即是前人未实验研究过的，有实际价值而且是社会上所需要解决的教育问题，并要确定问题的范围。根据这个标准，就可以确定研究的问题。总之，研究者不仅要在实践中发现问题，而且要对问题的性质、研究的价值、事实的限制与研究的可能性通盘考虑之后，才能确定课题。

2. 建立实验假设

假设是人们根据初步观察到的有关课题的事实，及搜集到的有关文献资料，通过逻辑推理得出的关于研究课题的设想和推论。实验的假设要以一定的教育经验和教育事实为依据，以已有的教育理论和方法为指导，对教育现象和教育事实间的因果关系作出推测性说明或解释。

3. 进行实验设计

实验设计是实验研究能否达到实验目标的主要保证，它实质上是实验者借助思维和利用语言文字进行模拟实验的过程。实验设计的主要内容包括实验的动机、目的、班级、教师、时间、形式，实验时所采用的教材、教具、仪器和记载的表格以及实验时应注意的问题，以备进行教育实验时应用。

4. 实施实验操作

实施实验操作即把实验设计从方案变成实际行动，主要任务是操作实验因子，控制无关变量，观察验证假设所必需的观测资料。

实验开始要对学生进行初测、分组。对实验中的影响因素进行严格控制，实验中要进行阶段性的测验，实验后要进行后测，考查各组学生由教育实验的因素所产生的变化，核实实验结果。在实验过程中，应围绕实验假设来收集大量资料，包括定性资料和定量资料，用事实来证实、修改或证伪实验假设。

5. 总结评价

这是实验研究的收获阶段，主要任务是处理实验结果，通过分析讨论，解释规律，形成理论，撰写实验报告。

第三节　调查研究

调查研究就是对信息的收集、加工过程。调查研究是一种使用范围很广的研究，而且是在教育研究中单独使用的最广泛的一种研究方法。它包括对现状的研究，以及确定和解释社会的、教育的或心理的变量之间的关系。

调查研究法（method of survey research）是有目的、有计划、有系统地搜集、了解有关研究对象状况的材料，分析处理，从而发现问题、探索规律、寻求对策的研究方法。

调查研究法既要调查——通过运用观察、访谈、问卷、测验、个案追踪等各种方法来获取材料，又要研究——对所获取的材料整理分析，研究得出结论。因此，调查研究法并不只是记录事实，罗列问题，更重要的是能透过现象看本质，从材料中找出规律，使经验上升为理论。调查研究法是一种综合性的研究方法。

一、调查研究应遵循的基本原则

1. 客观性原则

客观性原则是研究人员进行调查研究的基本准则。它是指搜集资料、分析资料以及得出结论都不掺杂研究者的主观因素。这一原则要求：一是要从事实出发，坚持唯物主义实事求是的态度，而不是脱离客观，从主观臆断出发；二是在调查研究时，排除其他预先观念的干扰，以免出现对研究客体的歪曲、夸大和缩小。

2. 科学性原则

科学性原则是指调查研究必须借助各门科学（包括自然科学和社会科学）研究的有关成果建立起具有自我规律的体系。建立这一体系必须遵循 3 个基本原则：①有具体的学科理论指导，作为调查研究的取向；②调查研究的结果与观念是对客观事物的抽象；③调查研究所得到的结论在相同条件下会得出相同的结果。

3. 系统性原则

调查研究要注重研究对象的整体性，在界定系统的时候界限应该明确清晰，同时注意系统的内在结构与外在联系。调查的过程中应保证调查的层次性和顺序性，把系统的发展过程看作是一个与自然历史一致的过程。

二、调查研究的类型

（一）描述性研究、解释性研究、预测性研究

按调查研究的目的，调查类型可划分为描述性研究、解释性研究、预测性研究。

1. 描述性研究

描述性的调查研究是以了解某一事物或某一问题的发生、发展过程为目的调查研究，是按着客观面貌进行调查的一种类型。描述性研究是对某一事物或问题的基本情况的了解，它所要解决的问题是了解各种现象实际是什么样的。

2. 解释性研究

解释性研究是以探讨现状之间的逻辑关系为目的的调查研究。这种研究类型不仅要了解此现象的基本情况，更主要的是要研究分析为什么是这样或那样。也就是说，解释性研究是对产生某种存在现象的研究，是通过理论抽象而进行的调查研究。它是对现象产生原因本质的研究和比较全面、深刻的认识。

3. 预测性研究

预测性研究是对某种现象的发展趋势作出推断和估计的一种调查研究。预测性研究主要关心事物未来怎样，这种研究类型难度较大。它通过了解事物的过去和现在预测未来。

预测性研究是制定事物发展规划必经的一个先期调查研究阶段。

（二）横向研究与纵向研究

社会调查依时序可分为横向研究与纵向研究两种类型。

1. 横向研究

横向研究是指在同一时间内对一个样本或从两个或两个以上的总体样本中收集数据进行调查，或者直接从某一社会现象进行调查研究的一种类型。

2. 纵向研究

纵向调查研究是指在某一段较长时间内的社会现象历史演化研究。这种研究类型至少要了解在该段时间内两个以上或多个时点的情况。纵向研究在了解第一个时点情况之后，仍需对第二个或第三个时点的社会现象进行研究。也就是说，纵向研究是从较长时间内来研究某一社会现象的发展变化及其规律性。

（三）定性研究和定量研究

定性研究和定量研究是按调查研究的性质来划分的研究类型。

1. 定性研究

定性研究是对某一社会现象以现有的文献资料或经验材料为依据，运用演绎、归纳、比较、分类、矛盾分析等方法，对某种事物进行研究的一种类型。

2. 定量研究

定量研究是运用概率、统计原理对社会现象的数量特征、数量关系和事物发展过程中的数量变化等方面进行的研究。

（四）全面调查、非全面调查

调查研究按调查研究的范围来分，可划分为全面调查和非全面调查。

1. 全面调查

全面调查又称普查，是指对研究对象的全体所作的无一遗漏的逐个调查。全面调查是一种一次性的调查，其目的是把握某时点上或某一时期的一定范围内的某种现象的基本情况。

2. 非全面调查

1）抽样调查

就是从调查对象的总体中，随机地抽选出一部分单位作为总体的代表进行调查，抽样调查的结果作为推断总体情况的一种调查类型。这种方法对抽样的要求比较严格，必须完全符合“随机抽样”的要求。但是样本抽取后的调查研究则与一般的调查研究相同。

2）个案调查

个案调查是在全部研究对象的范围内选取个别研究对象进行调查的一种类型。个案调查的具体方式多种多样，可以采用访问、座谈、观察等方式。个案调查对于认识总体来讲是一种定性研究。这种定性研究由于对象较少，虽然抽取的对象一般均有一定的代表性和典型性，但是典型性程度的大小不一，所以调查结果的代表性得不到保证。

（五）实证研究、文献研究、逻辑思辨

按照调查研究所采用的方式方法分为实证研究、文献研究、逻辑思辨。

1. 实证研究

实证研究是以当前的事实为依据进行研究，包括实验模拟、试点、观察、访谈、问卷调查等。

2. 文献研究

文献研究是以历史资料或前人的研究为基础进行研究。

3. 逻辑思辨

逻辑思辨是研究者本人运用分析、综合、演绎推理等方法进行研究。

三、调查研究的标准

（一）信度

研究的信度是指研究所得事实、数据的一致性和稳定程度。通常，研究的信度高低说明研究和研究结果是否可重复，是否具有前后一致性，或研究能在多大程度上重复。

研究的信度分为内在信度和外在信度。内在信度指在给定的相同条件下，资料收集、分析和解释能在多大程度上保持一致。外在信度涉及的是研究者能否在相同或相似的背景下重复同样的研究，如果能的话，那么结果是否总能够保持一致?

（二）效度

效度是指一个测量工具能够度量出它所要测量的东西或达到某种目的的程度。就整个研究而言，研究的效度是指研究在揭示所研究内容的本质或其规律方面的准确、客观、科学程度，或者说研究结果符合客观实际的程度。

效度有四种类型，分别是构思效度、内部效度、统计效度、外部效度。

构思效度是指理论构思的合理性及其转换为抽象与操作定义的恰当性程度，

涉及建立可观测指标的理论设想及其操作化等方面的问题。

内部效度是指自变量和因变量之间存在一定关系的明确程度。它所涉及的问题是：自变量与因变量之间是否有关系？是否确实是自变量的变化引起因变量的变化？其确切程度如何？

统计效度是指检验研究结果的数据分析程序与方法的有效性指标，它研究的基本问题是研究误差、变异来源与如何适当地运用统计显著性检验。

外部效度指研究结果能够一般化和普遍化到样本来自的总体和其他变量条件、时间和背景中去的程度，即研究结果的代表性和普遍适用性。可分为总体效度和生态效度，总体效度是指研究结果能够适用于被试所来自的总体的程度与能力；生态效度是指研究结果能够概括化和适用于其他研究条件和情景的程度和能力。

（三）研究信度与研究效度的关系

信度和效度是任何一种教育科学研究的两个相互关联的重要标准，两者使得研究的结果具有科学价值和意义。信度是研究结果一致性和稳定性的评价标准。一个具有信度的研究程序，不论其过程由谁操作，或进行多少次同样的操作，其结果总是非常一致的。效度是一个研究程序的性质和功能，也是对研究结果正确性的评价标准。一个有效度的研究程序，不仅能够明确地回答研究的问题和解释研究结果，而且能够保证研究结果能在一定规模的领域中推广。

信度对于效度是必要条件，但不是充分条件，有信度不一定有效度。一个可靠的研究程序并不证明内容一定有效，而一个有效度的研究一定是一个有信度的研究。有效度必定有信度，效度高信度必定也高，因为不可能存在仅有效度而没有信度的情况。信度是为效度服务的，因而效度是信度的目的；效度不能脱离信度单独存在，所以信度是效度的基础。

四、调查研究方法的选择和确定

研究方法多种多样，而且各种研究方法都具有不同的功能，任何一种方法都不能全面适用。各种不同课题面临的任务千差万别，因而不同的课题要使用不同的研究方法，即每种方法都有其适用的课题。因此，研究方法就要根据解决问题的需要和实际应用的可能进行选择。

（1）由研究方案决定研究方法。在研究课题确定之后，首先要进行研究设计，提出系统的研究方案。其中研究方法只是实现研究目标的手段，它应该由课题性质、研究思路、研究关键和研究成果的形式决定。

（2）根据可能选择研究方法。研究方法虽然要根据课题任务、特征、内容来选择，但是只有在研究人员掌握了研究资料和各种研究方法的前提下，才有可能根据需要选择最恰当的研究方法。如果研究人员只掌握某几种研究方法，或者资源方面不允许运用某种研究方法，那就只好选择可能的研究方法。

(3) 选择研究方法时，不仅要考虑方法的可用性和适用性，还要考虑各种方法的效率。当各种方法都适用于某课题时，应优先选择效率高、用时短、经费较省的方法。不过在研究实践中，复杂的课题一般都要将多种方法配合起来使用。

这里我们讨论在教育科学研究中最常用的问卷调查法和访谈法。

第四节　问 卷 调 查

问卷调查是开展教育科学研究的重要方法。通过问卷调查，可以深入了解教育科学的实际情况，掌握各种教育科学问题的现状。通过现象的分析，还可以找到事物发展的某些规律，从而把握问题的本质，为教育教学改革提供参考。

一、问卷调查的特点与类型

问卷调查是研究者用统一、严格设计的问卷来收集研究对象有关的研究事项的数据资料的一种研究方法。

1. 问卷调查特点

(1) 问卷调查的标准化程度较高，是严格按照统一设计、固定结构的问卷而进行的研究。就整个问卷调查的研究过程来讲，问卷的设计、问题的选择、问卷调查的实施以及问卷结果的处理分析等都应严格按照一定的原则和要求进行，从而保证问卷的科学性、准确性、有效性。

(2) 能在较短的时间内收集到大量的数据资料，并且由于问卷中的问题和答案都是经过预先操作化、标准化设计的，因此所得资料便于进行定量处理和分析。

2. 问卷的类型

(1) 根据问卷中提出的问题的结构程度，将问卷分为结构问卷和无结构问卷。

结构问卷又称封闭式问卷，每个问题事先列了几个可能的答案，被试可以根据自己的情况，在其中选择一个认为恰当的答案。结构问卷的问题具体、回答简单、被试不需要花过多的时间来完成问卷；信度较高；收集的数据资料便于统计分析；但是由于已经事先确定了问题的答案，不便于被试者真实、完整、深入回答问题，难以表达自己独特的见解和看法。

结构型问卷根据答案的不同形式还可划分为：

①是非式，也叫正误式。即对测试题的论点判断是否正确，或从“是”、“非”两个答案中做出选择。

②选择式，将问题的几种可能答案统统列出，让被试选择一个或几个符合自己情况的答案。

③排列式，被试对问题的多种答案，依其喜欢、满意程度排序，一般可划分为 3 级、4 级，甚至 7 级。

无结构问卷中问题统一，但未事先列出任何选择答案，被试可以根据自己的情况自由回答，没有固定的回答格式与要求。多用在研究者对某些问题尚不清楚的探索性研究中。

无结构问卷的优点是得到的资料丰富，能深入了解被试的观点，缺点是，不便于统计分析，同时存在收集的数据资料与研究的问题无关的可能性。

一般在问卷使用过程中，都要根据需要在以结构型为主的题目中，加上开放性的问题，便于了解那些尚不明了的问题。对于这些开放性的问题有时可以通过调查，根据被试回答的情况将开放性的问题变为结构性的问题。

（2）根据问题的传递方式，将问卷分为发送问卷、访问问卷和邮寄问卷。

发送问卷是研究者将问卷送到研究对象手中，待完成后，再由研究者收回。这种调查对象一般是集体性质的，或者是有组织的，能够保证较高的回收率和有效率。

访问问卷是研究者按照统一设计的问卷向研究对象当面提出问题，然后将研究对象的口头回答填写在问卷中。这是回收率和有效率最高的一种问卷形式，研究者可以灵活使用各种方法，以观察和了解被试的态度，便于结果的分析和评价。

邮寄问卷是研究者通过邮局向一定范围的研究对象寄发问卷，要求被试按照规定的要求填写问卷，并在一定期限内寄回问卷。这种问卷形式利于做大范围的研究，样本可以扩大，回答问题者不受别人的影响，可以从容回答问题，但是回收率比较低。

除了以上几种问卷形式外，还有报刊问卷和网络问卷。

二、问卷的一般结构

问卷是调查者设计的一种书面文件，以此来收集被调查者的相关信息，是由调查者根据调查目的编制成适合于被调查者回答的若干问题或适合于被调查者填充的表格。问卷一般包括题目、前言、指导语、问题、选择答案、结束语等几部分。

（1）题目是问卷目的和内容最简洁的反映。题目不仅要反映调查者的目的和问卷的内容，而且还不能给被试造成心理影响或者提示回答问题。

（2）前言是对问卷研究的目的、意义和内容的简要说明，在文字上体现出谦虚、如实，同时做到结果保密等。因此可以在其中注明：该问卷可以不填写真实姓名，答案没有对错之分，仅为科学研究之用，谢谢您的合作等。

(3) 指导语是指导被试如何填写问卷的一组说明性文字，其作用是对填表的方法、要求、时间、注意事项等做一个总的说明，有时还附一两个例题。如：请在每一个问题后符合自己情况的答案号码上画圈，请独立完成，不要与别人商量等。它在较大程度上决定着被试是否能够正确回答问题。

(4) 主体部分是问卷的核心组成部分，它包括了所有调查问题和答案，问卷的目的、内容和研究对象的回答都在这一部分体现，是问卷设计的主要部分。

(5) 问题分为事实性问题、态度性问题、信息认识问题和行为问题。其中事实性问题是在问卷的开头或结尾请被试填明的一些基本资料，包括人口学资料和一些有关实际行为的问题；态度性问题分为两类，一类是关于有关意见方面的，例如动机、情感、动机方面的暂时性的问题，另一类是有关观念、价值观、人格方面的较稳定的问题；信息认识问题的目的在于了解被调查者是否知道有关信息、知道程度和准备性以及获得信息的渠道；行为问题是了解被调查者有无某种行为和这种行为发生的频率等。

(6) 答案的编写要根据问卷的类型进行设计。对于开放性的问题，只提供问题，不提供答案，有自由回答和联想式两种；对于封闭性的问题，不仅提问，而且提供可选择的答案。主要有：是否式、多项选择式、排列顺序式、评分式、填空式等。

(7) 编写问卷问题时，题目必须符合研究的性质，切合研究的假设需要。表述问题时，题目要简洁、通俗易懂，不要用太长的句子和学术术语，而且要在被试所拥有的知识和能力范围之内，便于被试理解和接受。要具体、清晰、可操作，不要含糊不清，使被试费解。提问要客观谨慎，不要用倾向性或引导性的口气进行提问，不要提敏感和刺激性的问题，要避免或减少社会称许性。要正面肯定提问，以免对被试产生暗示作用。

(8) 结束语通常有两种方式，一是设计几个开放性的问题，以做深入的回答；二是用简短的话对研究对象的合作表示感谢。有的问卷还要征询一下答者对问卷设计和问卷调查本身有什么看法和感受，并请求答者提出意见和建议。

三、问卷调查的一般步骤

1. 确定研究主题，明确研究目的

首先要明确中心概念的含义，在此基础上，根据研究目的，确定研究哪些内容。对于一些复杂的、抽象的概念，因不同人理解的层面或角度不一样，因此更有必要根据研究的目的和对象对其含义加以操作，以确定研究的内容与范围。

2. 确定问题的维度，即研究的一级指标

根据研究主题的性质、目的和样本选取的实际情况，确定问题的维度，一般

指所欲研究问题的内容，也可以理解为研究问题的结构或架构。

确定研究问题的维度，有以下途径：①分解中心概念，构建问卷的维度。②以研究主题相关的理论为依据，构建问卷维度。③查阅有关的研究资料，收集相关的论述，建构其研究维度。④用无结构问卷方法，进行现场调查。也可以个别访谈，收集有关的看法，将收集到的资料进行简单的归类，编成尺度式问题，再让相关人员填答。然后再将数字化资料，用因素分析的方法，抽取问题维度，对其进行这方面的探讨。

3. 在确定了研究维度即建立起研究框架的基础上，进一步将各维度的大问题分解，成为研究的二级指标

将大问题再一次分解为小的方面，接下来针对分解后的小的方面设计具体的题目。设计具体题目时要考虑问卷的形式。

4. 确定问卷的形式

有以下几种方式：

（1）根据问卷实施的方式。如果采用个别访问的实施方式，则以开放式的问卷为佳；若采取邮寄或直接分发问卷的方式，则封闭式问卷为宜。

（2）根据研究问题的性质。问卷的形式也取决于研究目的的需要和研究问题的特点。有的研究问题只需要做一般性的了解，不需要或不可能做深入了解，则用封闭式。有的问题需要进一步深入了解并有可能深入了解，用开放式。

（3）根据调查对象的特点。回答的对象不同，问卷的形式也要有所区别。

（4）根据结果的分析和解释方式。研究者在确定问卷形式时，必须同时考虑将来资料的分析方法。如果要进行定量分析，应采用封闭式问卷。如果要对资料做比较深入的定性分析，则以开放式问卷为主。

5. 编写问题和答案

要在综合考虑研究目的、研究对象的特点和结果分析处理等因素的基础上，确定问卷的结构。

问卷的编辑在结构方面应注意问题的顺序、性质等，在形式方面应注意问题的选择、安排方式等。①时间顺序。进行问题排列方式的设计时，可按照由远到近或由近到远的顺序。对于有时间顺序的问题，应该依次排列，应有连续性。②内容顺序。问题排列一般应遵循由浅入深、由易到难的原则，把容易回答的、人们感兴趣的问题放在前面，把不容易回答的，或人们生疏的问题放在后面。③类别顺序。一般是人口学资料问题、实际行为性问题和态度性问题。整份问卷顺序为，第一类是基本资料，如性别、年龄、收入等；第二类是行为资料；第三类是态度资料等。④问题的性质。应将敏感性问题和开放性问题放在问卷后面。

6. 题目修订

将各个维度的题目合并在一起，给出每个维度的含义，请有关专家以及调查对象对预试的问卷初稿进行评定。首先对各个维度设计的合理性和完整性提出建议，然后评估各个题目与各维度是否符合，题目是否反应了相应维度所代表的意义，题目的表述是否清楚，是否具有歧异及社会称许性方面的问题，并提出相应的修改意见。

7. 试测并进行信效度分析

试测的样本大小是，问卷的题数与试测样本的人数之比维持在 1∶1 到 1∶10。预试一般要求取 30～60 人为样本（预试对象应当与所要研究的对象是同质的）。通过他们的填写，确定每个问题的具体缺陷，比如难度、分量是否合适，内容是否合理，确定每种答案的强度或顺序性，求出信度和效度，并进行必要的修改，保证问卷结果的科学性。

因此，编题时一般要求多编一些，这样在分析题目时，可以根据预测的结果和专家意见发现问题。也可实现对每个题目进行项目分析，发现其优劣，为筛选题目提供一些有用的资料。

8. 问卷的再次修改和完善

根据试测的结果选择问卷题目。通过对题目进行相关分析、问卷结构的因素分析，保留高相关、高负担的题目，剔除低相关、低负荷的题目。

9. 问卷调查的正式实施

根据预测结果，对问卷的指导语、问卷题目、项目内容、排列方式加以改进与修订，整理成为完整的问卷，进行正式调查。

首先要选取研究对象。选取的被试＝研究对象/回收率×有效率，选择样本时一定要从所要研究的对象中选，要有代表性。一般常用等距抽样的方法，即将事先获得的所要研究对象的花名册，依一定的距离取样当面分发或邮寄。问卷的回收情况一般因发放问卷的方式不同而不同。问卷回收之后要审查问卷，分类整理、淘汰不合格问卷（不完整或不正确问卷）和进行编码、登记等。最后根据既定的分析维度对结果进行处理与分析。

四、对问卷调查法一些影响因素的分析

1. 影响问卷回收率的因素

问卷回收率的高低直接影响到教育科学调查研究结果的代表性、科学性和研究的经济效益。因此，在使用问卷调查进行研究时，应当控制影响问卷回收的各种因素，努力提高问卷的回收率。

影响问卷回收的因素主要有以下几个方面：首先问卷设计的科学性与合理性、课题的吸引力、前言和指导语的表述、问卷的内容、复杂程度、印刷质量等都会影响到问卷的回收；在调查的过程中被试是否配合工作，特别是调查的问题被试是否感兴趣或者是否特别敏感，都会影响被试的做题情绪；问卷的分发方式是否合适也会直接影响问卷的回收。一般以邮寄的方式进行调查回收率最低。

2. 影响问卷有效率的因素

一方面如果问卷设计时的指导语含糊不清，问卷的内容有偏差，问卷复杂、题目数量过多等都会影响被试的答题态度和真实回答；另一方面如果被试的态度积极，而且对于调查内容有一定的经验，研究者很容易得到一份满意的问卷，相反被试的心理状态不佳，回答问题的时候思想还有顾虑，肯定会影响回答的真实性。

因此在实际的教育科学研究中，要适当控制影响研究科学性的因素，不断改进问卷设计水平，严格控制研究过程。

五、对问卷调查的评价

1. 问卷调查的优点

第一，可以根据需要设计问卷题目，可做多因素、多层次、多水平分析，数据处理也比较方便。问卷统计分析只要利用简单的软件工具就可以完成，评分客观、解释便利、标准化程度比较高。

第二，用问卷调查收集资料，可不受人数限制。因此，抽样范围较广，一般来说，能在短时间内进行较大范围的团体测试。在经费方面，也比直接调查访问较为经济。

第三，被调查者有充分考虑的时间，不受别人干扰，自由地表达自己意见，匿名性强，回答真实，其结果更为可靠。

第四，由于问卷便于保存，因此存留时间长，容许反复核对和从容分析。

2. 问卷调查的缺点

第一，问卷调查造成结果不可靠的因素很多。比如问题的多少，问题设计的合理性，样本的选择，以及样本是否让被试感兴趣，都使问卷的灵活性不强，影响问卷结果的准确性和客观性。

第二，回收率、有效率难以保证。会因被试时间和空间等客观条件的不同及自身的情绪和身体健康等原因而影响其对问题答案的选择。

第三，无法双向沟通，深入性不够。有些事情非常复杂，不能用简单的问卷问答表现。有些被试不能按照自己的实际情况进行选择答案，主观性较强。

第五节　访　谈　法

一、访谈法的概念与特点

访谈法是研究者通过与研究对象进行口头交谈的方式来收集对方有关心理特征、观点看法和行为数据资料的一种研究方法。

1. 访谈与日常谈话的区别

前者是一种有特定目的和一定规则的研究性交谈，而后者是一种目的性比较弱（或者说目的主要是情感交流）、形式比较松散的谈话方式。两种交谈方式都有自己的交流规则，交谈双方一旦进入交谈关系，便会自动产生一种默契，不言而喻地遵守这些规则。

2. 访谈的特点

1）互动性

整个访谈过程是访谈者与被访谈者互相影响、互相作用的过程。访谈过程不仅是访谈者通过提问方式作用于被访谈者的过程，而且是被访谈者通过回答方式反作用于访谈者的过程。访谈中，访谈者掌握访谈过程的主动权，积极影响被访谈者，使其按照预定的访谈计划回答问题。

2）艺术性

访谈者和访谈对象都是有思想的、有感情的、活生生的人，在交往过程中，彼此建立起基本的信任和感情，并依据具体情况采取恰当的方式进行访谈，让被访谈者积极配合，坦率说出他们真实的想法，不仅需要访谈者认真做好访谈工作，而且要善于进行人际交往，掌握访谈技巧，有效控制整个访谈过程。

3）科学目的性

访谈是依据课题为了一定的目标而进行的。访谈进行的方方面面，例如访谈计划的编写、访谈问题的设计、访谈活动的记录等等都是按照一定的科学原则来进行的。

二、访谈法的类型

1. 根据访谈内容和过程分成一定的结构

（1）结构型访谈（封闭型）是一种有指导性的、正式的、事先决定了的问题项目和反应可能性的访谈形式。结构型访谈分为两种形式，一种是访问者按事先拟好的访问大纲，对所有被访者进行相同的询问，然后将被访者的回答，填到事先制好的表格中去。另一种是将问题与可能的答案印在问卷上，由被访问者自由选择答案。这种访谈方式便于进行统计分析，对于不同的访谈者做出的回答可以进行对比分析，但是很多问题难以进行深入探讨，不利于调动的彼此的积极性和主动性。

（2）非结构型访谈（开放型）是一种非指导性的、非正式的，自由提问和做出回答的访谈形式。这种方法是指事先不预定表格，也不按固定的问题顺序去问，自由的交谈，适合于探索性研究。这种访谈方式便于调动访谈者和被访谈者的积极性和主动性，利于适应被访谈者的特殊情况，利于拓宽和加深对问题的深入。但是，非结构型访谈不便于进行定量分析，对不同被访谈者的回答不能进行对比分析。

（3）半结构型访谈（半开放型）是运用较多的一种访谈形式，是在运用访谈提纲的基础上进行、事先列出所问的问题或交谈的话题，但访谈中没有一定的问题顺序。这种方法在访谈时比较方便，被访谈者易于合作。

2. 其他分类类型

根据正式程度，分为正规型和非正规型；根据接触方式，正规型又分为直接访谈和间接访谈；根据访谈的对象，分为一般访谈和特殊访谈；根据受访者的人数，分为个别访谈和集体访谈；根据访谈的次数，分为一次性访谈和多次性访谈。

三、访谈问题的设计

1. 问题的类型

在访谈设计中，访谈问题的形式主要有以下两种。一种是开放式问题，这种问题在内容上没有固定的答案，允许受访者依据自己的想法做出多种回答。其优点是有利于访谈对象表达自己的思想、情感、见解，有利于了解额外的信息，对于不明确的问题能够进行追问。但是统计结果的时候困难，带有很大的主观性。另一种是封闭式问题，要求访谈对象在事先确定的几个选择答案中选择一个自己认为最适合的答案。其优点是易于统计，能反映客观的结果。但是有时很难反映被访谈者的真实情况，缺少灵活性。

2. 问题的编制

访谈形式确定之后，问题编制成为最重要的一步。必须保证问题能够满足某一变量的要求，成为变量的度量指标之一。也就是说，所编制的访谈问题要围绕所要研究的主题而展开，每一个问题都能反映所要研究的主题。

编制问题的时候要清楚明确，不能有含糊、模棱两可的问题；文字表述要适合访谈对象的文化程度和知识经验水平，避免使用专业术语，应当采用那些对于访谈者来说是比较熟悉的，而对被访谈者来说是先前并没有经过考虑的；注意使每一具体提问都集中在一个单一的变量或问题上，而不要同时涉及若干不同的问题；提问时的措辞不能流露出自己的偏见，避免引导被访谈者的思路。

四、访谈法实施过程与技巧

（一）访谈前的准备工作

充分熟悉访谈问卷的内容，同时对访谈问卷所涉及的知识、背景材料都应当有充分的准备，带齐进行访谈所需要的有关材料，准备好一切可用的记录工具，如录音机、照相机、纸、笔等；选择好合适的访谈时间、地点；尽可能了解访谈对象，访谈前尽可能收集有关被访者的材料，对其经历、个性、地位、职业、专长、兴趣等有所了解；要分析被访者能否提供有价值的材料；要考虑如何取得被访者的信任和合作。对调查访问中可能会遇到的问题必须要有充分的心理准备。

（二）接近访谈对象

首先对访谈对象的称呼要准确，体现尊重的原则；自我介绍，介绍自己的身份，或找有关被访者的领导或邻居或其他可信赖的人做引荐。要求访问者要热情有礼貌，不失约，必要的寒暄，真挚的感谢，注意对方的身份、称谓，提问要得体。简单介绍访谈相关事宜（目的、意义、内容、时间、原因），并设法制造友好的气氛。

（三）进行访谈

1. 如果访谈被拒绝

由于各种原因，被访谈者可能会拒绝访谈。这样就必须有针对性地与被访谈者进行交流。例如，尽可能地提供关于自己身份方面的材料；提供对于访谈内容保密性质的保证，详细说明结果的处理方式等；介绍自己本研究的意义让对方了解。当然如果对方实在是由于时间比较少，或者言语沟通有障碍，应礼貌告退，由其他一些相似的被访谈者代替。

2. 访谈中要注意谈话与提问的技巧

要把握住方向及主题，能避免的题外话尽量避免。必须抓紧一切时间和机会随时记录。如果事先向被访问者说明，则明正言顺，当面记录，用录音或照相；如果没有事先说明，则应事后抓紧时间追记。时刻注意被访人的情绪变化，不要使访问为他的情绪所左右，不要用刺激情感的字眼；使用的言语越简单越好，题目不能过多，时间注意不能太长。访谈的问题一般通过调查提纲事先打招呼，但有时也必须突然发问，以免对方考虑过多而掩饰真相。

3. 如何听与做出反应

听的方式有三种，第一种是主观判断式的听，即访谈者把受访者的回答内容，按照自己的观念、价值观、思维习惯等去理解，用自己的观念体系理解对方的话，迅速做出自己的判断；第二种就是客观接受式的听，即访谈者尽量把自己的观念暂时存放起来，客观地接受被访者的话，尤其重视被访者自己使用的一些独特的概念，尽可能理解其真实的意义；第三种就是意义建构式的听，即访谈者在倾听的同时，积极地与对方对话，与对方共同建构事物、概念等的意义。

反应的方式主要是语言上的呼应和非言语的呼应，证明自己是在认真听。听的同时要对被访谈者的话进行重复、重组和总结；另一方面就是访谈者在因受访者的话而引起自己的共鸣的时候，适当地诉说自己的相关情况和自己的感受、体验；再者就是要给予适度的积极的评价。

4. 如何追问

访谈者就受访者交谈中出现的某些概念、事实、观点、疑问等做进一步询问，以达到深入了解的目的。特别是被访谈者对问题不理解，或者是对被访谈者的回答不知道是否正确时，或是为了鼓励对方继续说下去，以获得更多的信息时，需要访谈者对被访谈者依据具体情况进行追问。追问不仅可获得真实的信息，而且给对方专业化的印象。

5. 学会做访谈的记录

对于结构型访谈，只需根据受访者的回答，在问卷的相应位置做相应的标记；对于半结构型和无结构型访谈，则要求访谈者做较多的记录。这种记录可以用笔记，或者用录音机和采访机来记录声音。如果用笔记，要处理好听与写的关系，提高写字速度，访谈结束后要进行整理；如果使用录音机，需要事先做充分准备。另外，录音时要注意录音机摆放的位置。

（四）访谈结束

要用直接或者比较委婉的语气表示访谈将要结束，最重要的是要表示感谢，并为后续的联系做好交代。

如果是集体访谈，其受访者的选取要有一定的代表性，人数要适当（一般在5～10人）。访谈开始要互相介绍，了解彼此身份，说明调查的目的和主要话题以及访谈发言的一些规则，以便按照统一的规则进行。尽可能鼓励他们发言，了解各种不同的意见和看法，以便对问题产生多角度的认识。在结束访谈时，要表示感谢和发小纪念品。

（五）访问结果要进行整理与分析

首先注意资料是否按照原先的规定和要求收集，结构型调查项目有无遗漏。其次注意所收集到的资料是否能说明问题，有无所答非所问的现象。对于这一类资料，若不能补救，则应从材料中剔除。剔除后是否会造成取样偏差，对数字资料，其数字的应用是否符合要求等，都需要进行耐心细致地核实审查。然后再将无误的材料进行整理。

五、对访谈法的评价

访谈调查是调查的一种形式，有许多不同于其他调查形式的特点。

首先，它是研究者和被访者间的直接接触和相互作用。其次，访谈调查具有较好的灵活性。访谈是口头的、流动的语言，容易修改、解释或者提示、明确问题，提高回答的效度。研究者可以调整问题的多少，决定时间的延长或者缩短等。最后，由于访谈是口头语言的形式，所以它对于那些不适于用书面语言的对象来说，更为恰当和容易被接受。

访谈法的不足之处表现在访谈之前要做较多的准备工作，联系时间、确定地点等。对于访谈的内容，除非进行录音，很难完整地记录下来。访谈对访谈人的访谈素质要求较高，需要经过一定的训练才能较好地进行访谈。

第六节　评 价 研 究

一、评价研究概述

评价研究是依据明确的目标，按照一定的标准，采用科学的方法对评价对象的功能、品质和属性进行量化，并对量化的结果做出价值性判断的研究过程。

（一）评价的原则

评价在一定程度上反映了评价者主体的愿望和需要，是一种客观性与主体性统一的活动。为了实现教师教学行为自我评价的最高价值，我们减少自己评价的主观性、片面性，让其更真实，更有效。

1. 目的性原则

目的性原则是指通过评价内容和标准等的制定、评价过程的侧重、评价内容的肯定与否定等，有针对性地推动结果的有效提高。只有明确了评价的目的，才能制定出与之相匹配的评价标准、评价内容以及评价信息的收集方法等。

2. 客观性原则

客观性原则是指评价主体要以真实的资料为基础，对教育活动过程和成果做出客观的价值判断。只有坚持客观性原则才能实现评价的目的，发挥评价的作用。

3. 计划性原则

计划性原则是指教育评价活动的开展以及过程应根据教育活动的开展而有计划有序地进行。只有开展有组织的教育评价活动，在活动的全过程中给予有目的的反馈、整理，才能延续到下一个活动。

（二）评价研究的特征

（1）具有明确的目的和具体的目标。评价的目的主要是比较评等、达标衡量、发展比较，评价具体在条件、品质、效果、管理等目标上进行。

（2）以客观事实资料作为评价依据。因此评价研究是以收集资料为主要任务的，在教学评价中，对于教学活动中教学过程、教学结果等的客观地观察和描述是评价研究的主要内容。

（3）必须对客观事实资料进行量化。在方法上，则是以定性评价为主；但是在具体的评价过程中，凡是能实现科学量化的指标，都应该用定量的方法去评价。定量评价对于划分等级、排队鉴定来说，具有可比性强的优点。量化一般为两次量化，一次量化是资料收集的过程，二次量化则是评等判断的过程。

（4）必须对量化的结果做出价值性的判断。

（三）评价的基本类型

1. 形成性评价

形成性评价是通过诊断教育方案或计划、教育过程与活动中存在的问题，为正在进行的教育活动反馈信息，以提高实践中正在进行的教育活动的质量的评价。旨在为改进活动而了解活动的得失，使计划及时得到修正，不断充实和完善，更符合实际需要，使实施过程少走偏路、弯路，保证实施质量。

2. 总结性评价

总结性评价是指在教育活动发生之后所做的关于教育效果的判断。一般它与评等鉴定，做出关于受教育者和教育者的决策，做出教育资源分配的决策相联系。

（四）评价研究的构成要素

评价研究活动中有三个要素，一是实施评价的评价主体，二是作为评价对象的评价客体，三是评价活动中所使用的评价工具——评价指标体系。评价工具是联系主体与客体的桥梁，一方面要反映评价客体的本质属性，另一方面又要体现主体对评价对象的需要或要求。评价工具只有体现被评对象的本质，才能对评价对象进行有效地测量。评价工具只有表达出主体对客体的价值需求，才有可能达到评价的目的。

二、评价研究的基本程序

（一）建立评价指标体系

评价指标体系是研究者建立的，反映评价目标的各要素之间关系及其重要程度的量化系统。这是由一系列反映被评对象目标的、相互联系的指标构成的有机整体。它反映被评对象在实现目标的过程中各个方面的相互依存关系，是评价工作的出发点和依据。在评价活动中，通常根据评价对象的目的，按类别、逐层次地建立一系列评价指标，用以系统地、客观地反映被评对象的全貌。建立评价指标体系应遵循方向性、可行性、独立性、整体完备性、可比性和简易性等原则。

一个完整的评价指标体系应由这些元素构成：指标、标准、量表和指标权重。

1. 指标项的形成

评价指标是评价对象本质属性与特征的具体反映，是对评价的各个维度的界定。

评价指标必须与目标相一致，可以通过分解目标的方式来形成指标体系。这是建立指标体系的基本途径。对于复杂的系统，还可以在目标与指标之间设置若干中间过渡环节。中间环节通常称之为次级目标。因此，我们可以把目标分解为三个基本层次，即总体指标（一级指标）、结构指标（二级指标）、单项指标（三级指标）。其中，一级指标表示测评对象的总体特征，二级指标反映一级指标的具体特征，三级指标说明二级指标的具体内容。简图如下：

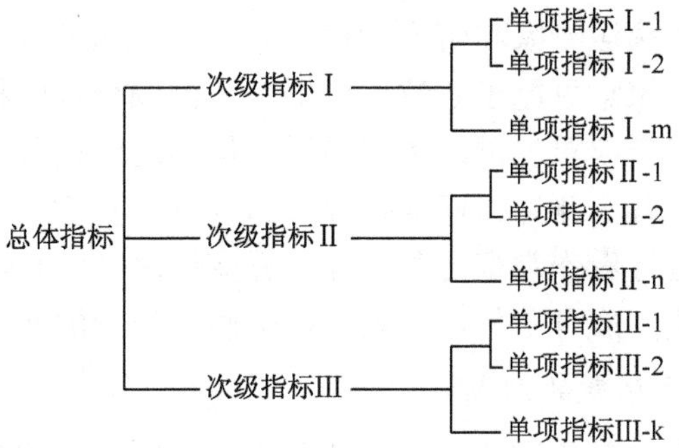

2. 评价标准的确立

标准是衡量事物的准则。具体来说就是等级划分（判断）的依据。评价标准是对评价对象各个评价维度的定性或定量的要求，是被评事物属性的质的临界点以及它们在质变过程中量的规定，是衡量评价客体价值的准则。

评价标准的类型一般分为规范标准（比较标准）、理想标准（优化标准）和个体标准（特色标准）3 种。规范标准多用于个体与个体、群体与群体之间的比较；理想标准多用于个体或群体已具备的能力水平与应达到的能力水平之间的比较；而个体标准则多用于某个人在不同时期、不同状态下有关指标间的比较。

制订评价标准的基本要求是：能较准确和有效地反映出测量对象的实际水平；评价指标必须客观，要能进行定量描述；对测量对象之间的差异能敏感地加以反映和区分；应有利于进行长期的“动态观察”并要有一定的连续性，以便积累资料进行有关的科学研究；评价方法的设计和评价标准的制订应具有科学性和可行性，即要科学合理、简便易行。

3. 指标权重的确定

所谓权重，就是指组成事物的要素在整体中的地位和重要程度。指标权重是标明各个评价指标在指标体系中重要性的数值，当需要对评价对象做出综合的数量化评定时，权重系数是不可缺少的。

（1）加权的类型有 3 种基本形式：纵向加权、横向加权和综合加权。

纵向加权即对不同的测评指标给予不同的权数值。纵向加权的目的是使不同的测评指标的得分可以进行纵向比较，或者说使各测评指标的分数计量单位相等。

横向加权即给每个指标分配不同等级分数。其目的是使不同的测评客体在同一测评指标上的得分可以相互比较。

综合加权即纵向加权与横向加权同时进行。其目的是使不同的测评客体在不同的测评指标中的得分可以相互比较。

（2）加权的方法

专家咨询法　由领域专家和研究者商定，经过反复填写对权重设立的意见，不断反馈信息以期专家意见趋于一致，得出一个比较合理的权重分配方案。

多元分析法　确定权重也可以利用多元分析中的因素分析、主成分分析以及多元回归分析来计算各个测评指标的权数。因素分析与主成分分析一般是首先把同一级的各个测评指标看作观察变量，并计算变量之间的相关系数，然后通过计算机进行因素分析或主成分分析，以确定各个测评指标的权重。

4. 评价指标体系总表的形成

对多元价值取向的对象进行评价，就需要花一定的时间先进行价值标准的研究，确立一个符合评价宗旨的价值标准。评价的价值标准一旦确立以后，还需要对它们进行分解、细化，使之便于操作、实施和检查，形成最后能被使用的指标体系。

一个完整的评价指标体系总表包括以下要素：指标项、评判标准、权重、评判等级、评判得分、资料的收集（一次量化）、资料的鉴别、价值性判断（二次量化）、评价结果的综述。

（二）根据评价指标体系，利用各种方法收集资料

要进行信息收集研究，就需要提出一种既符合评价对象实际，又便于评价者操作实施的办法。评价信息一般可以分为定量与定性两种。定量信息是指有现成数据可以备查，或者有测量工具可以检测的信息。如学校的固定资产、学生基本情况、学业成绩、教师的年龄和学历组成等。收集定量信息的关键是测量工具的制定要客观、正确。定性信息是指用文字、现代音像技术等手段记录的信息。教育中的许多事物无法用数据表示，因此教育评价中定性信息的收集是必需的。收集定性信息的主要办法是资料查询、文献研究、问卷调查、实验结构化观察、实地考察、座谈、随访、现场考察、实录等，定性信息的结果可以是原始记录，也可以转化成评定量表和等级。

（三）等级划分与评判得分

将评价的结果由分值转换成等级，以等级的标准为基准，此外还有名次、百分位数等具体等级。

评判得分有两种方法，一为个别式评判，即计算个人评价的指标项得分及得分率；二为集体式评判，即计算全体评价的指标项得分及得分率。

（四）评价结果的综述

1. 结论的表述

结论部分展示与每一个假设或问题相关的数据分析。一般结论以文字的形式呈现，通常还附带有表格或图示。表格通常用于展示量化数据，说明统计分析；图示用于说明或澄清发现，具体包括直线图、图表、图片等。其中表格和图片更有助于澄清对发现或结果的描述，简明的表格形式能清楚地展示研究信息。

2. 评价结果的合理解释

合理解释评价结果是整个评价过程中十分重要的环节，直接关系到评价工作的水平和科学化程度。评价结果的合理解释有多种方法，有定性的、定量的和定性定量结合的三种解释方法。评价的结果以定性分析为主，不仅要描述评价对象的现状，而且要分析导致这一状况的原因。不但要肯定评价对象的成绩，还要指出存在的问题，在原因分析的基础上提出改进的意见和措施。

相对评价是指以被评对象全体的一般水平或标准样组的一般水平为参照点解释被评对象水平的高低。对相对评价结果进行定量解释时，一般将原始分数转换到由相对标准建立起来的量表中。教育评价中常用的转换方法有标准分数和百分等级。

绝对评价是以被评对象外部的某种目标为标准解释被评对象水平的高低。绝对评价标准的确定主要需解决两个问题：一是目标的确定及分解；二是合理的“合格”或“达标”界线的确定。绝对评价结果的解释方法有多种，比较常用的有正确百分数、合格分数和等级分数等。

个体内差异评价是一种强调个别指导的个性化评价。个体内差异评价的标准，主要是参照该个体以往的水平，看其进步与否及其变化的幅度。在解释个体内差异评价结果的时候，不仅要与个体自身比较，还要与客观标准及所在群体的一般水平相比较。

3. 评价结果的意义

评价的根本目的在于确定一个好的评价标准，发挥评价的导向、激励、改进功能。获得评价结论并不是评价工作的结束，更重要的是合理反馈。通过评价结果的合理反馈对评价结果进行认定，同时要让评价对象明白为什么会有这样的结果，以此来指导工作。

第七节　行动研究

一、行动研究的内涵

“行动研究”起源于美国，由教育学家库尔勒·勒温首创。行动研究并不是一种独立的研究方法，而是一种教育研究活动，是一种教师和教育管理人员密切结合本职工作、综合运用各种有效的研究方法，是以直接推动教育工作的改进为目的的教育研究活动。

（一）行动研究的概念

库尔勒·勒温认为，行动研究是将科学研究者与实际工作者之智慧与能力结合起来以解决某一事实的一种方法；

约翰·埃里奥特认为行动研究是对社会情境包括教育情境的研究，是从改善社会情境中行动质量的角度来进行研究的一种研究取向；

凯米斯认为行动研究是由社会情境包括教育情境的参加者实施，为提高对所从事的社会或教育实践的理性认识，为加深对实践及其依赖的背景的理解而进行的反思研究。

行动研究综合性的定义是指自然、真实的教育环境中，教育实际工作者按照一定的操作程序，综合运用多种研究方法与技术，以解决教育实际问题为首要目标的一种研究模式。还有一种看法认为行动研究是指教师在教育教学实践中基于实际问题解决的需要，与专家合作，将问题发展成研究主题进行系统的研究，以解决问题为目的的一种研究方法。谌业锋将行动研究法定义为将纯粹的教育科研实验与准实验科研实验结合起来，将教育科研的人文学科的特点与自然科学的实验的特点结合起来，用教育科学的理论、方法、技术去审视、指导教育教学实践，将教育教学经验上升到理论的高度，但依托自身的教育教学实践。

（二）行动研究的意义

在目的上，行动研究意在帮助实践工作者省察自己的教育理论与日复一日的教育实践之间的联系；将研究行动整合进教育背景，以便研究能在实践的改善中起直接而迅捷的作用；并且通过帮助实践工作者成为研究者，克服研究者和实践工作者之间的距离。

既然行动研究是针对教育教学问题情境而进行的，是从实际中来又回到实际中去的，因此它适用于教育教学实际问题（而不是理论问题）的研究，以及小规模的、微观的（而不是宏观的）实际研究。在学校教育教学领域，行动研究的适用范围较广。如学校课程改革的具体问题研究，各类教育教学改革实验，课堂教学问题研究，教学方式的革新，教学策略构建，教学效率提高的研究，师生互动关系的研究，师生教学态度、动机及价值观的研究等。

二、行动研究的类型

行动研究大体上有两种：一是独立进行的行动研究，二是联合性的行动研究。行动研究分为 3 个层次：单个教师的行动研究，协作性的行动研究（理论工作者与教师的协作），学校范围内的联合行动研究。

三、行动研究的基本特征

因为行动研究存在着众多的理论背景，因此要为“行动研究”作一个明确的界定很困难。行动研究无论是在实践上还是在理论上，都已经形成了一个庞大的“家族”，很难用一个定义把这个“家族”中各个成员的具体兴趣、范围与途径都概括出来。不过它们在一些特征上还是一致的。

我们可以从以下 3 个方面来理解行动研究的基本特征。

（1）为行动而研究，暗含着行动研究是“以实践为中心的”。“教育研究”的宗旨是为了获取“真理”，这种宗旨就是关于教育真理的知识能够通过教育实践工作者很好地再现于教育实践之中。而教育者研究概括出来的理论知识并不能直接地驱使社会实践，必须在某一情境中，参与者能够对自己的情境有真正的理解，并做出明智而谨慎的决定。行动研究中，实践者不但直接参与了研究过程，而且在这个过程中，他是“科学共同体”中平等的一员，而不是某种“权威”教诲的聆听者。行动研究的根本宗旨不仅仅是为了理论上的产出，而且还是为了实践本身的改进，所以“为行动而研究”的特点要求行动研究是一个不间断的螺旋、循环的过程。

（2）对行动的研究，表明行动研究是一种“以问题为中心”的研究形式，问题的发现与界定都是研究的起点。因为特定环境中的实践者所面临的问题总是特定的，所以行动研究中作为研究对象的样本往往也是特定的，而不必具有普遍的代表性。这个特点也决定了行动研究应该是有弹性的，而不是僵硬地遵循某一个严格的程序。它不但要求参与研究的教师掌握一定的研究技能，更重要的是要求教师有对实践问题的敏感能力、有适时调整研究方法或侧重点的应变能力。

（3）在行动中研究，行动研究的环境就是教师工作的实际环境，从事研究的人员就是将要应用研究结果的人，研究结果的应用者也就是研究结果的产出者。这双重身份整合在同一主体的身上，使得行动研究过程实际上成为教师的一个“学习过程”。“行动研究是学习的一种途径”，教师在行动研究过程中通过不间断地对自己的教学行为直接或间接地观察与反思，通过与专业研究人员或其他合作者交流，不断地加深对自己、对实践的理解，并在这种理解的基础上提高自己。这样，行动研究就成为“人的发展”的一个过程。

四、行动研究的基本过程

尽管行动研究的不同理论背景使得行动研究有了许多模式，每一种模式由于理论上的假设不同，关注的问题也不一样，在实施行动研究的具体步骤上也有一些差异。但在基本的操作过程方面，行动研究基本上遵循了勒温确立的一些基本思想。这些思想包括：行动研究的起点应该是对问题的“勘察”——界定与分析；行动研究应该包含对计划及其实施情况的评价，并在这种评价的基础上加以改进；从总体上，行动研究的进程是一个螺旋、循环的过程。

（一）计划

“计划”阶段主要完成的工作是：明确问题，分析问题，制定计划。

在教育教学实践中，总会遇到一些需要解决的问题或难题。比如，班上的学生对学习某门课的积极性可能不高，某种教学方法可能对某个班的学生不能产生预想的效果，想知道某种新的教学方法在这个班上应用会有什么样的效果等。要解决这些问题，首先要对问题本身进行确认，要尽可能地明确这个问题的种类、范围、性质、形成过程及可能影响。比如说：我们遇到的是什么问题？产生问题是普遍的，还是特殊的？产生问题的原因可能有哪些？这个问题的存在对课堂教学的效果有什么可能的影响，会不会严重影响到教学的效率？或者改进之后能否比较明显地提高教学效果等。

对问题做了界定与分析之后，就要考虑如何解决这一问题，提出一个总体的计划。总体计划一般应该包含以下一些内容：

1. 计划实施后预期达到的目标

目标的陈述要尽量可见可行，从小做起。比如，要提高学生对学习某门学科的兴趣，应对“学习兴趣”这样一个比较模糊的概念进行更详细的分析，分解为一些可操作、可监测的目标，如注意持续时间、课堂参与程度、提出疑难的数量、课后自学时间等。

2. 对课堂教学试图改变的因素

比如，为了提高学生对某门学科的兴趣，在充分分析问题形成原因与过程的基础上，可能考虑到改变教学内容的呈现形式，或者考虑到要改变教师的语言风格。一般而言，为了便于分析研究结果，一次改变的因素不宜太多。

3. 行动的步骤与时间安排

行动的步骤设计是行动研究中非常重要的一个环节，为能适应没有预料到的效果和未曾认识到的制约因素，行动研究的总计划需是足够灵活的，具有暂时性和尝试性。因此在研究的进程及采取行动的时间安排上也要反映出这个特点。

4. 本研究涉及的人

教学小而言之存在于整个学校生活中，大而言之存在于整个社会生活中，行动研究不可避免地要涉及一些可能与本研究有密切关系的人。行动研究计划应该考虑到如何处理与这些人的关系，如何与他们进行交流以获得必要的信息，如何尽量减少他们可能对本研究造成的不良影响，以及如何使他们配合本研究的正常进行。

（二）实施

实施阶段主要包括两个方面：行动及对行动的观察。

1. 把计划付诸行动是行动研究的核心步骤

行动研究的根本目的就是要解决实践中的问题，改善实践的质量。行动研究中的行动具有更大的情境性和实践性，它是在不脱离正常教学秩序的前提下进行的。因此，在行动研究的实施阶段，按计划行动需要注意到这样一个问题：由于教学实践受到诸多现实因素的影响，因而一方面教师应当尽量严格地按照原定的计划进行实践；而另一方面，教师也应当充分考虑到现实因素的变化，能够保证行动研究的计划在实施过程中具有适当的弹性，可以根据实际情况做出必要的调整。为了保证研究结果分析的客观性，对计划的调整应当做记录，并说明调整的缘由：如果在实施计划的过程中发现原先制定计划时对现实条件的分析不充分甚至有误，最好重新修订计划，以保证整个研究过程能够有序地进行，并使研究的出发点与结果尽量一致。

2. 对行动的观察

在实施计划的过程中，另一个重要的任务是对行动情况进行观察和记录，收集有关资料，以便及时地对计划实施情况有一个大致的了解，并最终对本研究的过程和结果做出比较全面、深透的分析。根据教学的现实条件，除了必不可少的文献调查外，经常用到的收集资料的方法还有：

1）观察

具体而言，教师可以邀请自己的同事或者相关领域的专业研究者到自己的课堂中来，对课堂教学情况进行观察和记录。一方面因为大家有比较共同的经验基础和兴趣点，可能更容易发现问题；另一方面也易于促进交流与合作。而且由非当事人观察也比较客观。这种观察方法可能存在的不良效果是，另外一个观察者在课堂中的出现可能会影响课堂气氛和学生的心理定向。教师也可以委托一个或几个学生，请他们对课堂教学情况进行观察和记录。这样的观察与记录相对上一种方法可以减少课堂教学受到的干扰，但是由于学生对课堂教学情况的理解可能与教师有很大不同，记录的结果可能会出现偏差。而且请学生记录课堂教学情况，也会影响这部分学生的课堂学习。教师当然也可以自己进行观察，但有必要提醒的是，教师自己的观察要尽量保持客观，不要让先入之见的主观愿望左右了观察结果。最好几种观察方法同时进行、相互参照，效果会更好。如果能够对课堂教学情况进行录音、录像，对行动研究的资料收集、结果分析将有很好的帮助。

2）访谈与问卷

访谈是了解课堂教学的重要手段，通过这种方法能够获得对于课堂教学问题的背景、成因、过程及影响的比较深刻的理解，但是获得的资料可能无法进行严格的统计分析。访谈的对象视不同的问题可能包括一般社会人士、有关专家、学生家长、学校领导、同事、学生。为了获得比较充分的材料，在正式访谈以前拟定一个访谈提纲是必要的。可以在正式访谈之前，先选定一两个对象进行实验性访谈，待访谈结束以后，根据访谈情况修订访谈提纲，然后再进行比较大面积的访谈。因为行动研究的过程总在某个幅度之内发生着弹性变化，访谈的主题、对象、人数等可能会根据实际情况有一些变化。问卷是获得比较客观的、数量化的材料的重要手段，在行动研究中运用问卷调查是很必要的。

3）个人资料收集与记录

收集与记录个人资料也是获得对课堂教学之理解的重要方法。个人资料主要有两大类：学生的个人资料和教师本人的个人资料。学生的个人资料可能包括学生的家庭背景、简历、以往成绩表现、兴趣爱好、个性特点等，视不同的问题，可能会设立新的内容项目。

4）教师自己的个人资料也是行动研究的重要材料

教师有意识地记录自己从事教学工作的所见、所闻、所感，并适时地分析和总结这些材料，往往能够获得对于自己实践的比较全面的认识。因此，教师在从事行动研究的过程中要记录和积累自己的“教历”。主要内容可以包括：自己对某堂课或某个单元的设计，实施的情况，自己对实际教学过程中出现的一些问题的观察与分析，通过分析提出的可能的解决方案，这些方案在下一堂课或几堂课中的实施情况等。

（三）反思

行动研究的具体展开尽管可能在实践中表现出不同的形式，但是这些具体展开过程是不是可靠，却是每一个从事行动研究的教师都应该考虑的问题。“反思”的主要任务是在经过一段时间的实验，收集了相关数据之后，对原先的“分析”、“计划”和“实施”进行必要的调整。调整需要建立在对行动研究的评价的基础上。对行动研究的评价大致可以从以下 7 个方面进行：

（1）问题界定是否明确？行动研究起点是教师在实践情境中遇到的问题。因此，关于这个问题的种类、范围、性质、形成过程及可能影响，必须予以明确界定。

（2）行动的操作定义是否清楚？尽管行动研究与传统上的教育研究相比，具有更大的情境性。但是与研究有关的重要概念，必须要清楚地赋予操作性的定义，把概念的含义清楚地用可操作的行为表示出来，从而尽量减少主观臆断给研究带来的不良影响。

（3）研究计划是否周详？计划要考虑各方面的因素，详细制定实施步骤，按部就班地予以完成。这一方面为计划实施后的总结与反思提供方便，另一方面也增强了整个研究过程的可控性，减少了随意性。

（4）研究者是否按计划执行？有了周详的计划，接下来就要检查研究者是否按计划进行研究。一般来讲，计划一旦确定，就需要按部就班地予以实施。如果因为对现实的估计不足需要变动，要把这些变动作为对计划的修订，而不能随意进行变化，以免影响对结果的分析。

（5）资料收集与记录是否详尽无误？因为行动研究一般规模不大且情境性很强，资料收集和记录要尽可能详尽无误，只有这样才能为解决问题提供有效的参考。行动研究以解决问题为出发点，修改甚至假造证据是没有必要的。

（6）研究的信度与效度如何？行动研究所收集的资料，不但要尽量准确无误，而且必须与研究目的有关，否则将影响研究的“效度”。另一方面，如果研究涉及数次测量，测量的结果应该有很高的一致性，否则研究的“信度”就值得怀疑。行动研究虽然是针对实践中的情境性问题的，但不能因为这一特点而忽视研究所必要的信度与效度，不能想当然地对待研究结果。

（7）资料的分析与解释是否慎重恰当？行动研究所获得的资料，多是与某个特殊情境问题有关的资料，因此对于这些资料的分析和解释应该十分慎重。特别应该注意不要轻率地做出推论，应当力求现实地、恰当地分析与解释。

我国的教育研究工作中还存在着这样一些已出现或潜在的问题，行动研究无论对于我国教师的研究工作本身，还是对于我国教育实践和教育理论的发展，都是很有价值的。

在教育事业蓬勃发展的今天，培养科研型教师成为当前最热门的话题。在推动和促进教师开展教育科学研究的过程中，不断探索新的教育发展规律，适应新形势下的教育，才能不断深化教育改革，为实施素质教育提供科学依据和条件。同时教师参与到教育科学研究中去，可以提高自身的理论水平、科学素养、业务能力，从而提高教师的科研水平，建设一支高质量的教师队伍。把教师的科研成果加以推广，可以丰富教育科学理论，以此来发展教育科研事业。

参考文献

董奇. 2004. 心理与教育研究方法. 北京：北京师范大学出版社

刘电芝. 1997. 教育与心理研究方法. 重庆：西南师范大学出版社

朴学涛. 2001. 教育科学研究方法基础. 北京：当代世界出版社

裴娣那. 1995. 教育研究方法导论. 合肥：安徽教育出版社

杨丽珠. 1996. 教育科学研究方法. 大连：辽宁师范大学出版社

袁振国. 2000. 教育科学研究方法. 北京：高等教育出版社

cyf. scxxt. com. cn/jzhd2. ppt. 谌业锋. 行动研究法. 四川省凉山州教育科学研究所

http://www. jsjjx. com/200602/wjdz. doc. 问卷的编制及问卷调查. 科研方法系列讲座之二

http://www. mwjy. com/jyyzy/ltc/jiaoyuyanjiufangfa/yibanlunwen/xingdongyanjiu. htm. 第十四章 行动研究

http://www. hz4z. net/jyzx/%C2%DB%CE%C4%BF%E2/course/000291. htm. 丁朝蓬. 教材评价指标体系的建立

http://www. cnzx. info/oldweb/bykj/yjff/sub-cont/chapter_11/dierjie. htm. 评价指标体系的设计

http://www. lstvu. net. cn/news/xzgl/20040618shdcfd1. doc. hanyufen. 社会调查与统计——绪论

http://219. 136. 187. 225/itehome/jxyj/2005_6_23/wenzhang/8. ppt. 评价研究方法

http://media. open. edu. cn/media_file/rm/ip3/kanjw/2004_10_25/jypj/jypj05/html/01. html. 教育评价结果的解释与利用

http://www. shufe. edu. cn/tjx/html/tongyanhui/Download/shanghai/中研院调查课程/讲义三——问卷设计-1m. doc

http://www. dz528. com/wlzy/jiaoy/200605/970. html. 开题报告的撰写方法

www. ahtvu. ah. cn/jxcl/zhykch/2009/jxfd1. htm. 《教育研究方法》教学辅导

www. hrdw. com/Voffice/ceping/biaozhun_2. asp. 人才测评标准体系建构步骤

第七章　数据处理

科研、市场调查、医药、卫生等工作者通过大量的工作得到的数据到底能说明什么问题？仅仅通过数据的简单罗列和描述只能看出比较明显的和表观上的变化规律，而且要使用大量的语言文字才能说明。将复杂的数据转化为简单的语言，揭示数据背后所隐藏的规律，必须借助于一定的方法，即要用一定的方法对采集的数据进行处理。所谓的数据处理也就是数理统计，数理统计是研究数据统计工作的一般原理和方法，主要包括数据的收集、整理和分析，并根据分析结果对研究对象进行科学推断。数据处理的主要内容主要有描述性统计（平均值、方差、标准方差、最大值、最小值等）、假设检验（t 检验、F 检验和 χ^2 检验）和变量间关系（相关和回归）等。数据处理的根本任务是科学地整理、分析所收集得来的资料，进而揭示出隐藏在其内部的规律。数据处理的基本作用在于科学地整理分析数据，判断实验结果是否可靠，确定事物之间的相互关系，提供科学的试验设计原则。

第一节　基本概念

关于数据统计中常用的名词在这里只作简要解释。

一、总体与样本

根据研究目的确定的研究对象的全体称为总体（population），总体的一部分称为样本（sample），总体中的每个研究单位称为个体（individual）。如要了解盐节木种子的萌发率，取出其中的一部分进行研究；要了解某地区一个年级学生的学习成绩，从中抽出一部分学生的学习成绩进行研究。这里的一个年级的学生成绩和全部种子萌发率就是总体，抽取的部分就是样本，每个学生成绩和每粒种子为个体。总体中包含有限个体的总体称为有限总体；包含有无限多个个体的总体叫无限总体。总体和样本只是相对而言，总体有时候可能是样本，样本有时候可能会成为总体，视研究范围的大小而定。样本中所包含的个体数目叫样本容量或大小（sample size），样本容量常记为 n。通常把 $n \leqslant 30$ 的样本叫小样本，$n > 30$的样本叫大样本。

二、抽样

在科学研究中，要想对研究对象总体进行全面研究，无论是物力上还是人力上都难以达到。抽样调查是根据样本调查结果来推断总体的一种统计调查方法，属于非全面调查的范畴。它是按照科学的原理进行设计，从总体中抽取具有代表性、适当数量的样本来进行调查、观察。用所得到的样本来推断总体。既可以反映总体的基本状况，又可省时省力。

既然是抽样调查，调查结果出现误差和结果与总体之间出现偏离就在所难免。通常抽样调查产生的误差有两种：一种是试验结果与真实结果之间的差异造成的随机误差（抽样误差），另一种是选取样本带有倾向性产生的系统误差。但是在调查过程中只要遵循随机取样原则，根据调查误差范围要求确定样本数量（一般不小于31个，也有25个），控制误差范围，结果就会比较准确。

三、数据类型

在调查或试验中，根据数据性质的不同，一般可将数据分为数量性状资料和质量性状资料。

数量性状（quantitative character）是指能够以量测或计数的方式表示其特征的性状。与某种标准做比较所得的数据为连续型数据，这类数据一般要通过测量工具进行测定，一般不会出现整数，并且其准确性随测量工具精确性的提高不断提高。由记录不同类别个体的数目所得到的数据为离散型数据，这些数据一般为整数，精确性不会进一步提高。由于连续型数据和离散型数据存在差异，因而计算概率及其分布的方法上存在很大的差异。

质量性状（qualitative character）是指能观察到而不能直接测量的性状，如颜色、性别、状态、职称、评价等。这类性状本身不能直接用数值表示，需对其观察结果做数量化处理——赋值处理。

四、显著性检验

事先对总体的参数或总体分布形式做出一个假设，然后利用样本信息来判断这个假设是否合理，即判断总体的真实情况与原假设是否有显著差异。如果样本证据表明总体的真实情况与原假设之间的差异是真实存在的（小概率事件发生），就说这种差异在统计学上是显著的。

五、单尾和双尾检验

两者都是用来检验两总体关系的。

单尾检验用于检验方向性的研究假设，通常假设检验的目的是两总体参数谁大谁小。如要比较经常参加体育锻炼的中学男生的心率是否低于一般中学男生的心率，就属于单尾检验，不仅可判断差异，还可比较大小。双尾检验用于检验无方向性的研究假设，通常假设检验的目的是两总体参数是否相等。如要比较经常参加体育锻炼的中学男生的心率和一般中学男生的心率是否存在差异，就属于双尾检验，只能判断两者间是否有差异。

六、显著性水平

在假设检验中，当样本容量给定时，我们对产生误差的概率加以控制，使它小于或等于事先给定的水平，称此水平为显著性水平。由计算出检验统计量的观察值截取得该统计量概率密度曲线的尾部面积决定的。检验的结果是接受零假设还是接受备择假设与检验的显著性水平（2）有关。如果 α 取的很小，则拒绝域也会较小，对零假设的“保护”程度越大，其产生的后果是零假设难以被拒绝；反之，α 值越大，对零假设的“保护”程度越小，其产生的后果是零假设容易被拒绝。如对某一个人的出生日期进行估计，出生在 1982 年的概率为 90%，α 为 0.10，而出生在 1985～1990 年的概率为 99%，α 为 0.01，随事件发生范围的扩大，事件发生的概率随之也增大，但显著水平却减小。一般说来，应“保护”零假设，不能轻易否定。所以根据实际问题的需要，一般控制的值不宜过大，通常取 $\alpha=0.05$ 或 0.01。

七、准确性和精确性

准确性（accuracy）也叫准确度，指在调查或试验中某一试验指标或性状的观测值与其真值接近的程度。设某一试验指标或性状的真值为 μ，观测值为 x，若 x 与 μ 相差的绝对值 $|x-\mu|$ 小，则观测值 x 的准确性高；反之则低。

精确性（precision）也叫精确度，指调查或试验中同一试验指标或性状的重复观测值彼此接近的程度。若观测值彼此接近，即任意二个观测值 x_i、x_j 相差的绝对值 $|x_i-x_j|$ 小，则观测值精确性高；反之则低。调查或试验的准确性、精确性合称为正确性。

第二节　数据处理原理及方法

一、数据集中程度

1. 平均数（mean）

平均数用来表明资料中各观测值相对集中的位置。

$$\bar{x}=\frac{x_1+x_2+\cdots+x_n}{n}=\frac{\sum_{i=1}^{n}x_i}{n}\qquad (x_1, x_2, \cdots, x_n; n \text{ 为样本容量})$$

平均数只能反映数据的集中状况，对于数据的其他特征没有任何显示。

2. 中位数（media）

将同一性质资料内所有观测值从小到大依次排列，位于中间的那个观测值称为中位数，记为 M_d。当观测值的个数是奇数时，则以中间观测值作为中位数。当观测值的个数是偶数时，则以中间两个观测值的平均数作为中位数。中位数和平均数一样，只能反映数据的中点位置，对于数据的其他特征没有任何显示。

3. 众数（mode）

将同一性质资料内出现次数最多的那个观测值或出现次数最多的组的组中值称为众数，记为 M_o。众数主要用来描述频数分布，数据处理中很少用到。

二、数据分散程度

1. 全距（range）

全距又称极差，记为 R，是样本数据资料中最大值与最小值之差。如果数据间相差很小，全距可以很好的反映数据的分散性，如果数据间相差太大，尤其有奇异值出现时，全距就不能很好的反映数据的整体特征。

2. 平均差（average difference）

平均差，也称平均离差，是一个样本中各变数与其平均数的离差的绝对值之和除以样本容量所得的商。

$$AD = \frac{\sum_{i=1}^{n} |x_i - \overline{x}|}{n} \qquad (x_1、x_2、\cdots、x_n, n \text{ 为样本容量})$$

该指标的优点在于不易受极端数值的影响，还能综合反映全部单位标志值间的实际差异程度。缺点在于用绝对值的形式消除各标志值与算术平均数离差的正负值问题，不便于做数据处理和参与统计分析运算。

3. 样本方差（sample variance）和总体方差

方差是各个变数的离均差（样本观测值与平均数之差）的平方和除以自由度所得的商，方差反映个体测量值与平均值的偏差程度，用 σ^2（总体）和 s^2（样本）表示。

$$s^2 = \frac{\sum_{i=1}^{n} (x_i - \overline{x})^2}{n-1} \qquad (x_1, x_2, \cdots, x_n; n \text{ 为样本容量}; n-1 \text{ 为样本自由度})$$

按照统计学理论，当样本平均数确定后，能够变动的个体数只有 $n-1$ 个，当 $n-1$ 个个体确定后，最后一个也就确定下来，这对于小样本是非常重要的，但对于大样本，被 n 和 $n-1$ 平均后差别不大，可以用 n 代替 $n-1$。

该参数虽然在实际应用中最广泛，但由于其所用的单位是原单位的平方，所以还不能直接反映出某个数与平均值的偏离程度。用标准方差即可解决此问题。

4. 标准方差（standard variance）

标准方差是指各个变数的离均差的平方和除以样本自由度所得商的平方根，

用 s 表示。数据分布离平均值越近，标准方差越小；数据分布离平均值越远，标准方差越大。

$$s=\sqrt{\frac{\sum_{i=1}^{n}(x_i-\bar{x})^2}{n-1}}\qquad (x_1,x_2,\cdots,x_n;n\text{ 为样本容量};n-1\text{ 为样本自由度})$$

在衡量数据离散程度的方法中，用标准方差方法最可靠。但在样本容量较小（小于 5），且变异程度不大时，用全距方法即可，用标准方差就太复杂了。

5. 变异系数（coefficient of variability）

样本标准差与平均数的比值称为变异系数，记为

$$CV=\frac{s}{\bar{x}}\qquad (s\text{ 为样本标准方差},\bar{x}\text{ 为样本平均数})$$

该指标主要用于分析不同平均水平和不同计量单位的数据组之间的变异程度，如不同小麦品种的产量。在标准方差相近而平均数不同，或平均值相近而标准方差相差很大，或者平均值、标准方差分别都差异很大的情况下，不能用前述变异指标来比较其变异程度，可用变异系数消除平均水平高低和计量单位不同的影响。

6. 标准误（standard error）

标准误（SE）是指样本均数的抽样误差。在实际工作中，采用随机抽样的方法，取得所需要的样本指标与总体指标之间存在的差别，称为抽样误差，其大小通常用均数的标准误来表示。标准误（SE）的大小与标准差（S）成正比，而与样本含量（n）的平方根成反比。即，

$$\text{标准误 } SE=\frac{S}{\sqrt{n}}$$

由于两者间存在抽样误差，且不同的样本可能得到不同的估计值，因此，常用“区间估计”的方法来估计总体均数的范围，即：

$\overline{X}\pm1.96SE$ 表示总体均数的 95%可信区间；$\overline{X}\pm2.58SE$ 表示总体均数的 99%可信区间。95%可信区间指的是：在 $\overline{X}\pm1.96SE$ 范围中，包括总体均数的可能性为 95%，也就是说，在 100 次抽样估计中，可能有 95 次正确（包括总体均数），有 5 次错误（不包括总体均数）。标准误大，表示平均数的变动范围大，如果重复试验，则每次试验的平均数之间将有较大差异，说明数据的精确度不高；标准误的差值小，表示平均数的变动范围小，如果重复试验，则每次试验的平均数之间的差异小，表明试验数据的精确度高。标准差描述的是样本中各观察值间的变异程度，即个体值的散布情形；而标准误表示每个样本均数间的变异程度，说明样本均数的参差情况，即样本均数的抽样误差。二者不可混淆。

三、假设检验

假设检验是指施加于一个或多个总体的概率分布或参数两种彼此对应的假设，所做假设可以是正确的，也可以是错误的。为判断假设是否正确，从总体中抽取样本，根据样本的取值，按一定原则进行检验，然后做出接受或拒绝假设的决定。统计分析的目的就在于承认并尽量排除那些无法控制的偶然因素的干扰，将处理间是否存在本质差异揭示出来。假设检验的内容包括参数检验（总体均值、均值差的检验、总体方差、方差比的检验）和非参数检验（分布拟合检验、符号检验、秩和检验）。

假设检验原理为小概率定理：小概率事件在一次试验中是不太可能发生的。也就是说，对总体的某个假设是真实的，那么不利于或不能支持这一假设的事件A在一次试验中是几乎不可能发生的；要是在一次试验中事件A竟然发生了，我们就有理由怀疑这一假设的真实性，拒绝这一假设。

假设检验的基本步骤：

（1）建立假设，假设应该有两个，一个是零假设或无效假设 H_0，是假设检验的基础，是根据以往的经验、现成的理论或模型、预先的规定等提出的，一般零假设为样本来自同一总体，即其总体参数相等；另一个是备择假设 H_A，作为拒绝零假设时的某些值，一般是除零假设以外的可能值、担心或会出现的值。

（2）规定显著性水平。对于实验条件不易控制和实验方法粗略（野外调查）的实验，可将 α 值定大些（$\alpha=0.10$），而对于一些精确度较高的实验，应把 α 定小些。

（3）选择检验方法，并计算统计量。由于数据的类型不同、变量的分布类型不同、研究目的不同，选择的检验方法（如 t，F，χ^2 检验）也不同。因此需选择合适的检验方法，并计算统计量。

（4）根据统计量确定 P 值，做出统计推断。根据计算的统计量，查阅相应的统计表，确定 P 值，将 P 值与检验水准 α 比较，若 $P\leqslant\alpha$，则拒绝 H_0，接受 H_A；若 $P>\alpha$，则不拒绝 H_0。

（5）对推断结果进行解释，在解释的时候一定要结合实际。需要注意的是：在假设检验中，由于 α 值的大小将牵涉到对零假设的“保护”程度，如果 α 大，检验范围缩小，正确的假设被错误地拒绝，这就犯了Ⅰ型错误（α 类型），错误概率不会超过 α；若 α 过小，检验范围将扩大，将错误的假设误认为正确，这就犯了Ⅱ型错误（β 类型）。以下就我们在学习和研究过程中经常遇到的假设检验方法作简要介绍。

（一）单个样本假设检验

原理：当总体标准方差 σ 已知时，用 u 检验；当总体标准方差 σ 未知时，用 t 检验，如果样本容量 $n<30$ 时，遵循 $df=n-1$ 的 t 分布。计算公式如下：

$$u=\frac{\overline{x}-\mu_0}{\frac{\sigma(s)}{\sqrt{n}}} \text{或} t=\frac{\overline{x}-\mu}{\frac{s}{\sqrt{n-1}}}$$

例 1　一个由 49 名学生组成的样本其平均身高为 175.88cm，标准方差为 5.5cm，假设样本是抽自平均身高为 172.58cm 的总体，问这一误差是否属于抽样误差?（假定显著性水平为 0.05）

解：（1）假设：

$$H_0: \mu_1=\mu_2 \qquad H_A: \mu_1\neq\mu_2$$

（2）识别检验统计量并计算

$$u=\frac{\overline{x}-\mu}{\sigma/\sqrt{n}}=\frac{175.88-172.58}{5.5/\sqrt{49}}=\frac{23.1}{5.5}=4.20$$

（3）规定显著性水平：$\alpha=0.05$

（4）双尾检验：$u=4.2>u_{0.025}=1.96$，即 $P<0.05$，则拒绝零假设。

（5）在 0.05 显著性水平下，由平均身高 175.88cm 的 49 个学生所抽成的样本，不是抽自平均身高为 172.50cm 的总体。也就是所观察到的两者的误差，不是抽样误差。

单个样本假设检验的目的在于推断单个样本所代表的未知总体平均数与已知总体平均数（一般理论值、规定的标准值或大量观察所得的稳定值等）之间是否存在差异。单个样本假设检验主要用于生物学中的食品检测、实验药品规格检测、治疗效果检测、环境监测等。

（二）两个独立样本假设检验

原理：

$$t=\frac{\overline{x}-\overline{y}}{S_{\overline{x}-\overline{y}}}$$

$$S_{\overline{x}-\overline{y}}=\sigma_0\sqrt{\frac{1}{n_1}+\frac{1}{n_2}}\text{（已知 }\sigma_0\text{）}$$

$$\sigma_0^2=\frac{\frac{\sum(x_i-\overline{x})^2}{n_1-1}+\frac{\sum(y_i-\overline{y})^2}{n_2-1}}{n_1+n_2-2}=\frac{(n_1-1)S_{\overline{x}}^2+(n_2-1)S_{\overline{y}}^2}{(n_1-1)+(n_2-1)}\text{（未知 }\sigma_0\text{）}$$

$$t=\frac{\bar{x}-\bar{y}}{\sqrt{\frac{S_{\bar{x}}^2}{n_1}+\frac{S_{\bar{y}}^2}{n_2}}}\text{（}N_1, N_2\text{ 很大时）}$$

例 2　测得某 11 名克山病患者与 13 名健康人的血磷值差异：患者：2.60、3.24、3.73、4.32、4.73、5.18、5.58、5.78、6.40、6.53；健康者：1.67、1.98、1.98、2.33、2.34、2.50、3.60、3.73、4.14、4.17、4.57、4.82、5.78。试分析患者和健康者之间血磷值含量是否存在显著差异？

解：在总体方差 σ 未知，且样本为小样本，故用 t 检验

（1）假设 H_0：$\mu_x=\mu_y$；H_A：$\mu_x\neq\mu_y$

（2）计算统计量：

$$\bar{x}=4.809, S_x^2=1.769, n_1=10;$$

$$\bar{y}=3.355, S_y^2=1.701, n_2=13;$$

$$\sigma^2=\frac{S_x^2(n_1-1)+S_y^2(n_2-1)}{(n_1-1)+(n_2-1)}=\frac{1.769\times 9+1.701\times 12}{21}=1.730$$

$$S_{\bar{x}-\bar{y}}=\sqrt{\frac{\sigma^2}{n_1}+\frac{\sigma^2}{n_2}}=1.730\times\sqrt{\frac{1}{10}+\frac{1}{13}}=0.728$$

$$t=\frac{\bar{x}-\bar{y}}{S_{\bar{x}-\bar{y}}}=\frac{4.809-3.355}{0.728}=2.134; df=n_1+n_2-2=21$$

（3）规定显著水平 $\alpha=0.05$

（4）推断

查 t 值表，$t_{0.05}=1.721$；$|t|>t_{0.05}$；故 $P<0.05$，拒绝 H_0，接受 H_A。

（5）结果解释：患者和健康者的血磷值含量差异显著。

两个独立样本的平均数检验的目的在于比较两组来自独立样本空间的样本所代表的总体平均数是否相等。这里需要注意的是，由于两个样本在抽取时并不存在对应关系，所以两个样本的数量可以不等。该检验主要用于不同植物的同一种生理生化指标，不同生境中的同一种植物的数量及遗传形状分布比较，不同班级学生成绩差异比较，同一治疗方法对不同病人的治疗效果检验等。

（三）成对样本假设检验

$$t=\frac{\bar{d}}{s_{\bar{d}}}=\frac{\bar{d}}{\frac{s_d}{\sqrt{n}}}\qquad \bar{d}=\frac{\sum_{i=1}^{n}d_i}{n}$$

原理：$d_i=x_i-y_i; s_d=\sqrt{\frac{\sum_{i=1}^{n}(d_i-\bar{d})^2}{n-1}}$

例 3　治疗前后患者体内的血红蛋白的含量：

治疗前（x_i）：11.3、15.0、15.0、13.5、12.8、10.0、11.0、12.0、13.0、12.3；治疗后（y_i）：14.0、13.8、14.0、13.5、13.5、12.0、14.7、11.4、13.8、12.0。试判断治疗有没有效果？

解：由于治疗前后病人体内血红蛋白含量大小不明，所以可以用双尾检验。

（1）假设 $H_0: \mu_d=0$；$H_A: \mu_d \neq 0$

（2）计算统计量：

$$\bar{d}=0.68, S_d=1.646$$

$$S_{\bar{d}}=\frac{S_d}{\sqrt{n}}=1.646/\sqrt{10}=0.52$$

$$t=\frac{\bar{d}}{S_{\bar{d}}}=\frac{0.68}{0.52}=1.308; df=n-1=9$$

（3）规定显著水平 $\alpha=0.05$

（4）推断

查 t 值表，$t_{0.05}=2.262$；$|t|<t_{0.05}$；故 $P>0.05$，拒绝 H_A，接受 H_0。

（5）结果解释：治疗前后病人体内的血红蛋白量变化不显著。

配对样本的平均数检验的目的在于比较两组相关样本所得平均数是否相等。需要注意的是，由于两个样本在抽取时存在对应关系，所以两个样本的数量必须相等。该检验主要用于同一植物在不同处理前后同一种生理生化指标变化的比较，不同教学方法实施前后学生成绩的差异比较，治疗方法对病人治疗前后的效果检验等。

（四）方差分析

在一个多种因素处理的试验中，可以得到多组不同的观测值。各组观测值不同的原因是由两种情况引起的，一种是因素处理的不同引起的，称之为处理效应；另一种情况是试验中的偶然因素的干扰和测量误差引起的，称之为试验误差。方差分析的基本思想是将测量数据的总变异按照原因不同分解为处理效应和试验误差，通过比较两种原因造成的变异分别在总变异中所占的重要程度。如果处理效应和试验误差相差不大，说明试验处理对指标影响不大；如果两者相差较大，处理效应比试验误差大得多，说明试验处理对指标影响很大。

1. 单因素方差分析

若只考虑一个因素对试验指标的影响，而且用方差进行分析，这种方法被称为单因素方差分析（analysis of variance），简称“one-way ANOVA”，该方法的主要目的是通过分析试验数据推断某一因素对试验指标影响是否显著，即该因素在不同水平时对试验指标有无显著差异。单因素方差分析的统计原理如表 7-1 所示。

表 7-1 单因素方差分析典型数据表

	X_1	X_2	X_3	…	X_i	…	X_a
1	x_{11}	x_{21}	x_{31}		x_{i1}		x_{a1}
2	x_{12}	x_{22}	x_{32}		x_{i2}		x_{a2}
3	x_{13}	x_{23}	x_{33}		x_{i3}		x_{a3}
…	…	…	…		…		…
j	x_{1j}	x_{2j}	x_{3j}		x_{ij}		x_{aj}
…	…	…	…		…		…
n	x_{1n}	x_{2n}	x_{3n}		x_{in}		x_{an}
平均数	$\overline{x}_{1}.$	$\overline{x}_{2}.$	$\overline{x}_{3}.$		$\overline{x}_{i}.$		$\overline{x}_{a}.$

总体统计量：

总平方和：$SS_T = \sum_{i=1}^{a}\sum_{j=1}^{n}(x_{ij} - \overline{x}_{..})^2 = \sum_{i=1}^{a}\sum_{j=1}^{n}x_{ij}^2 - \frac{x_{..}^2}{na}$

处理间平方和：$SS_A = n\sum_{i=1}^{a}(\overline{x}_{i.} - \overline{x}_{..})^2 = \frac{1}{n}\sum_{i=1}^{a}x_i^2 - \frac{x_{..}^2}{na}$

处理内平方和：$SS_e = SS_T - SS_A$

试验误差引起的变异（组内变异 MS_e）等于处理内平方和除以误差项自由度［$df_e = df_T - df_A = an - 1 - (a-1) = an - a$］

试验误差引起的变异或组内变异：$MS_e = \frac{SS_e}{an - a} = \frac{SS_T - SS_A}{an - a}$

试验处理引起的变异（MS_A）等于处理间平方和除以处理项自由度（$df_A = a - 1$）

处理效应引起的变异或组间变异：$MS_A = \frac{SS_A}{a - 1}$

F 值指处理变异和试验误差的比值。

$$F = \frac{MS_A}{MS_e}(\text{具有 } df_A, df_e \text{ 自由度})$$

如果 $F < F_\alpha$，可以认为 MS_A 与 MS_e 相差不大，即处理起作用不大，起主要作用的是试验误差，接受零假设，处理间平均数之间没有显著差异；如果 $F > F_\alpha$，可以认为 MS_A 显著大于 MS_e，即处理起主要作用，试验误差起作用甚小，拒绝零假设，处理间平均数之间差异显著；对于在计算过程中，如果计算结果显示 MS_A 显著小于 MS_e，则不需要检验，直接接受零假设。

例 4　为探讨不同窝别的动物出生重量是否存在差异，随机选取 4 窝动物，每窝中均有 4 只幼仔，结果见表 7-2。

表 7-2　不同窝别动物出生时体重

动物号	窝别			
	A	B	C	D
1	34.7	33.2	27.1	32.9
2	33.3	26.0	23.3	31.4
3	26.2	28.6	27.8	25.7
4	31.6	32.3	26.7	28.0

解：(1) 假设

H_0：不同窝别之间没有差异；H_A：不同窝别之间差异显著。

(2) 统计计算（表 7-3）

表 7-3　每个数值都减去 30 后得到的值

动物号	窝别				合计
	A	B	C	D	
1	4.7	3.2	−2.9	2.9	
2	3.3	−4.0	−6.7	1.4	
3	−3.8	−1.4	−2.2	−4.3	
4	1.6	2.3	−3.3	−2.0	
$x_{i\cdot}$	5.8	0.1	−15.1	−2.0	−11.2
$(x_{i\cdot})^2$	33.64	0.01	228.01	4.00	265.66
$\sum_{i=1}^{n} x_{ij}^2$	49.98	33.49	69.03	32.86	185.36

$$SS_T = \sum_{i=1}^{4}\sum_{j=1}^{4} x_{ij}^2 - \frac{x_{\cdot\cdot}^2}{na} = 185.36 - \frac{(-11.2)^2}{16} = 177.52$$

$$SS_A = \frac{1}{n}\sum_{i=1}^{a} x_{i\cdot}^2 - \frac{x_{\cdot\cdot}^2}{na} = \frac{265.66}{4} - \frac{(-11.2)^2}{16} = 58.575$$

$$SS_e = SS_T - SS_A = 177.52 - 58.575 = 118.945$$

$$MS_e = \frac{SS_e}{an - a} = \frac{118.945}{12} = 9.912$$

$$MS_A = \frac{SS_A}{a-1} = \frac{58.575}{3} = 19.525$$

$$F=\frac{MS_A}{MS_e}=\frac{19.525}{9.912}=1.97$$

（3）取显著水平为 $\alpha=0.05$，$df_A=4$；$df_e=df_T-df_A=16-4=12$ 查表得 $F_{0.05(3,12)}=3.49$。

（4）推断结果

$F=1.97<F_{0.05(3,12)}=3.49$；即 $P>0.05$；接受零假设。

（5）结果解释：不同窝别之间没有差异。

需要注意的是，使用单因素方差分析要保证各样本来自正态总体且总体方差相等；从每一个样本空间中所抽出的样本是随机独立的。如这些条件不满足，则应进行变量变换，或放弃使用该方法。同时还应注意，我们从判断结果只能看出总的处理间的差异，对于各个处理之间的相互差异不能反映，即有可能会出现总体上处理间差异不显著，但部分处理之间差异显著。如果我们再对各个处理之间作多重分析，这样就可解决上述问题。一般在多重比较中用 LSD（最小显著差异法），也可以用其他方法，如 Duncan 法等。单因素方差分析可用于同种处理（两种以上）条件下的植物随时间生长的变化，生长于不同类型（两种以上）生境中的同种植物的生理生态指标及遗传差异，一种教学方法对多个班级学生成绩的影响，另外还可以用于医学、物理和化学等专业试验结果的检验上。

2. 两个及多因素方差分析

在实际工作中，通常设定的并不仅仅是单个因素，可能是两个或多个因素的试验。两因素方差分析（two-way ANOVA）是指对试验指标同时受到两个试验因素作用的方差分析。若试验考察因素 A 和 B，A 因素分 a 个水平，B 因素分 b 个水平。两者交叉搭配形成 $a\times b$ 个水平组合即处理。试验分为无重复观测值和有重复观测值两种类型。多因素方差分析不仅可以检验各个因素对因变量作用的显著性，而且还可以检验因素与因素间共同结合对因变量发生交互作用的显著性。如果在不同因素（2 个或 2 个以上）影响下的观测指标只有一个，我们可以用单变量方差分析，该方法适合于完全随机区组试验设计、析因分析、拉丁方设计、裂区试验设计、交叉设计及协方差分析等（李志辉等，2005）。由于多因素方差分析计算过程较复杂，在这里就不多介绍，有兴趣的同学可以参阅有关资料。下面以随机区组设计的两因素方差分析为例，介绍两因素方差分析的使用方法。

检验原理：随机区组设计的两因素方差分析是把总变异中的离均差平方和 SS_T 与自由度 df_T 分别分解为 SS_A 和 df_A、区组间 SS_B 和 df_B 与误差 SS_E 和 df_e 3 部分。其计算公式见表 7-4。

表 7-4 两因素方差分析计算公式

方差来源	离均差平方和 SS	自由度 df	均方 MS	F
总	$\sum x^2 - C^*$	$N-1$		
处理间	$\sum_{i=1}^{k}\frac{\left(\sum_{j=1}^{b}x_{ij}\right)^2}{b^{\#}} - C^*$	$k-1$	$\frac{SS_A}{df_A}$	$\frac{MS_A}{MS_e}$
区组间	$\sum_{j=1}^{b}\frac{\left(\sum_{i=1}^{k}x_{ij}\right)^2}{k} - C^*$	$b-1$	$\frac{SS_B}{df_B}$	$\frac{MS_B}{MS_e}$
误差	$SS_T - SS_A - SS_B$	$(k-1)(b-1)$	$\frac{SS_e}{df_e}$	

$* C = \left(\sum x\right)^2 / N$

例 5 某医师研究 A、B 和 C 三种药物治疗肝炎的效果。将 32 只大白鼠感染肝炎后，按性别相同、体重接近的条件配成 8 个配伍组，然后将各配伍组中 4 只大白鼠随机分配到各组：对照组不给药物，其余三组分别给予 A、B 和 C 药物治疗。一定时间后，测定大白鼠血清谷丙转氨酶浓度（IU/L）(表 7-5)。问四组大白鼠的血清谷丙转氨酶浓度是否相同。

表 7-5 四组大白鼠血清谷丙转氨酶浓度（IU/L）

区组	对照组	试验组			合计
		A 药组	B 药组	C 药组	
1	845.1	652.4	624.3	445.1	2 566.9
2	834.7	741.3	772.3	432.5	2 780.8
3	826.5	675.6	632.5	362.7	2 497.3
4	812.8	582.8	473.6	582.8	473.6
5	782.8	491.8	462.8	345.9	2 083.3
6	745.6	412.2	431.8	312.8	1 902.4
7	730.4	494.6	484.9	296.3	2 006.2
8	684.3	379.5	380.7	228.4	1 672.9
$\sum_{j=1}^{b}x_{ij}$	6262.2	4430.2	4262.9	2772.4	17 727.7$\left(\sum x\right)$
$\overline{x}_i$	782.78	553.78	532.86	346.55	553.99 ($\overline{x}$)
$\sum_{j=1}^{b}x_{ij}^2$	4 925 110.04	257 166.57	2 391 247.24	995 764.04	10 883 788.89$\left(\sum x^2\right)$

计算步骤为：

（1）建立检验假设

H_0：四组大白鼠的血清谷丙转氨酶浓度相同；

H_A：各处理组的血清谷丙转氨酶浓度不同或不全相同；

H_0：各区组的血清谷丙氨酶浓度相同；

H_A：各区组的血清谷丙氨酶浓度不同或不全相同。

（2）计算统计量 F 值

按表 8-4 中的公式计算各统计量。

$$C=\frac{\left(\sum x\right)^2}{N}=\frac{(17\ 727.7)^2}{32}=9\ 820\ 979.603$$

$$SS_T=\sum x^2-C=10\ 883\ 788.89-9\ 820\ 979.60=1\ 062\ 809.287$$

$$SS_A=\sum_{i=1}^{k}\frac{\left(\sum_{j=1}^{b}x_{ij}\right)^2}{b}-C=\frac{6262.2^2+4430.2^2+4262.9^2+2772.9^2}{8}$$

$$-9\ 820\ 979.603=766\ 562.7784$$

$$SS_B=\sum_{j=1}^{b}\frac{\left(\sum_{i=1}^{k}x_{ij}\right)^2}{k}-C=\frac{2566.9^2+1780.8^2+2497.3^2+1672.9^2}{4}$$

$$-9\ 820\ 979.603=244\ 047.7597$$

$$SS_e=SS_T-SS_A-SS_B$$

$$=1\ 062\ 809.2870-766\ 562.7784-244\ 047.7597$$

$$=52\ 198.7489$$

$$df_T=N-1=32-1=31$$

$$df_A=k-1=4-1=3$$

$$df_B=b-1=8-1=7$$

$$df_e=(k-1)(b-1)=(4-1)(8-1)=21$$

$$MS_A=\frac{SS_A}{df_A}=\frac{766\ 562.7784}{3}=255\ 520.9261$$

$$MS_B=\frac{SS_B}{df_B}=\frac{244\ 047.7597}{7}=34\ 863.9657$$

$$MS_e=\frac{SS_e}{df_e}=\frac{52\ 198.7489}{21}=2485.6547$$

$$F_A=\frac{MS_A}{MS_e}=\frac{255\ 520.9261}{2485.6547}=102.798$$

$$F_B = \frac{MS_B}{MS_e} = \frac{34\ 863.9657}{2485.6547} = 14.026$$

（3）确定检验水准：$\alpha=0.01$

（4）确定 P 值并做出统计推断（表 7-6）

表 7-6　方差分析表

变异来源	SS	df	MS	F
总变异	1 062 809.2870	31		
处理间变异	766 562.7784	3	255 520.9261	102.798
区组间变异	244 047.7597	7	34 863.9657	14.026
误差	52 198.7489	21	2 485.6547	

以 $df_A=3$，$df_e=21$ 查 F 表，$F_{0.01(3,21)}=4.87$。本例 $F=102.798>F_{0.01(3,21)}$，$P<0.01$，在 $\alpha=0.01$ 显著水平拒绝 H_0，接受 H_A。

以 $df_B=7$，$df_e=21$ 查 F 值表，得 $F_{0.01(7,21)}=3.65$。本例 $F=14.026>F_{0.01(7,21)}$，$P<0.01$，在 $\alpha=0.05$ 显著水平拒绝 H_0，接受 H_A。

（5）结果解释：可认为各处理组大白鼠的血清谷丙转氨酶浓度不同或不全相同，各区组大白鼠的血清谷丙转氨酶浓度不同或不全相同。

四、卡方（χ^2）检验

前面介绍了不同的假设检验方法，都基于连续型随机变量的理论分布，适用于连续型随机数据分析，而用于非连续型变量数据分析时会受到限制。卡方（χ^2）检验就可以用于非连续型变量数据（计数和属性）的分析，主要包括拟合性检验和独立性检验。χ^2 值反映的是实际频数与理论频数的吻合程度，在零假设 H_0 成立的情况下，理论数和实际数相差不应该太大，出现较大的 χ^2 值的概率较小，即 χ^2 值越大，就越有理由推翻零假设 H_0。卡方检验的基本公式为：

$$\chi^2 = \sum \frac{(A-T)^2}{T} \text{（}A\text{ 为实际频数，}T\text{ 为理论频数）}$$

（一）四格表资料的 χ^2 检验

四格表资料的卡方检验适用于两个样本率的比较。

例 6　为观察药物 A、B 治疗某病的疗效，治疗效果如表 7-7 所示，问 A、B 两药的疗效有无差别？

表 7-7　两药治疗某病疗效比较

处理	治愈人数/人	未愈人数/人	合计/人	治愈率/%
A药	30 (16.4)	10 (23.6)	40	75.00
B药	11 (24.6)	49 (35.4)	60	18.33
合计	41	59	100	41.00

解：(1) 假设

H_0：A、B两药疗效相同；

H_A：A、B两药疗效不同。

(2) 统计量计算

理论值 $T_{RC}=\frac{n_R \cdot n_C}{N}$式中，$R$表示行，$C$表示列；表示第$R$行第$C$列的理论数；$n_R$和$n_C$分别代表第$R$行和第$C$列的合计数；$N$为总合计数。如 $T_{11}=\frac{40\times 41}{100}=16.4$；$T_{12}=\frac{40\times 59}{100}=23.6$；$T_{21}=\frac{60\times 41}{100}=24.6$；$T_{22}=\frac{60\times 59}{100}=35.4$

$$\chi^2=\sum\frac{(A-T)^2}{T}$$

$$=\frac{(30-16.4)^2}{16.4}+\frac{(11-24.6)^2}{24.6}+\frac{(10-23.6)^2}{23.6}+\frac{(49-35.4)^2}{35.4}=31.86$$

当然也可以直接利用卡方计算公式：$\chi^2=\frac{(ad-bc)^2\cdot N}{(a+b)(c+d)(a+c)(b+d)}$（式中，$a$、$b$、$c$、$d$为四格表的4个实际频数据，$N$为总合计数，$N=a+b+c+d$）

χ^2检验自由度的计算公式为：

$df=(\text{行数}-1)(\text{列数}-1)=(R-1)(C-1)=(2-1)(2-1)=1$

(3) 显著水平为：$\alpha=0.05$

查χ^2界值表：$\chi^2_{0.05}=7.88$

(4) 结果推断：$\chi^2=31.86>\chi^2_{0.05}=7.88$，即$P<0.05$，拒绝$H_0$，接受$H_A$。

(5) 可认为两药疗效不同，A药疗效优于B药。

注意：当$T>5$且$N\geqslant 40$时，χ^2检验用四格表常规公式，但当$1<T<5$且$N\geqslant 40$时，卡方值需要校正，计算公式为$\chi^2=\frac{(|ad-bc|-n/2)^2 n}{(a+b)(c+d)(a+c)(b+d)}$或$\chi^2=\sum\frac{(|A-T|-0.5)^2}{T}$。

(二) $R\times C$列表资料的χ^2检验

$R\times C$列表资料的χ^2检验适用于多个率或多个构成比的比较。

例 7 某医院用三种方案治疗急性无黄疸型病毒性肝炎 254 例，结果见表 7-8,试比较三种方案的有效性有无差别?

表 7-8 三种方案治疗病毒性肝炎疗效比较

处理组	有效人数/人	无效人数/人	合计/人	有效率/%
西药组	51	49	100	51.00
中药组	35	45	80	43.75
中西医结合组	59	15	74	79.73
合计	145	109	254	57.09

解：(1) 假设

H_0：三种方案的有效率相同；

H_A：三种方案的有效率不同或不全相同。

(2) 统计量计算

$$\chi^2 = N\left(\sum \frac{A_{RC}^2}{n_R \cdot n_c} - 1\right) = 254 \times \left(\frac{51^2}{100 \times 145} + \frac{35^2}{80 \times 145} + \frac{59^2}{74 \times 145} + \frac{49^2}{100 \times 109} + \frac{45^2}{80 \times 109} \cdots + \frac{15^2}{75 \times 109} - 1\right) = 22.80$$

$$df = (R-1)(C-1) = (3-1)(2-1) = 2$$

(3) 显著水平为：$\alpha = 0.05$

查 χ^2 界值表：$\chi^2_{0.05} = 10.60$。

(4) 结果推断：$\chi^2 = 22.80 > \chi^2_{0.05} = 10.60$，即 $P < 0.05$，按 $\alpha = 0.05$，拒绝 H_0，接受 H_A。

(5) 结果解释：可认为三种方案治疗病毒性肝炎的有效率不同或不全相同。

五、相关分析

1. 相关概念

设有两个随机变量 X 和 Y，对于任一随机变量的每一个可能的值，另一个随机变量都有一个确定的分布与之相对应，则称这两个随机变量间存在变量关系。如温度与种子萌发率、身高与体重等均存在相关关系。需要注意的是，相关关系表明的是现象之间确实存在着的数量上的相互依存关系，但这种数量关系是不确定的、不严格的。

2. 相关系数 (r)

相关系数的计算公式为：

$$r=\frac{n\sum xy-\sum x\cdot\sum y}{\sqrt{n\sum x^2-\left(\sum x\right)^2}\cdot\sqrt{n\sum y^2-\left(\sum y\right)^2}}$$

（n 表示数据项数，x 和 y 表示随机变量）

相关系数 r 的取值范围 [−1，1]，若 $r>0$，则表明两变量为正相关；若 $r<0$，则表明两变量为负相关。r 的数值越接近于 1（−1 或 +1），则表明线性相关关系越强；越接近于 0，则表明其线性相关关系越弱；当 $|r|=1$ 时，表示 x 与 y 两变量完全线性相关；当 $r=0$ 时，表示 x 与 y 之间不存在线性相关关系。一般可用相关系数做如下判断：① $|r|<0.3$，无线性相关；② $0.3\leqslant|r|<0.5$，为低度线性相关；③ $0.5\leqslant|r|<0.8$，为显著线性相关（或中度相关）；④ $|r|\geqslant0.8$，为高度线性相关。在定量变量的线性相关分析中，用 Pearson 简单相关系数；在定性变量的线性相关分析中，常用的两种相关系数为 Spearman 等级相关系数（$n\leqslant30$）和 Kendall tau-b 等级相关系数（$n>30$）。

3. 相关关系检验

一般用 t 检验，t 计算公式为：

$$t=\frac{r\sqrt{n-2}}{\sqrt{1-r^2}}$$

如果计算得出的 $t>t_\alpha$（$\alpha=0.05$ 或 0.01），即 $P<\alpha$，拒绝两随机变量之间相关系数为零时，接受两变量相关显著（极显著）。

例 8　表 7-9 是某公司不同年份的产量和投资的一览表，试分析产量和投资有没有关系？

表 7-9　某公司不同年份的产量和投资的一览表

年份	1997	1998	1999	2000	2001	2002	2003	2004
产量/10^3t	1.2	2	3.1	3.8	5	6.1	7.2	8
成本/10^3 元	620	860	800	1100	1150	1320	1350	1600

解：$\sum x=1.2+2+3.1+3.8+5+6.1+7.2+8=36.4$

$\sum y=620+860+800+1100+1150+1320+1350+1600=8800$

$\sum x^2=207.54$

$\left(\sum x\right)^2=36.4^2=1324.96$

$\sum y^2=10\ 421\ 400$

$$\left(\sum y\right)^2 = 8800^2 = 77\,440\,000$$

$$\sum xy = 45\,446$$

$$r = \frac{8 \times 45\,446 - 36.4 \times 8800}{\sqrt{8 \times 207.54 - 1324.96} \cdot \sqrt{8 \times 10\,421\,400 - 77\,440\,000}}$$
$$= 0.9697$$

t 检验

（1）假设 H_0：$\rho=0$，产量和投资不相关；H_A：$\rho\neq0$。

（2）统计量计算

$$t = \frac{r\sqrt{n-2}}{\sqrt{1-r^2}} = \frac{0.9697\sqrt{8-2}}{\sqrt{1-0.9697^2}} = 9.7236$$

（3）显著水平为：$\alpha=0.05$

根据自由度 $df=n-2=6$，查 t 分布表，$t_{0.05}=2.447$。

（4）结果推断：$t>t_{0.05}$，即 $P<0.05$，拒绝零假设，接受备择假设。

（5）结果解释：该公司产量和投资显著正相关。

六、回归分析

1. 回归分析概念

回归分析是研究具有相关关系的两个或两个以上变量之间数量变化的一般关系，确定一个相应的数学表达式，以便从一个已知量来推测另一个未知量，为估计预测提供一个重要的分析方法。在做回归分析时，要根据研究目的具体确定哪个是自变量，哪个是因变量；确定回归方程时，只要求因变量是随机的，而自变量是给定的数值；一个回归方程只可以在求回归方程限制的范围内使用，超过这个范围方程就失去作用。

2. 回归系数和回归方程

简单线性回归方程式为：

$$y_c = a + bx$$

式中，y_c 是 y 的估计值；a 代表直线在 y 轴上的截距；b 表示直线的斜率，又称为回归系数。回归系数的含义是，当自变量 x 每增加一个单位时，因变量 y 的平均增加值。当 b 的符号为正时，表示两个变量是正相关；当 b 的符号为负时，表示两个变量是负相关。a、b 都是待定参数，可以用最小平方法求得。

$$b = \frac{n\sum xy - \sum x \sum y}{n\sum x^2 - \left(\sum x\right)^2}$$

$$a = \bar{y} - b\bar{x} = \frac{\sum y}{n} - b \times \frac{\sum x}{n}$$

3. 简单线性回归方程检验

简单线性回归方程检验包括线性关系的检验和回归系数的检验。线性关系的检验用 F 检验，原假设为线性回归效果不显著，计算公式为：

$$F = \frac{SSR/1}{SSE/(n-2)} = \frac{\sum (y_c - \bar{y})/1}{\sum (y - y_c)/(n-2)}$$

式中，SSR 为离差平方；SSE 为剩余离差平方和；$df_1 = 1$，$df_2 = n-2$；如果 $F > F_\alpha (\alpha = 0.05$或$0.01)$，拒绝原假设，线性关系显著；如果 $F < F_\alpha (\alpha = 0.05$或$0.01)$，接受原假设，线性关系不显著。

回归系数检验用 t 检验，原假设为回归系数为零，公式为：$t = b/S_b$

式中，S_y 是估计标准误差，$S_y = \sqrt{\frac{\sum (y - y_c)^2}{n-2}} = \sqrt{\frac{\sum y^2 - a\sum y - b\sum xy}{n-2}}$；

S_b 是回归系数 b 的标准差，$S_b = \sqrt{\frac{S_y^2}{\sum (x - \bar{x})^2}}$。如果 $t > t_\alpha (\alpha = 0.05$或$0.01)$，拒绝原假设，线性关系显著；如果 $t < t_\alpha (\alpha = 0.05$或$0.01)$，接受原假设，线性关系不显著。

4. 回归分析与相关分析的区别与联系

回归分析与相关分析的区别在于回归分析中所研究的两个变量，必须根据研究的目的，确定出哪个是自变量，哪个是因变量。相关分析中所研究的两个变量无此之分；对两个变量 x 与 y 来说，相关分析中只能计算出一个相关系数；而回归分析中有时可以根据研究目的的不同建立两个不同的回归方程。相关分析对资料的要求是两个变量都必须是随机变量，可能建立不了方程；而回归分析对资料的要求是自变量是可以控制的，而因变量是随机变量，一定能建立方程。两者之间的联系在于相关分析是回归分析的基础和前提，回归分析是相关分析的深入和继续。

七、聚类分析

1. 聚类分析概念

聚类分析也称群分析或点群分析，是研究分类的一种多元统计方法。聚类分析的实质是对所研究的样本按照其属性、数据所反映的相似关系而进行分组，使同组的尽可能相似，不同组的尽可能相异。通过聚类可以定量地确定样本之间的亲疏关系。常见的聚类分析方法有系统聚类法、动态聚类法和模糊聚类法等。在聚类分析中，通常根据分类对象的不同将其分为 Q 型聚类分析和 R 型聚类分析两大类。Q 型聚类分析是对样本进行分类处理，R 型聚类分析是对变量进行分类处理。

2. 聚类分析基本步骤

①把各个分类对象单独视为一类。②根据距离最小的原则，依次选出一对分类对象，并组成新类。这里的距离可以用欧式距离、相关系数、马氏距离等来衡量。③如果其中一个分类对象已归于一类，则把另一个也归入该类；如果一对分类对象正好属于已归的两类，则把这两类并为一类。每一次归并，都划去该对象所在的列与列序相同的行。④经过 $m-1$ 次就可以把全部分类对象归为一类，这样就可以根据归并的先后顺序做出聚类谱系图。

需要注意的是，聚类分析是一种探索性的分析。在分类过程中没有一个分类标准。聚类分析能够从样本的数据出发，自动进行聚类，也可以根据研究者的个人需要，人为进行分类。同时聚类分析方法不同，得到的结论也不一样。

八、主成分和对应分析

主成分分析（principal component analysis，PCA）是如何通过少数几个新变量（主成分）来取代原来的多个变量，并尽可能多地保留原始信息的探索性统计分析方法。具体说来，描述对象的不同变量之间往往具有一定的相关性，可以认为这样的两个变量所包含的信息是部分重叠的，主成分分析通过这些变量的线性组合，构造几个新的彼此间不相关的变量，并使得它们尽可能多地概括原来变量总的变差，这里的变差被用作变量包含信息多少的一种衡量。对原来的多个变量进行降维处理，即用较少的几个综合指标代替原来较多的变量指标，而且使这些较少的综合指标既能尽量多地反映原来较多变量指标所反映的信息，同时它们之间又是彼此独立的。

对应分析（Correspondence analysis）也称关联分析、R-Q 型因子分析，是近年新发展起来的一种多元相依变量统计分析技术，通过分析由定性变量构成的交互汇总表来揭示变量间的联系。可以揭示同一变量的各个类别之间的差异，以及不同变量各个类别之间的对应关系。对应分析的基本思想是将一个联列表的行和列中各元素的比例结构以点的形式在较低维的空间中表示出来。它最大的特点是能把众多的样品和众多的变量同时做到同一张图解上，将样品的大类及其属性在图上直观而又明了地表示出来。另外，它还省去了因子选择和因子轴旋转等复杂的数学运算及中间过程，可以从因子载荷图上对样品进行分类，而且能够指示分类的主要参数（主因子）以及分类的依据，是一种直观、简单、方便的多元统计方法。主成分分析和对应分析由于牵涉到复杂的数学运算，工作量大，因而完成此项操作必须结合电子计算机和相关的运算软件。

第三节 数据转换

前面介绍的几种试验资料的方差分析法，尽管其数学模型的具体表达式有所不同，但以下三点却是共同的。

1）效应的可加性

进行方差分析的模型均为线性可加模型。这个模型明确提出了处理效应与误差效应应该是“可加的”。正是由于这一“可加性”，才有了样本平方和的“可加性”，亦即有了试验观测值总平方和的“可剖分性”。如果试验资料不具备这一性质，那么变量的总变异依据变异原因的剖分将失去根据，方差分析不能正确进行。

2）分布的正态性

分布的正态性是指所有试验误差是相互独立的，或者说观察对象是来自于所研究因素的各个水平之下的独立随机抽样（independence），且都服从正态分布 $N(0,\sigma^2)$(normality)，只有在这样的条件下才能进行 F 检验。

3）方差的整齐性

即各个处理观测值总体方差 σ^2 应是相等的或者说各水平下的总体具有相同的方差（homoscedasticity)。只有这样才有理由以各个处理均方的合并均方作为检验各处理差异显著性的共同的误差均方。

上述三点是进行方差分析的基本前提或基本假定。以上使用条件可以使用统计描述进行观察，或者绘制相应的统计图形，当然也可以使用相应的检验方法。正态性检验的方法不再介绍，这里简要介绍一下 Levene 的方差齐性检验方法。Levene 方法的基本思想是将各组变量值中心化后，利用 F 检验来分析各组间的差别。有兴趣的读者可以参考 Levene（1960）的著作。

如果在分差分析前发现有某些异常的观测值、处理或单位组，只要不属于研究对象本身的原因，在不影响分析正确性的条件下应予以删除。但是，有些资料就其性质来说就不符合方差分析的基本假定。其中最常见的一种情况是处理平均数和均方有一定关系（如二项分布资料，平均数 $\hat{\mu}=n\hat{p}$，均方 $\hat{\sigma}^2=n\hat{p}(1-\hat{p})$；泊松分布资料的平均数与方差相等）。对这类资料不能直接进行方差分析，因而考虑采用非参数方法分析或进行适当数据转换（transformation of data）后，使其满足或者近似满足方差分析的要求，再进行方差分析。一般认为，通过变量变换能达到方差齐性要求的资料，其正态性问题也会有所改善。常用的变量变换方法有以下几种：

（1）平方根转换（square root transformation)：此法适用于各组均方与其平均数之间有某种比例关系的资料，适用于总体呈泊松分布的资料、轻度偏态资料、样本的方差与均数呈正相关的资料以及观察变量为率，取值在 0～20%或

80%～100%的资料。转换的方法是求出原数据的平方根$\sqrt{x}$。若原观测值中有为 0 的数或多数观测值小于 10，则把原数据变换成$\sqrt{x+1}$，可以稳定均方，使方差符合整齐性的作用更加明显。变换也有利于满足效应可加性和正态性的要求。

（2）对数转换（logarithmic transformation）：将原始数据的自然对数值作为分析数据，其最常用的形式为 $y=\lg X$，也可选用 $y=\lg(X+k)$或 $y=\lg(k-X)$，当原始数据有 0 时，可用 $\lg(X+k)$进行数据转换，其中 k 为一小值。对数转换可用于：服从对数正态分布的资料；部分偏正态资料、等比资料，特别是各组的 S 与 $\overline{X}$ 的比值相差不大（各组 CV 相近）的资料。如果各组数据的标准差或全距与其平均数大体成比例，或者效应为相乘性或非相加性，则将原数据变换为对数（$\lg x$ 或 $\ln x$）后，可以使方差比较一致而且使效应由相乘性变成相加性。

一般而言，对数转换对于削弱大变数的作用要比平方根转换更强。例如变数 1、10、100 作平方根转换是 1、3.16、10，作对数转换则是 0、1、2。

（3）反正弦转换（arcsine transformation）：反正弦转换也称角度转换。此法适用于如发病率、感染率、病死率、受胎率等服从二项分布的资料，可用于原始数据为百分率，且取值广泛的资料。转换的方法是求出每个原数据（用百分数或小数表示）的反正弦 $y=\arcsin\sqrt{p}$，转换后的数值以度为单位。二项分布的特点是其方差与平均数有函数关系。这种关系表现在，当平均数接近极端值（即接近于 0 和 100%）时，方差趋向于较小；而平均数处于中间数值附近（50%左右）时，方差趋向于较大。把数据变成角度以后，接近于 0 和 100%的数值变异程度变大，因此使方差增大，这样有利于满足方差整齐性的要求。一般，若资料中的百分数为 30%～70%时，因资料的分布接近于正态分布，数据变换与否对分析的影响不大。

（4）平方变换（square transformation）：将原始资料的平方作为分析数据。常用于方差与均数呈反比时或资料呈左偏时。

（5）倒数变换（reciprocal transformation）：将原始资料的倒数作为分析数据。常用于方差与均数的平方呈正比时，且往往要求资料中没有接近或小于 0 的数据。

（6）Box-Cox 变换：有时候并不能很容易地找到一种合适的变换方式，Box 和 Cox 于 1964 年提出一类变换：

$$f(y)=\begin{cases} y^{\lambda} & \lambda \neq 0 \\ \ln(y) & \lambda = 0 \end{cases}$$

研究者需要根据原始资料来尝试不同的 λ 值。实际上 λ 分别为 −1、0、0.5、2 时，Box-Cox 变换分别等价于倒数变换、对数变换、平方根变换和平方变换。

此外，当观察指标为百分率，且取值30%～70%时，一般不考虑变量变化。

应当注意的是，在对转换后的数据进行方差分析时，若经检验差异显著，则进行平均数的多重比较应用转换后的数据进行计算。但在解释分析最终结果时，应还原为原来的数值。

例9　表7-10为甲、乙、丙三个地区乳牛隐性乳房炎阳性率资料，试对资料进行方差分析。

表7-10　三地区乳牛隐性乳房炎阳性率/%

甲	94.3	64.1	47.7	43.6	50.4	80.5	57.8
乙	26.7	9.4	42.1	30.6	40.9	18.6	40.9
丙	18.0	35.0	20.7	31.6	26.8	11.4	19.7

这是一个服从二项分布的阳性率资料，且有低于30%和高于70%的数值，应先对阳性率资料做反正弦转换，转换结果见表7-11。

表7-11　资料的反正弦转换值

地区	$x=\arcsin\sqrt{p}$				$x_{i\cdot}$	$\bar{x}_{i\cdot}$	还原/%
甲	76.19	53.19	43.68	41.32	372.89	53.27	64.2
	45.23	63.79	49.49				
乙	31.11	17.85	40.45	33.58	228.06	32.58	29.0
	39.76	25.55	39.76				
丙	25.10	36.27	27.06	34.20	199.89	28.56	22.8
	31.18	19.73	26.35				
合计					800.84		

表7-11资料的方差分析见表7-12。

表7-12　表7-11资料的方差分析

变异来源	平方和	自由度	均方	F值
地区间	2461.8228	2	1230.9114	14.03**
误差	1579.4927	18	87.7500	
总变异	4041.3155	20		

F检验结果表明，各地区间乳牛隐性乳房炎阳性率差异极显著。下面进行多重比较（表7-13）。

表 7-13　表 7-11 资料平均数多重比较表（SSR 法）

地区	平均数 $\bar{x}_{i\cdot}$	$\bar{x}_{i\cdot}-28.56$	$\bar{x}_{i\cdot}-32.58$
甲	53.27	24.71**	20.69**
乙	32.58	4.02	
丙	28.56		

** 在 0.01 显著水平上差异显著

因 $S_{\bar{x}}=\sqrt{87.7500/7}=3.54$，$df_e=18$，$SSR$ 值和 LSR 值见表 7-14。

表 7-14　*SSR* 值与 *LSR* 值

df_e	秩距 k	$SSR_{0.05}$	$SSR_{0.01}$	$LSR_{0.05}$	$LSR_{0.01}$
18	2	2.97	4.07	10.51	14.41
	3	3.12	4.27	11.04	15.12

解释结论时，应将各组平均数还原为阳性率。如表 7-13 中平均数 53.27 根据 $P=\sin 2x$，还原为 64.2%；均数 32.58 还原为 29.0%；均数 28.56 还原为 22.8%。但由变换过的数据算出的方差或标准差不宜再还原为原来的数据。

检验结果表明，甲地区乳牛隐性乳房炎阳性率极显著高于丙地区和乙地区，乙地区与丙地区的阳性率差异不显著。

以上介绍了几种数据转换常用方法。对于一般非连续性的数据，最好在方差分析前先检查各处理平均数与相应处理内均方是否存在相关性和各处理均方间的变异是否较大。如果存在相关性，或者变异较大，则应考虑对数据做出变换。有时要确定适当的转换方法并不容易，可事先在试验中选取几个其平均数为大、中、小的处理试验进行转换。哪种方法能使处理平均数与其均方的相关性最小，哪种方法就是最合适的转换方法。另外，还有一些别的转换方法可以考虑。例如对于一些分布明显偏态的二项分布资料进行 $x=(\arcsin\sqrt{p})^{1/2}$ 的转换，可使 x 呈良好的正态分布。

第四节　数据处理软件介绍

1. SAS

SAS 系统全称为 Statistics Analysis System，最早由北卡罗来纳大学的两位生物统计学研究生编制，并于 1976 年成立了 SAS 软件研究所，正式推出了 SAS 软件。SAS 是用于决策支持的大型集成信息系统，但该软件系统最早的功能限于统计分析，至今，统计分析功能也仍是它的重要组成部分和核心功能。PC 版本的 SAS 于 1987 年推出（V6.02），1989 年推出 SAS/PC（V6.04）版本；1997 年下半年推出适用于多种操作系统的 V6.12 版本（Windows 版）；2000 年 2 月又推出 SAS 系统 V8 版本，2001 年推出 SAS 系统 V8.2 版本；目前 SAS 最新版本为 V9.1.3。经过多年的发展，SAS 已被全世界 120 多个国家和地区的近三万家机构所采用，直接用户则超过三百万人，遍及金融、医药卫生、生产、运输、通讯、政府和教育科研等领域。在数据处理和统计分析领域，SAS 系统被誉为国际上的标准软件系统，并在 1996～1997 年度被评选为建立数据库的首选产品。堪称统计软件界的巨无霸。

2. SPSS

SPSS 是软件英文名称的首字母缩写，原意为 Statistical Package for the Social Sciences，即“社会科学统计软件包”。但是随着 SPSS 产品服务领域的扩大和服务深度的增加，SPSS 公司已于 2000 年正式将英文全称更改为 Statistical Product and Service Solutions，意为“统计产品与服务解决方案”，标志着 SPSS 的战略方向做出重大调整。SPSS 是世界上最早的统计分析软件，由美国斯坦福大学的三位研究生于 20 世纪 60 年代末研制，同时成立了 SPSS 公司，并于 1975 年在芝加哥组建了 SPSS 总部。1984 年 SPSS 总部首先推出了世界上第一个统计分析软件微机版本 SPSS/PC+，开创了 SPSS 微机系列产品的开发方向，极大地扩充了它的应用范围，并使其能很快地应用于自然科学、技术科学、社会科学的各个领域，世界上许多有影响的报刊杂志纷纷就 SPSS 的自动统计绘图、数据的深入分析、使用方便、功能齐全等方面给予了高度的评价与称赞。迄今 SPSS 软件已有 30 余年的成长历史。全球约有 25 万家产品用户，它们分布于通讯、医疗、银行、证券、保险、制造、商业、市场研究、科研教育等多个领域和行业，是世界上应用最广泛的专业统计软件。

3. Statistica

Statistica 为一套完整的统计资料分析、图表、资料管理、应用程式发展系统；以及对其他技术、工程、工商企业资料挖掘应用等进阶分析之应用程式。此系统不仅包含统计上一般功能及制图程序；还包含特殊的统计应用（例如：社会统计人员、生物研究员或工程师）；全新的 Statistica 在功能上，更提供了四种线形模型的分析工具，包括 VGLM、VGSR、VGLZ 与 VPLS。对使用者而言，提供完整且俱可选择性的使用者界面；亦可广泛使用程式语言辅助精灵来建立一般的范围；或整合 Statistica 与其他应用程式进行计算，这些都是非常方便好用的模组。Statistica 能提供使用者所有需要的统计及制图程序。另外，能够在图表视窗中显示各种分析，及有别于传统统计范畴外的最新统计作图技术，皆获得许多使用者的好评。Statistica 为基本系列产品，可独立使用此模组，或搭配 Statistica 其他组合产品系列。

4. Minitab

Minitab 同样是国际上流行的一个统计软件包，其特点是简单易懂，在国外大学统计学系开设的统计软件课程中，Minitab 与 SAS、BMDP 并列，甚至有的学术研究机构专门教授 Minitab 之概念及其使用。MiniTab for Windows 统计软件比 SAS、SPSS 等小得多，但其功能并不弱，特别是它的试验设计及质量控制等功能。MiniTab 目前的最高版本为 V14.1，它提供了对存储在二维工作表中的数据进行分析的多种功能，包括：基本统计分析、回归分析、方差分析、多元分析、非参数分析、时间序列分析、试验设计、质量控制、模拟、绘制高质量三维图形等，从功能来看，Minitab 除各种统计模型外，还具有许多统计软件不具备的功能——矩阵运算。

5. Stata

Stata 作为一个小型的统计软件，其统计分析能力远远超过了 SPSS，在许多方面也超过了 SAS！由于 Stata 在分析时是将数据全部读入内存，在计算全部完成后才和磁盘交换数据，因此计算速度极快（一般来说，SAS 的运算速度要比 SPSS 至少快一个数量级，而 Stata 的某些模块和执行同样功能的 SAS 模块比，其速度又比 SAS 快将近一个数量级！）Stata 也是采用命令行方式来操作，但使用上远比 SAS 简单。其生存数据分析、纵向数据（重复测量数据）分析等模块的功能甚至超过了 SAS。用 Stata 绘制的统计图形相当精美，很有特色。在长远趋势上，Stata 有超越 SAS 的可能。Stata 的另一个特点是他的许多高级统计模块均是编程人员用其宏语言写成的程序文件（ADO 文件），这些文件可以自行修改、添加和下载。用户可随时到 Stata 网站寻找并下载最新的升级文件。事实上，Stata 的这一特点使其成为了几大统计软件中升级最多、最频繁的一个。Stata 最大的缺点应该是数据接口太简单，实际上只能读入文本格式的数据文件；其数据管理界面也过于单调，和豪华的 Windows XP 平台不太相称。

6. SYSTAT

SYSTAT 由美国 SYSTAT 公司于 70 年代推出，因方法齐全、速度快、精度高、软件小、处理数据量大而大受欢迎，成为目前较为流行的通用数据分析软件包之一，一度欲与 BMDP 争夺“第三”的名份，在我国也曾风靡一时。但随着市场的风云变幻，也不幸于 1994 年 9 月为 SPSS 公司兼并。但比 BMDP 幸运的是，SPSS 公司并没有放弃 SYSTAT 的开发研究，它通过调整产品布局，利用 SYSTAT 较为突出的图形优势，发展 MAC 平台上的产品系列使得 SYSTAT 焕然一新，并且 SPSS 在吃掉 BMDP 后，拟将其 UNIX 平台版本划入 SYSTAT 发展，真是阴差阳错，昔日竞争的对手，却被整合到一处，不过 SYSTAT 好歹还有个名份，而 BMDP 却已烟消云散了。目前 SYSTAT 的 MAC 版最新为 5.2.1，Windows 版为 10.0，主要针对科学研究者，SYSTAT 几乎可以完成统计研究者所需要的任何统计方法，软件包含有世界地图、三维图、经纬图等普通及奇特的图像模型，它虽然还没有 SPSS 这样的软件包先进，但比 SPSS 便宜得多，而且硬盘容量要求更小。SYSTAT9.01 升级文件需将所有文件弹到安装目录下，然后运行 Patch. exe 文件修改 systat. exe 文件即可。

7. DPS

DPS 统计软件是目前国内唯一一款实验设计及统计分析功能齐全、价格上适合于国内用户的具自主知识产权、技术上达到国际先进水平的国产多功能统计分析软件包。并在某些方面已处于国际领先地位（如实验设计中大样本时的均匀实验设计、多元统计分析中动态聚类分析）。完善的统计分析功能涵盖了所有统计分析内容，是目前国内统计分析功能最全软件包。DPS 的一般线性模型（GLM）可以处理各种类型试验设计方差分析，特别是一些用 SPSS 菜单操作解决不了、用 SAS 编程很难完成的多因素裂区混杂设计、格子设计等方差分析问题，用 DPS 菜单操作可轻松解决。目前版本应用 GLM 进行分析，可处理因子数已不受限制。

8. Excel

Excel 在数据分析中最为基础，最易掌握，在数据的预处理、图形的绘制等方面具有相当出色的作用；其内置函数数量多且使用方便。公式、图形等具有即改即可见的特点，此功能在目前的 SAS、SPSS 等统计软件尚无法实现。此外，Excel 也能完成绝大多数常用统计分析功能。中文界面，无需编程，且一般的计算机内均安装有此软件（即 Office），但不适宜做大型统计分析。

Excel 事实上是一个数据库，数据处理功能仅仅是其附带的功能。虽然并非统计软件，也没有像其他统计软件操作复杂，但操作简单明了，好学易懂，极大地方便了数据计算。

（1）加载“数据分析”程序，在“工具”中找到“加载宏”，双击（图 7-1）。

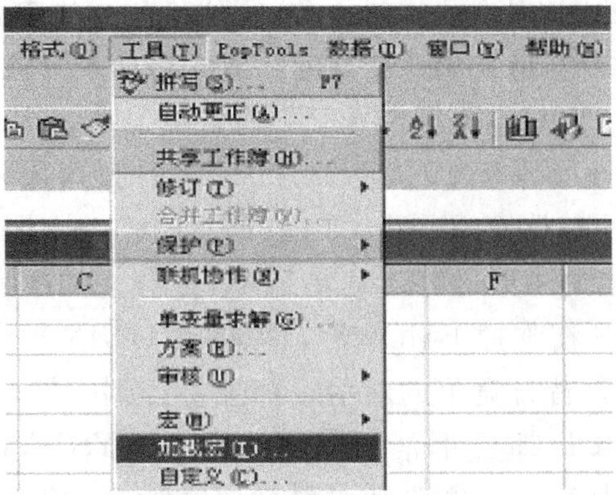

图 7-1 “工具”下拉菜单

（2）选中“分析工具库”，并点击“确定”（图 7-2）。

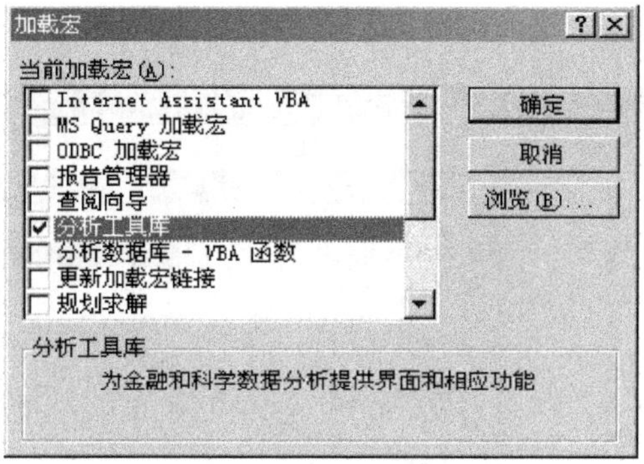

图 7-2 “当前加载宏”界面

（3）建立新文件（inde. xls），男孩和女孩的身高数据（要求比较不同性别的学生身高差异），输入完毕，保存，重新打开“工具”（图 7-3）。

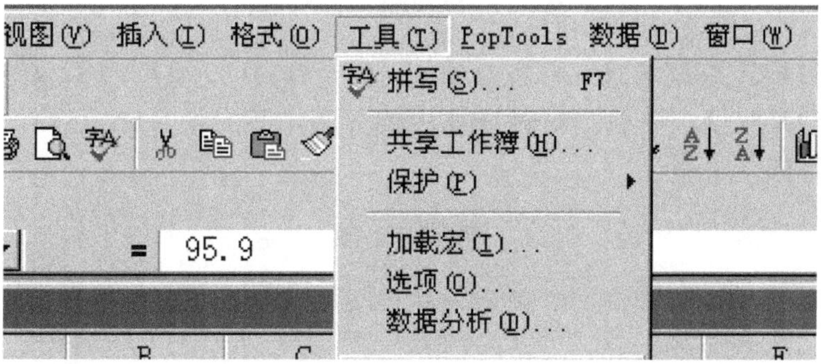

图 7-3 加载宏后“工具”下拉菜单

（4）双击“数据分析”（图 7-4）。

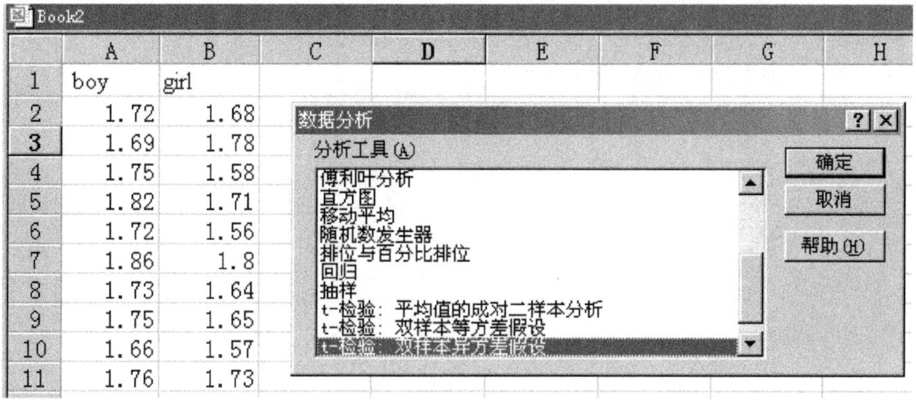

图 7-4 “数据分析”对话框

(5) 输入数据或打开文件，选择独立样本均属检验，并将相应的数据选入box中，确定（图 7-5）。

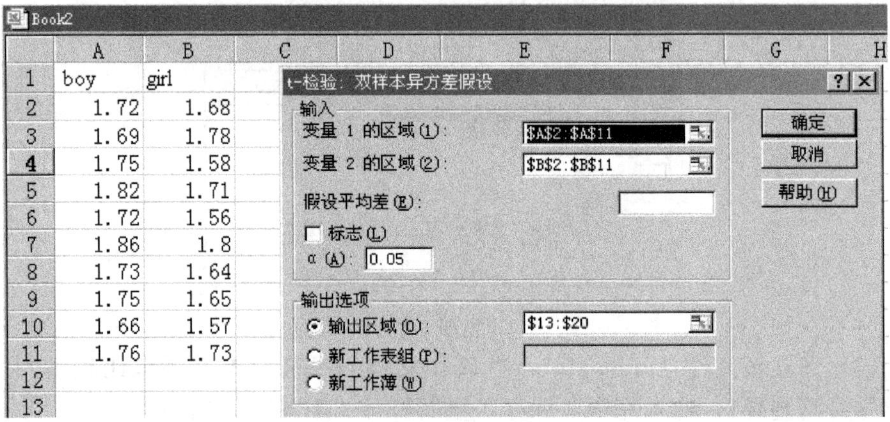

图 7-5　“t-检测”主对话框

结果解释：双尾检验 $t=2.3193>t_{0.05}=2.1199$，$df=16$，$P=0.034<0.05$，拒绝零假设，性别差异对身高影响显著，即男生（boy）和女生（girl）身高显著不同（图 7-6）。

参 考 文 献

杜荣骞. 1999. 生物统计学. 北京：高等教育出版社·施普林格出版社

李志辉，罗平. 2005. SPSS for Windows 统计分析教程（第二版）. 北京：电子工业出版社

龙永红. 2001. 概率论与数理统计. 北京：高等教育出版社

陆建身，赖麟. 2003. 生物统计学. 北京：高等教育出版社

生物实验设计与数据分析. 2004. 蒋志刚，李春旺，曾岩主译. 北京：高等教育出版社

杨晓明. 2004. SPSS 在教育统计学中的应用. 北京：高等教育出版社

张金屯. 1995. 植被数量生态学方法. 北京：中国科学技术出版社

张金屯. 2004. 数量生态学. 北京：科学出版社

第八章　科技论文的基本格式

科技论文是对创造性的科研成果进行理论分析和总结的科技写作文体，是论述科技领域中具有创新意义的理论性、实验性、观测性的新成果、新见解和新知识；或者是总结某种已知原理应用于实践取得新方法、新技术和新产品的科技文献。它是反映科研成果、开展学术交流的重要手段，对推动人类社会发展和科学技术的进步起着极为重要的作用。

科技论文主要用于科学技术研究及其成果的描述，是研究成果的体现。运用它们进行成果推广、信息交流、促进科学技术的发展。因此，科技人员不但需要具备一定的专业知识和科学研究能力，而且还应该充分了解科技论文的结构、内容和格式，具备遣词、造句、立意、谋篇、表达、逻辑、语法、修辞等各种基础写作修养和技能，这样才能更好地对所从事的工作进行总结、挖掘、深入、交流和提高。

本章重点阐述科技论文的基本格式与写作方法，一篇完整的科技论文应该包括前导部分、论证部分和附属内容三大部分，其中每一部分又包括几方面的内容。

第一节　科技论文的特征和分类

一、科技论文的定义

科技论文是在科学研究、科学实验的基础上，对自然科学和专业技术领域里的某些现象或问题进行专题研究，运用概念、判断、推理、证明或反驳等逻辑思维手段，分析和阐述，揭示出这些现象和问题的本质及其规律性而撰写成的文章。简言之，科技论文就是科学研究成果的文字。在学术研究领域，无论是应用研究、发展研究还是基础研究，只要对所研究或探讨的问题提出了新的见解或新的观点，或采用了新材料，或运用了新的方法，或得出了新的结论，或站在新的高度对原有理论做出新的解释和论证，将获得的科学研究新成果写成的文章就是科技论文。它展示的是一个新的论点或理论体系的形成，是一个创造性的认识活动过程。因此，科技论文范围不仅包括论述创新性研究成果的理论性文章或学术专著，也包括某些实验性或观测性新知识、新方法的科学记录，某些科学原理应用于实验取得新进展的科学总结。

二、科技论文的特点

科技论文区别于其他文体的特点，在于创新性科学技术研究工作成果的科学论述，是某些理论性、实验性或观测性新知识的科学记录；是某些已知原理应用于实际中取得新进展、新成果的科学总结。因此，完备的科技论文一般都具备以下六点共性：

（一）科学性

科学性的内涵通常可分为真实性、准确性、可重复性、可比性和逻辑性，是保证学术论文质量的最基本的要求。这是科技论文在方法论上的特征，它不仅仅描述的是涉及科学和技术领域的命题，而且更重要的是论述的内容具有科学可信性，是可以复现的成熟理论、技巧或物件，或者是经过多次使用已成熟能够推广应用的技术。

（1）论点和结论必须真实、科学。这就要求作者必须具有严谨的治学作风和实事求是的科学态度，做到科研设计缜密，尽量避免技术性失误，并且客观地记述科研数据，尊重事实，不凭主观臆断和个人好恶随意取舍客观数据或歪曲结论。它必须正确反映客观事物的本质和规律，能够经得起实践的检验。论点绝对不能主观臆造，不能带有主观随意性和偏见。

（2）论证和论据必须科学。学术论文通过科学的研究方法，如观察、调查、实验等，并运用概念、判断、推理对立论进行严密而富有逻辑性的科学论证。所引用的论据无论是实地调查来的，还是实验中得来的，或是文献中摘引来的，都要求真实、典型，真正成为论点的支柱。

（3）论述表达必须准确、科学。论文的数据、引用的资料必须准确无误，要求作者仔细观察事物发生发展过程，认真总结实践经验，全面分析存在的问题，并对相关数据资料进行精确记录。写作时要选择最恰当的词语，反复推敲相近词在表述上的细微差别，力争把写入的内容准确到表述出来，达到脉络清晰，措辞严谨，概念准确，条理清楚，结构完整，令人信服地表达科学新颖的学术见解。

（4）技术和方法可重复性高。论文介绍的技术和方法，在相同的条件下，应获得与论文相同的结果和结论。只有在研究中真正揭示了研究对象的内部联系，并掌握了该对象的变化规律，才能保证论文结果和结论的可重复性。这就要求作者科研设计必须合理，写作时要详细介绍必要的、关键的内容，尤其是自己创新或改进的技术和方法，以便读者可重复出同样的结果。有了可重复性的成果，才有推广和应用价值，也才有确定的经济价值和社会价值。

（5）结果的可比性和逻辑性强。论文结果可与其他相同或相近已报道的课题结果进行比较，以确定其是否具有先进性。这就需要设立对比观察，并用统计学的方法处理观察结果。这就要求作者在选题、提出假设、收集素材、推断结论以及论文写作的全过程中，都必须严格遵守逻辑学的基本规律，不能出现违背逻辑学原理和规律的错误。

（二）学术性

论文是否有学术价值，是评价论文质量的公认标准。学术性，即论文具有从实践中概括出来的对某一事物理性认识的特性，可以概括为“新”、“深”、“实”三个字。所谓“新”，就是在论点或方法上具有创新性，或赋予某一论题以新意；“深”，指研究有一定的深度，能抓住问题的本质，对推动学科建设和发展有积极意义；“实”，指所用的材料具有权威性和时间的贴近性，证据是经过组织和加工的，不是事实的罗列。

（三）独创性

创造是科学的本质，独创性是论文的生命和灵魂，是有别于其他文献的特征所在。是否有创见，是衡量学术论文价值高低的标准。论文绝不能人云亦云，必须创造性地解决某一专业领域的理论问题或实践问题。不同的研究者创造能力可以有大小，创造水平可以有高低，但无论对于哪个层次的研究者而言，独创性这一点都必须是研究者从发现问题开始，到研究问题、解决问题，最后到撰写论文的整个过程中自始至终、坚持不懈的追求。具体说来，它要求文章所揭示的事物现象、属性、特点及事物运动时所遵循的规律，或者这些规律的运用必须是前所未见的、首创的或部分首创的，必须有所发现，有所发明，有所创造，有所前进。独创性可以体现在研究和探索前人未曾涉及的领域；可以纠正或补充前人的观点；可以综合前人的研究，揭示今后研究的方向；可以为前人的立论提供新的事实材料或采用新的研究方法等等，而不是对前人工作的复述、模仿或解释。

（四）理论性

学术论文不能停留于事实、现象的罗列，必须探究事物的本质及规律。写论文必须运用理论思维，通过对事实的抽象、概括、说理、辨析和严密的逻辑论证，将一般现象上升到一定的理论高度。没有理论支持的论文，只能囿于事实材料的堆积，不能从一般的现象中看到问题的本质，由表及里，由此及彼，从而达到对研究对象的客观规律性的认识。论文的理论性是作者的学识水平、理论素养和实践经验的综合反映。

（五）实践性

论文要充分考虑到文章的实践性和现实意义。只有从现实需要和推动科学技术进步需要出发，才能写出满足时代发展要求、真正能够体现论文价值的文章。不同学科的论文在理论、方法和技术上的应用性、实践性表现形式也不同。衡量论文的应用性和实践性，可从三个方面入手：一是看论文是否从学科研究和工作实践中产生，是否反映了科学研究的新成果、新问题；二是看论据是否从科学研究或实际调查中取得第一手资料，还是东拼西凑、道听途说的“无本之木”；三是看是否解决或回答了学科或专业发展中提出的迫切需要解决的问题，其答案对教学或科研是否有直接或间接的指导意义。

（六）规范性

规范性是指对论文的语言文字和表述形式等方面的质量要求，这是文章的结构特点。科技报告、学位论文等的编写格式国家制定了统一的标准。为了便于交流和应用，论文必须运用规范的语言文字系统和符号系统进行表述。因此，作者在撰写论文时必须做到脉络清晰、结构严谨、前提完备、演算正确、符号规范，文字通顺、图表精制、推断合理、前呼后应、自成系统。

（七）有效性

有效性是指文章的发表方式。当今只有经过相关专业的同行专家的审阅，并在一定规格的学术评议会上答辩通过、存档归案，或在正式的科技刊物上发表的科技论文才被承认为完备和有效的。这时，不管科技论文采用何种文字发表，它表明科技论文所揭示的事实及其真谛已能方便地为他人所应用，成为人类知识宝库中的一个组成部分。

三、科技论文的分类

科技论文的分类就像它的定义一样，有很多种不同的分法：如按学科的性质和功能不同，可分为基础学科论文、技术学科论文和应用学科论文三大类；按论文内容所属学科、专业的不同，可分为医学论文、数学论文、生物学论文、机械工程技术论文等等；按研究和写作方法的不同，可分为理论推导型学术论文、实（试）验研究型学术论文、观测型学术论文、设计计算型学术论文、发现发明型学术论文、争鸣型学术论文、综述型学术论文等；如按写作目的和作用，则可分为学术性论文、技术性论文、学位论文等。

（一）按研究目的分类

1. 理论探讨性、论证性论文

运用有关原理或以大量的观察实验结果为依据，或以丰富的文献资料、现实材料作为基础，通过分析综合，剖析现象与本质，推理论证，从而提出新理论、新看法，或论述自己的研究成果，证明自己的研究论点。

2. 综合论述性论文

针对现实中或学术界提出的问题，围绕某一主题进行研究的课题，从纵向（历史发展）或横向（目前现状）两方面加以系统和综合概括，说明来龙去脉及前人研究情况，分析症结所在，指明进一步探索的方向。此类论文同样具有重要的学术价值。

3. 预测性论文

研究者通过调查研究，根据科学和事实，对某一教育现象进行分析，指出发展的趋势以及预测今后发展的可能。

（二）按作用分类

1. 学术性论文

指研究人员提供给学术性期刊发表或向学术会议提交的论文，它以报道学术研究成果为主要内容。反映该学科领域最新的、最前沿的科学水平和发展动向，对科学技术事业的发展起着重要的推动作用。这类论文应具有新的观点、新的分析方法和新的数据或结论，并具有科学性。

2. 技术性论文

指工程技术人员为报道工程技术研究成果而提交的论文，这种研究成果主要是应用已有的理论来解决设计、技术、工艺、设备、材料等具体技术问题而取得的。这类论文应具有技术的先进性、实用性和科学性。

3. 学位论文

指学位申请者提交的论文。这类论文依学位的高低又分为以下 3 种：

（1）学士论文。指大学本科毕业生申请学士学位要提交的论文。论文或设计应反映出作者具有专门的知识和技能，具有从事科学技术研究或担负专门技术工作的初步能力。这种论文一般只涉及不太复杂的课题，论述的范围较窄，深度也较浅，因此，严格地说，学士论文一般还不能作为科技论文发表。

（2）硕士论文。指硕士研究生申请硕士学位要提交的论文。它是在导师指导下完成的，但必须具有一定程度的创新性，强调作者的独立思考作用。通过答辩的硕士论文，应该说基本上达到了发表水平。

（3）博士论文。指博士研究生申请博士学位要提交的论文。它可以是 1 篇论文，亦可以是相互关联的若干篇论文的总和。博士论文应反映出作者具有坚实、广博的基础理论知识和系统、深入的专门知识，具有独立从事科学技术研究工作的能力，应反映出该科学技术领域最前沿的独创性成果。因此，博士论文被视为重要的科技文献。

（三）按研究方式和论述分类

1. 实（试）验研究报告

这类论文不同于一般的实（试）验报告，其写作重点应放在“研究”上。它追求的是可靠的理论依据，先进的实（试）验设计方案，先进、适用的测试手段，合理、准确的数据处理及科学、严密的分析与论证。

2. 理论推导

这类论文主要是对提出的新的假说通过数学推导和逻辑推理，从而得到新的理论，包括定理、定律和法则。其写作要求是数学推导要科学、准确，逻辑推理要严密，并准确地使用定义和概念，力求得到无懈可击的结论。

3. 理论分析

这类论文主要是对新的设想、原理、模型、机构、材料、工艺、样品等进行理论分析，对过去的理论分析加以完善、补充或修正。其论证分析要严谨，数学运算要正确，资料数据要可靠，结论除了要准确而外，一般还须经实（试）验验证。

4. 设计计算

它一般是指为解决某些工程问题、技术问题和管理问题而进行的计算机程序设计，某些系统、工程方案、产品的计算机辅助设计和优化设计以及某些过程的计算机模拟，某些产品或材料的设计或调制和配制等。从事计算机等软件开发的人员写这方面的科技论文多些。对这类论文总的要求是“新”，数学模型的建立和参数的选择要合理，编制的程序要能正常运行，计算结果要合理、准确；设计的产品或调、配制的物质要经试验证实或经生产、使用考核。

5. 专题论述

这类论文是指对某些事业（产业）、某一领域、某一学科、某项工作发表议论（包括立论和驳论），通过分析论证，对它们的发展战略决策、发展方向和道路，以及方针政策等提出新的独到的见解。如维持河流健康生命具体指标的确定，流域初始水权的分配等都属于这一类型。从事专题研究的人员写这方面的科技论文多些。

6. 综合论述

这是一种比较特殊的科技论文，与一般科技论文的主要区别在于它不要求在研究内容上具有首创性，尽管一篇好的综述文章也常常包括某些先前未曾发表过的新资料和新思想，但是它要求撰稿人博览群书，在综合分析和评价已有资料基础上，综合介绍、分析、评述该学科（专业）领域里国内外的研究新成果、发展新趋势，并表明作者自己的观点，对特定时期内有关专业领域的发展演变规律和趋势作出科学预测，提出建设性的意见和建议。对这类论文的基本要求是，资料新而全，作者立足点高、眼光远，问题综合恰当、分析在理，意见和建议比较中肯。

第二节　前导部分

前导部分包括论文标题、作者单位、署名、目录、摘要、关键词及引言。它是论文的主纲，撰写时应提纲契领，言简意赅。

一、标题

标题（title）又称题目、文题、题名，是一篇论文的缩影与代表、中心与总纲，是提纲的提纲。对于论文内容来说、标题具有重要的提示作用，它含有研究对象、论文所解决的问题以及论文的贡献等信息。阅读一篇论文时，首先接触到的就是标题，一个好的标题能使读者透过它而窥及论文的全貌，因此标题是对论文内容的高度概括。

（一）论文标题的基本组成

论文标题一般是一个句子，能表达一个完整的意思。其主要成分包括主语、谓语和宾语，有时还有定语、状语、补语等附加成分。其中主语和谓语是标题的最基本成分，成为标题的主干。例如：

七筋菇自然种群的遗传结构分析

七筋菇自然种群的	遗传结构	分析
定语	主语	谓语

论文标题通常不宜由完整陈述句构成。文题主要起标示作用，而陈述句文题容易成为判断式的结论。

英文标题一般以短语（phrase）为主要形式，通常是名词短语（noun phrase），由一个或几个名词加上其前置定语和（或）后置定语构成。文题中一般只用名词、形容词、介词、冠词和连词，个别情况下出现代词。如果出现动词，一般用现在分词、过去分词或不定式。

（二）标题应具备的条件

论文的标题应当具备确切（correct）、简练（concise）和醒目（clear）的特点。

1. 阐述具体、用语简洁

标题需细心推敲、反复锤炼，不要笼统空泛、过于庞杂冗长，使人不得要领，切忌用较长的主、谓、宾语结构的完整语句逐点描述论文的内容，标题中尽量不使用标点符号。标题的长短应按照不同论文的内容而定，中文标题不宜超过20个汉字，英文题名应与中文题名含义一致，一般不超过10个实词。标题一般不使用外来语、药品的商品名、罕见的缩写或符号、代号等。英文题名中首字母及实词首字母应大写，除特定缩写外，其他字母均小写。例如，《中西医结合治疗肿瘤》，此标题看似简洁，但笼统、不具体，像是一个书名，不适于做一篇论文的题目。又如《对显微镜研究法补充一种物体和它底色之间或物体本身各部分间产生色差的新方法》，若作为一个论文的标题过于繁琐、冗长，更像摘要。

2. 文题相称、确切鲜明

标题体现内容，内容说明标题，彼此相互照应，要做到文题相符。论文的标题不但要简短明了、概括全文，而且要准确、鲜明、生动、富有吸引力，从而引起读者的注意和兴趣，给人以深刻的印象，使读者在看到标题的一瞬间触发其阅读论文内容的兴趣，进而阅读全文。拟定科学技术论文的标题需要精心琢磨，要能确切表达中心内容，切忌文不对题。有一些标题如《……机制的研究》、《……的规律（或模型）》、《……综论》等，但细看原文，并非自己研究所得出的“机制”、“规律”或“模型”。有的作者在自己的工作得到了与前人的实验结果略有不同的实验现象时，便上升到“规律”，不适当地夸大。这些做法都不能准确地表达论文的原意。

例如，《外科手术疗法在治疗产科疾病中的地位初步探讨》、《动物性别控制机制的研究》等，不仅庞大笼统，而且文不对题。使人难以捉摸作者究竟要阐明哪些问题。《性染色体及染色质检查在妇科范围内的应用》，此标题看起来似乎也比较大，但却有其具体的一面。

3. 重点突出、主题明确

标题必须突出论文的主题，不能面面俱到，包罗万象。标题因受文字的限制，不宜过长，需要高度概括，简明扼要，使人一目了然。当然，也要避免过分笼统或哗众取宠的所谓简洁，缺乏可检索性，以至名实不符或无法反映出每篇文章应有的特色。当一个短标题不足以概括论文的内容时，有时可以加副标题进行补充和说明，使标题更为准确、具体、完善。副标题的前面加一破折号，置于标题的下面，或者在标题后面将副标题用括号括起来，也可以在副标题前面加一序码。

例如，《新生儿乙型肝炎疫苗免疫的远期效果考核——11年随访结果》、《小儿急性脑水肿的补液问题（20例病案分析与补液方法讨论）》、《卡氏肺孢子虫病实验与临床研究Ⅲ，抗卡氏肺孢子虫单克隆抗体杂交瘤细胞株的建株及鉴定》等，都以副标题对主标题作了完善和说明。

4. 反映论点、概括全文

论点是论文的核心，标题必须反映论文的论点。但标题与论点不同，论点必须在写论文之前明确，而标题则既可以在写论文之前确定，也可在写作之后确定。一篇论文可以设想几个标题，再根据论文的内容进行比较和选择。

例如：a.《应用有机玻璃做颅骨成形术治疗颅骨缺损22例疗效观察》

b.《有机玻璃作颅骨成形术治疗颅骨缺损22例报告》

c.《有机玻璃颅骨成形术（附22例报告）》

这3个标题相比，以第3个标题较好，既简明扼要、具体确切，又能反映论点、概括全文。

5. 标题表现论点的基本形式

（1）标题直接表明论点。例如，《生物学教学中引入概念图策略的实验研究》、《喷瓷管道焊接热敏感性研究》，就是很好的例证，使读者一目了然。

（2）标题指明论点的范围。例如，《北京百花山地区蔷薇科野生植物资源评价及开发利用》、《孝感市2006年麻疹疫情流行病学分析》，这两篇论文标题中的论点范围就很明确。

（3）标题说明论点的结局。由于每篇论文最后结局的程度、范围、意义、作用、性质各不相同，所以标题的措辞也有区别。

如果论文所涉及的病例较多，可选用"多少例分析"；病例少，则用"几例报告"。例如，《急性重症病毒性心肌炎的临床分析》、《ABO血型移植16例报告》和《一例肿瘤病人心理危机干预案例报告》。

如果前人未曾做过同类实验，或由于对某一问题认识不一致而设计的实验得出了新的结论，可用"探讨"或"初步研究"。例如，《安徽短萼黄连种群特性及其濒危机制探讨》、《中国对虾血细胞酶细胞化学的初步研究》。

如果对课题进行了较系统深入的实验研究，初步得到较为正确的结论，但对某些问题（机制）不十分清楚，可用"观察"或"研究"。例如，《中药灌肠制剂治疗慢性肾功能衰竭疗效及安全性观察》、《陕北黄龙山辽东栎群落优势种群生态位研究》。

如果在重复前人的实验或从问题的另一个侧面进行实验，得出的结论与前人同类研究的结论有异，常用"研讨"、"商榷"或"商讨"等。例如，《高压上浆工艺应用中有关问题的研讨》、《北京城市空间布局的商榷》。

二、作者署名和地址

作者（author）署名是科技论文的必要组成部分。作者是指在论文主题内容的构思、具体研究工作的执行及撰稿执笔等方面的全部或局部上做出的主要贡献的人员，能够对论文的主要内容负责答辩的人员，是论文的法定权人和责任者。

（一）作者署名的意义

1. 明确论文由谁负责

一篇科技论文应具有创造性、新颖性，能在生产中应用或具有学术意义和科学价值，因而要求数据真实准确，论证客观严谨。论文作者应按“文责自负”的原则对论文的真实性、可靠性负责，当有读者对论文的内容提出疑问时负责解答。另一方面署名会促使作者对论文严格要求，保证论文的质量。若发现论文有剽窃、抄袭现象或弄虚作假等学术不端行为时，作者应当承担全部责任。

2. 可使作者获得应有的荣誉

署名是作者获得荣誉的一种表现，是作者将自己的科研成果向社会做出贡献的一次记录。一篇好的科技论文发表后，会产生较好的社会效益和经济效益，读者可以从中得到启发、借鉴，不断获取有益的东西。其中有的会被人们检索、引用、摘录或转载，有的则被直接用于指导生产实践，论文的作者因此会被后人铭记。所以，署名使作者获得了应有的荣誉。

3. 文献检索的需要

一篇科技论文完成后，便成为科技文献。为了读者查询方便，这些浩如烟海的散乱文献资料必须有序化，形成检索体系。为此，文献必须具备索引项。索引项包括著者、篇名、类目、主题词等，故署名除供读者直接查询外，也是文献检索的需要。在引用文献时，第一项内容就是著者姓名。因此，署名是科技论文本身必不可少的一项内容。

4. 可以明确著作权

著作权是法律给予作者的一种专有权。我国著作权法规定著作权包括 5 项人身权和财产权，其中规定：“著作权属于作者”，“在作品上署名的公民、法人或者非法人单位为作者。”因此，在科技论文上署名实际上是直接记录了由何人对该论文拥有著作权，即用署名来确定著作权的归属。

（二）作者署名的原则

一篇科技论文从开始工作到发表的全过程包括：①提出和选定课题并进行文献调研；②方法论证和制定实验方案；③实验设备、材料、试剂及其他条件的准备；④各项实验的操作、完成；⑤实验数据分析，提出新见解、新理论，并完成论文的撰写。凡参加了以上过程中某项工作，或者在课题研究和论文发表过程中给予支持者都是为论文做出贡献的人，但做出贡献的人未必可以署名，署名应当遵循一定的原则。

GB7713-87《科学技术报告、学位论文和学术论文的编写格式》对科技论文的作者署名条件作了规定：“署名的个人作者，只限于那些选定研究课题和制定研究方案，直接参加全部或主要部分研究工作并做出贡献以及参加撰写论文并能对内容负责的人。”上述规定的制定建立在以下原则基础上。

1. 做出贡献较大者才能署名

由上述规定的条件可以看出：只对论文做出一般贡献者不能署名；只有直接参加完成论文全过程中的主要工作，包括参加上述①、②、③、④、⑤项工作，尤其要参加第④项（实验研究）工作并做出贡献的才能署名。在这里还应指出，GB7713-87 规定的条件中特别强调要在直接参加实验研究中做出贡献，是因为在完成实验研究中要付出创造性劳动。实验中可能会遇到难以预料的困难和难题，需要随时提出解决的办法，并随时修改实验方案，直到获得满意的结果。论文的创造性特点主要由此获得，在此做出的贡献是创造性贡献，这种贡献相对而言应该是比较大的。

2. 名副其实的原则

学术论文署名是一件严肃的事情，署名作者必须对论文做出具体的贡献、了解论文的全部内容。署名不应该只图其名，而不符其实，一定要名实相符。“实”就是 GB7713-87 中规定的条件，只有符合这些条件的人才有资格署名。而下列几种情况则不应该署名，而应该在致谢部分列出，并详细说明其对论文的具体贡献。①给作者提供了研究方向（并未参与实际工作）；②给论文绘制了图表；③为综述论文提供了大量文献；④审阅了论文，并提出了修改意见；⑤为论文翻译了英文摘要，或者将中文论文全文翻译为英文；⑥为论文做了部分基础性的观测或实验等。针对学生论文，如果导师同时做了①和④两项工作，可作为署名作者。

3. 文责自负的原则

GB7713-87 规定在论文上署名的作者要“能对内容负责”，这体现了“文责自负”的原则。根据此原则，凡对论文不能负责，不能解释的人就不能在论文上署名。这样才能保证论文质量，并使论文更好地为读者服务。

（三）作者署名和地址的形式

署名的主要形式有两种：集体署名和个人署名。其中个人署名是最基本的一种形式。署名的作者应是论文课题的创意者、设计者和实施者，是论文的执笔者，并能对关键性的学术问题做出解释和答辩。几位作者合写时，主要作者在前，次要作者在后。不同单位的多位作者合写时，为了节省篇幅，只写作者姓名而单位名称用脚注标明。署名应署真名、全名，不署笔名，按贡献大小、工作主次与多寡，依次排名。

除了多人参与的研讨会结果报告外，一般研究论文的署名作者不宜过多，一般不超过 6 人。对论文涉及的部分内容做过咨询、给予某种帮助或参与常规劳务的人员及指导者、协作者、审阅者不宜按作者身份署名，但可以注明他们曾参与了哪一部分具体工作，或通过文末致谢的方式对他们的贡献和劳动表示谢意，排在本文末或首页下角，不应混淆作者和致谢对象。凡是署名的作者或致谢者均应征得本人同意。作者的署名位于标题的下方居中，标明作者所在单位，以便读者与作者直接联系。作者工作单位要署全称，单位所在的城市名称和邮政编码写在单位名称后的括号内，送往国外期刊发表的论文还要增加国名。国外杂志一般还要求署上作者的现在和永久通信地址。

（四）作者署名时应注意的问题

（1）凡在个人研究成果基础上撰写的论文或根据个人搜集的资料和积累的经验撰写而成的论文，理应单独一人署名。但应避免以个人名义发表集体研究成果，更不能发表别人的研究成果。由多人（多单位）合作的研究成果是否撰文发表，应共同协商决定，不能单方面擅自撰文发表。如发表这样的论文可多作者共同署名，合写论文的作者应按论文工作贡献的多少顺序排列。必须强调，在论文上署名的作者只限对于选定研究课题、制定研究方案、直接参加全部或主要部分研究工作并做出主要贡献，以及参加撰写论文并对论文内容负责的人。

（2）多作者排列顺序时，第一作者是论文的最主要贡献者，包括论文中的观测和实验等，应是亲自参加完成的，并且撰写了文稿。第二作者是次要的论文贡献者，包括参与了论文中的观测和实验等。针对学生（课题组）论文：①导师（课题负责人）提供了整体思路，参与了观测、实验，并全程把关，对完成论文撰写做出了具体贡献，可列为第二作者；②导师（课题负责人）提供了研究思路，或者其他一些贡献，但是比其他作者的贡献少，则应列为最后一位作者；③学生（课题组成员）贡献了全部的实验和关键的思路，则导师（课题负责人）不应撰写论文，而应该交给学生（课题组成员）撰写，学生（课题组成员）署名第一作者；④学生（课题组成员）贡献了大部分的实验，但最重要的一个或几个实验没有参与，则学生（课题组成员）应该署名，最高可排为第二作者。

（3）通讯作者应该是指导论文整个完成过程的人，包括论文使用数据的来源、论文实验的详细情况等，以方便编辑部和读者联系，并解答读者对论文的提问。通讯作者更多的是承担责任而非享受权利。许多单位把通讯作者当第一作者对待，就说明通讯作者是论文的主要责任人。一般说来，学生论文和课题组论文的通讯作者是论文研究经费的提供者并引导第一作者从事该研究的导师（课题负责人）。导师（课题负责人）必须对论文做出了具体的贡献，才能够要求署名；

否则不应当署名。对于学生论文，导师还有义务帮助学生修改论文，并指导投稿。

三、摘要

（一）摘要的定义和作用

摘要（abstract）又称文摘或提要，是以提供文献内容梗概为目的，不加评论和补充解释，简明确切地记述文献重要内容的短文。摘要是论文的重要组成部分，是科技论文的必要附加部分，通常位于文献的署名和前言之间，只有字数极少的文章才能省略。

摘要具有简练性、独立性和自明性，它是科技论文的“缩影”，要求文字精炼、论点明确、结论具体、内容概括、篇幅简短。并拥有与文献同等量的主要信息，即不阅读全文，就能获得必要的信息。

（二）摘要的类型

摘要有报道性摘要、指示性摘要和介乎其间的报道／指示性摘要三种类型。报道性摘要是文章的主题范围及内容梗概的简明摘要，相当于简介。它反映了论文的目的、方法及主要结果与结论，在有限的字数内向读者提供尽可能多的定性或定量的信息，充分反映该研究的创新之处。指示性摘要是文章的论题及取得的成果的性质和水平的摘要，其目的是使读者对该研究的主要内容（即作者做了什么工作）有一个轮廓性的了解。

（1）报道性摘要。是指明一次文献的主题范围及内容梗概的简明摘要，相当于简介。报道性摘要一般用来反映科技论文的目的、方法及主要结果与结论，在有限的字数内向读者提供尽可能多的定性或定量的信息，充分反映该研究的创新之处。科技论文如果没有创新内容，如果没有经得起检验的与众不同的方法或结论，是不会引起读者的阅读兴趣的；所以论述性论文多选用报道性摘要，一般适用于学术性期刊（或论文集），用比其他类摘要字数较多的篇幅，向读者介绍论文的主要内容。篇幅以 200～300 字左右为宜。

（2）指示性摘要。是指明一次文献的论题及取得的成果的性质和水平的摘要，目的是使读者对该研究的主要内容（即作者做了什么工作）有一个轮廓性的了解。创新内容少的论文，其摘要可写成指示性摘要，例如：综述性、资料性或评论性的论文，一般适用于学术性期刊的简报、问题讨论等栏目以及技术性期刊等。篇幅以 100 字左右为宜。

（3）报道/指示性摘要。这种摘要界于上述两者之间，以报道性摘要的形式表述一次文献中信息价值较高的部分，而以指示性摘要的形式表达其余部分。篇幅以200字左右为宜。

（三）摘要的功能

（1）为文献的编辑与检索提供方便。为读者提供查找所需文献的线索，让读者尽快了解论文的主要内容。现代科技文献信息浩如烟海，任何一个人都没有可能逐篇阅读文献。读者检索到论文题名后是否会阅读全文，主要就是通过阅读摘要来判断。论文摘要的索引是读者检索文献的重要工具。所以，摘要担负着吸引读者和将论文的主要内容介绍给读者的任务。

（2）为计算机检索提供方便。如今网上查询、检索和下载专业数据已成为当前科技信息情报检索的重要手段，网上各类文摘数据库的出现越来越体现了摘要的重要性。

（四）摘要的内容

摘要的内容应当包括：目的、方法、结果、结论四部分。

（1）目的（objective）：即研究、调查等的宗旨，要解决或阐述的问题及其重要性。亦可在摘要的开始，简要说明提出问题的背景。英文中常以动词不定式"To＋动词原形"开头。

（2）方法（methods）：对研究的基本设计加以描述，即研究内容和研究过程。包括所用原理、设备、材料、工艺，以及研究对象、途径、步骤、实验范围和分析过程；研究对象的数量及特征，观察的主要指标等。若是英文，谓语动词常用过去式。

（3）结果（results）：即实验的结果、数据或得到的性能，并说明其可信度、准确性的统计学意义。英文写作中，谓语动词多用过去时。

（4）结论（conclusion）：即通过分析、研究和比较实验结果，得到研究结果的评价、学术及应用价值等。把研究的主要结论性观点，用一两句话简明表达。结论应有直接依据，避免推测和过于笼统。在英文稿件中，动词时态用一般现在时或现在完成时。

例1：《基于AR模型的输电塔结构风荷载模拟技术》

〔目的〕近年来强风对输电铁塔的破坏情况十分严重。

〔方法〕采用时间序列分析中的AR模型方法来求取铁塔上脉动风的随机过程，研究了脉动风速和脉动风压的概率统计方法。

〔结果〕找出了适合输电铁塔的自回归模型的阶数。

〔结论〕实现了考虑空间相关性影响的输电铁塔水平脉动风压时程模拟，计算快速准确。同时给出了工程应用实例，结果合理。

例2：《汽轮机组真空系统漏泄的治理》

〔目的〕真空系统严密性存在问题。

〔方法〕对低压缸凹窝处、低压缸前后轴封以及低压缸与凝汽器连接处的漏泄进行了原因分析。

〔结果〕通过对低压缸结合面处和低压缸轴封处的治理，真空度提高了0.8 kPa。

〔结论〕机组的安全性和经济性都得到了提高。

（五）摘要的写作要求

（1）摘要要求结构严谨，语义确切，表述简明，一气呵成，不分段落。这是约定俗成的一个规矩，因为摘要最主要的特点是简短、精悍、完整。忌发空洞的评语，不作模棱两可的结论。没有得出结论的文章，可在摘要中作扼要讨论。

（2）格式要规范化，尽可能采用专业术语，避免用非专业语言。尚未规范化的，以采用一次文献所采用的为原则。如新术语尚无合适的中文术语译名，可使用原文或译名后加括号注明原文。应采用国家颁布的法定计量单位，要注意正确使用简化字和标点符号。必要提及的商品名应加注学名。

（3）排除在本学科领域方面已经成为常识的内容；不得简单地重复论文中已经表述过的信息；不举例证，不使用图、表或化学结构式、表达式等非文字性资料，以及非标准的术语、缩略语、简称、代号或符号。如果确有必要，均应在第一次出现时予以说明。不得使用文章中列出的章节号、图号、表号、公式号以及参考文献号等。

（4）一般说来，摘要的文字占全文的3%左右，不加小标题，必要时可加顺序号。不对论文内容加以注释和评论，也不可自作评价。论著还应有与中文摘要内容基本一致的英文摘要，以便对外学术交流。

（5）摘要作为一种可供读者阅读、情报人员和计算机独立使用的文体，必须使用第三人称，不用第一、二人称。因为摘要虽然位于论文的前导位置，但它是在论文全部完成之后再写的，这为作者进一步提炼自己的科学思想提供了一个机会。不必使用“本文”、“作者”作为主语，应采用“针对……，采用……方法，进行了……研究，效果……，结论……”等方式，不要简单重复文章题目中已有内容。

四、关键词

（一）关键词的定义与作用

关键词（keywords）是对表达科技论文的要素特征和主题内容具有实质意义的词或词组。它既有助于读者迅速了解论文的主题信息，也有助于各种文献检索系统论文的检索。关键词与主题词既有联系，又有区别。二者虽然都是用来表达文章的主题，但主题词是取自《汉语主题词表》中经过规范化处理的词，主题词是规范化的关键词，它在表达同一主题的任何情况下都具有完全一致的字面形式；关键词是具有灵活性和广泛性的自由语言，一般是从标题和摘要中抽取的自然词。因此，可将主题词作为关键词使用，但关键词不一定是主题词。在现阶段，关键词与主题词都被作为检索语言使用。

只有准确选择关键词，才能便于读者了解文献的主题内容。一篇文章有几个关键词，就可提供几条检索途径，读者可从不同的侧面查阅所需要的文献资料，减少漏检，因而可提高检出率。在计算机普及之后，也便于二次文献的整理及检索系统收录文章时的标引处理。由于关键词是未经规范化处理的自然语言，其中的同义词、近义词、多义词等未加规范统一，会由此引起文献标引或检索的误差，因而漏检或误检的可能性较大，影响检索效率。这是关键词作为情报检索语言的主要缺点之一。同时，关键词索引不显示关键词之间的等级关系和相互关系。因而关键词在文献检索中的使用效率远不如主题词。一般来说，关键词只用于编排临时性的主题索引，以加快检索刊物出版速度，而不适于作为长期性的检索工具和手段。

（二）关键词的书写格式

GB7713-87 规定：每篇论文选用 3～8 个关键词。中英文关键词要相对应，分别排在摘要后，另起一段。关键词之间，相互空一格书写，不加标点符号或者加“;”隔开，而不应该用“和”、“与”、“而”等连接。外文字符除专有名词的字首外，其余均小写。

（三）选择关键词的步骤与方法

在文章的撰写工作完成之后，作者要根据文章的题目、摘要和全文内容及所涉及的范围，统筹考虑关键词的选择。选取关键词时要对文章内容所涉及的主题概念进行精选与取舍，通常选取最能表达其主题中心内容的实词作关键词。选择和判断关键词最简单的方法是首先从标题中考虑，因为标题最能说明文章的中心（关键）内容。例如《林下酢浆草的生活史和种间差异》一文，可从标题中选择“酢浆草”、“生活史”、“种间差异”作为关键词，从标题中选择的关键词在检索术语中叫题内关键词。如果从标题中选出的关键词仍不能充分表达文章的中心内容，即不能提供较完全的检索信息，就再从摘要和正文中选择所需要的关键词，在检索术语中叫普通（题外）关键词。其次，对这些初选出来的关键词还应进行严格筛选，看其是否能准确全面地反映文章的中心内容。最后再查阅上题词（subject headings）表，被选出的关键词如能在上题词表中查到，则说明该词是经过规范化的非自由词，适合检索语言的要求；如该词在上题词表中查不到，说明该词是未经规范化的自由词。

（四）选择关键词的一般原则

（1）首先要选取形成论文中心论点的最主要概念，所选的重要概念对主题中心应有修饰和限定作用。选好主题中心概念后，还应从多方面选择围绕主题中心的关联主题要素，例如表示作用、方法、性质、结构、条件、用途、归属、时间、场所、原理、过程、结果的概念。还要注意选择隐含在字里行间的重要概念和对主题背景、动机、经过及对今后课题有信息价值的概念。

（2）关键词不能与主题词表中的副主题词组配。因为上题词表中的副主题词不能作为关键词使用，它仅对主题词起限定作用。

（3）凡是能用上题词表中的规范语言做关键词者，尽量用上题词表中的词来反映文章的中心内容。这样更适合于编制关键词索引，使计算机检索方便、准确；如在上题词表中确实查不到该词，但若不标引该词就不能更好地反映文章的中心内容，也可将该词标引为关键词。

（4）选出的中文关键词不能按汉语的习惯直译成英文，应在上题词表中查出相应的英文主题词作为英文关键词。即使某词从上题词表中查不到，也要考虑到尊重英文习惯的问题。

（5）如同时存在多个同级概念，应全部选取，一般不用它的上位概念来代表。例如“符合性质量评价方法在打叶复烤质量评价中的应用”一文，选取的关键词为“打叶复烤；质量评价；相对公差位置；理想数学模型”。

（6）选词不宜过多或过少，过多会造成过量标引，过少会遗漏一些有价值的信息点，容易造成误检或漏检。例如，“建立以优质烟生产为重点的耕作制度初探”的关键词为“可持续发展；烟草”，所选的关键词不足 3 个，而且和题目没有直接联系，也不关论文的主题中心概念，从关键词本身难以了解此文的主要论点，这种选取显然是不合适的。“可持续发展”不是实词，概念过于宽泛。

（7）关键词应该是部分名词、术语或名词性词组、短语、短句。一般来说，冠词、介词、连词、代词、情态动词等虚词不能做关键词，某些缺乏检索意义的实词如动词、形容词和副词等也不宜选用。

（8）化学分子式不能作为关键词。如“KCl”作为关键词时，应写作“氯化钾”，复杂的有机化合物名称一般取其基本结构名称作为关键词。有表示取代基位置或立体异构现象的词冠一般可以省略，如 3,5-腺苷酸和 1-乳酸中的“3,5-”和“1-”可以省去。但有些取代基位置标号已成为该化合物名称的一部分则应保留，如 5-羟色胺。

（9）此外，随着科学技术的发展，新的科技名词术语不断出现，许多科技论文选用的关键词都是在现有的主题词表中没有列出的新学科或新技术术语。使用这些新的自由词时应看其是否符合下列条件：①具有独立的检索意义；②促进新的学科或技术发展；③被国内外科技文献的检索系统接纳；④与国际上著名科技刊物特别是著名检索刊物关键词的选用接轨。

五、引言

引言（introduction）又称前言、序言、概述或导语，是论文的开场白，即正文主要内容的说明部分。引言作为科技论文的开端，主要回答“为什么”（Why）这个问题，同时引出论文要点和主要研究的问题，向读者介绍全文的目的或结论，引导读者阅读和理解全文的主题和总纲。

（一）引言的基本内容

引言的基本内容包括：目前研究的热点、存在的问题以及研究工作的历史背景和引起研究工作进行的缘由（问题的由来）；前人的研究进展（已有实验，已有结果，已明确问题，未解决问题）以及最近国内外的研究动态（有关重要文献简述）；强调本研究的重要性、必要性及现实意义等。引言也可点明本文的理论依据、实验基础和研究方法，简要阐述研究内容，预示研究的结果、意义和前景，但不必展开讨论。

（二）引言的写作要求

1. 突出重点

引言宜开门见山，突出重点，其内容不应与摘要雷同，也不应是摘要的注释；一般教科书上已有的知识或人所共知、显而易见的功用或意义在引言中不必赘述，简明扼要地介绍研究工作的来龙去脉、价值和意义；历史背景和国内外现状；研究的目的、范围和主要收获，研究的设想、方法、理论根据、预期结果及意义。

2. 客观评价

在引言中谈到自己的工作时，要注意实事求是，切忌妄下断言如“未见报道”、“前人没有研究过”、“达到国内先进水平”、“填补一项国内空白”等。对于前人在相关领域已做过的工作要客观地介绍，绝不能蓄意贬低，以免引起不良后果。

3. 少用套话

在引言中不要使用“才疏学浅”、“水平有限”、“恳乞指教”和“抛砖引玉”等客套话。水平如何，读者自有公论，如果自认为水平不高，那就等修改后再让读者评论；如果真有错误，也绝非客套话所能遮掩。

4. 勿与摘要雷同

引言与摘要有着很大区别，切忘引言与摘要雷同，或者变成摘要的注释。引言不必涉及本研究的数据或结论，避免与正文重复。一般应与结论相呼应，但也应避免与结论雷同。

5. 生动简明

引言是论文的开端，起引导作用，一定要简明，说清目的、意义及背景，能引出下文即可。篇幅不宜过长，字数的多少虽无统一规定，但以 200～500 字为宜。

6. 引言最好不要分段论述，不带插图列表和数学公式的推导证明。为了说明作者对前人所作的工作进行了广泛和深入的了解，在引言中适当地列举参考文献给予佐证，可以增加可信度。

第二节　论 证 部 分

论证部分即科技论文的正文，是科技论文的核心组成部分，是展现研究工作的成果和反映学术水平的主体。主要用来回答“怎样研究”（how）这个问题。论文的论点、论据和论证及具体达到预期目标的整个过程都要在这部分论述，它的篇幅最长，除了要有论点、有材料、有概念、有判断、有推理外，还要求合乎逻辑、顺理成章、通顺易读。

论证部分应充分阐明科技论文的观点、原理、方法及具体达到预期目标的整个过程，并且突出一个“新”字，以反映科技论文具有的首创性。根据需要，论文可以分层深入，逐层剖析，按层设分层标题。科技论文写作不要求文字华丽，但要求思路清晰，合乎逻辑，用语简洁准确、明快流畅；内容务求客观、科学、完备，要尽量让事实和数据说话；凡用简要的文字能够说清楚的，应用文字陈述，用文字不容易说明白或说起来比较繁琐的，应由表或图来陈述。物理量和单位应采用法定计量单位。

由于学科差异，根据所涉及的选题和研究方法，论证部分的内容也有所不同。一般包括原理、材料、方法、结果和讨论五个部分，可以灵活掌握这五个方面的写作。有时可精简为材料与方法、结果与分析、结论与讨论三节，有时只有材料与方法、结果与讨论两个部分。不论怎样合并，其基本内容不变。

一、材料与方法

材料与方法（materials and methods）是论文中论据的主要内容，是阐述论点、引出结论的重要步骤。这一部分是论文的核心，作者的创造精神就在这一部分表现出来。这一部分又是论文的基础，是判断论文的科学性、先进性的主要依据。如果这一部分处理不当，结论将成为空中楼阁，论文的质量就会大打折扣。这一部分要阐述的重点是：实验对象和实验材料的性质和特性、选取的方法和处理的方法、实验的目的、使用的仪器设备和器材、实验及测定的方法和过程、出现的问题和采取的处理方法等。

（一）材料与方法的主要内容

（1）实验材料。实验材料为植物时，应写明植物名称（包括拉丁学名）、种类（品种或品系）、数量、来源等；实验材料为动物时，应写明动物名称、种类（品种或品系）、数量、来源、性别、年龄、身长、体重、健康状况、分组标准与方法；实验材料为微生物或细胞时，应写明微生物或细胞的种、型、株、系的来源，培养条件以及实验室条件。

（2）实验仪器。如果是购买的仪器，需要注明仪器、设备的生产厂家、型号、精度和操作方法或文献出处即可；如果是对现有仪器做了改进，除需注明出处外，还应指明改进之处；对于自己设计安装的仪器，则应详细说明并且附图片或照片；如果是自行设计仪器或自制药品则更应当详细说明。

（3）实验试剂。所用试剂应写明名称、规格、成分、纯度、来源、出厂时间、型号、批号、使用效价、浓度和计量、配制方法和过程、使用剂量和次数、施用方法和途径等。

（4）实验方法与条件。实验过程、实验与记录的手段、观察步骤、记录指标及注意事项；测量的方法、指标、试剂的名称、剂量、剂型和使用方法等。所用方法如前人用过，公知公认，只写明其方法名称即可；引用他人的方法应注明出处；对已发表但尚未被人们所熟知的方法要提供参考文献，并对其方法原理做简要的描述；对新的或有实质性改进的方法，要说清这些方法的理由，并详述其改进部分，以便他人日后重复；用不同方法进行对比实验，要写清楚如何对比，怎样计算并列出相应的计算公式。如以数学模型加以研究，应讲明使用何种数学模型，具体运算以及逻辑推理的方法及依据（包括文献依据和理论依据），以及动物或人体实验研究的对比分析方法。

（5）数据处理和统计分析方法。如果使用计算机进行实验数据存储、运算、分析建库研究，应详细说明软件名称、设计及操作方法，包括制图和制表软件甚至试验设计方法。例如，实验对象是否随机抽样分组，是否有足够的例数（或实验次数），对照组和处理组的条件是否相同或相似，实验重复次数等。

（二）材料与方法的写作特点

（1）详写与略写此部分内容有很大的伸缩性，可因研究内容不同，叙述有详有简。内容详简程度可据以下3种情况而定：①凡属于前所未有的技术革新、发明创造、实验设计等，均需详细阐述，并需将设计原理、实验步骤、操作要点、观察记录方法、仪器安装、药品配制过程以及必要的线路图或模示图和注意事项等加以说明，以便能重复这些实验，并判断其准确性和精确程度；②如实验方法为前人的方法、公认的方法，只需要写出实验方法的要点即可，方法的出处列在参考文献中；③如将前人的实验过程或方法加以改进，属于改进的部分要详细阐述，其余部分则简要叙述。

（2）按逻辑顺序安排内容要抓住论文的主要论点和关键问题，按照研究工作的逻辑顺序和疾病发生发展的客观规律安排材料和叙述实验过程，而不是采用自己实验时间的先后顺序。那些对阐述观点作用不大，但对于重复该实验又属于必要的数据和内容，可列入论文的附录，以供读者参考。研究方法和实验步骤也可以通过各种图表来表示各种资料之间的相互关系，使读者一目了然。

二、实验结果

实验结果（results）是论文的价值所在，是作者调查、观察或实验所得研究成果的结晶，是论文的关键。全文的结论由此得出，讨论由此引发，判断推理和建议由此导出。作者的研究成果、论证论点的论据都在这一部分体现，是用事实来回答论文所提出的问题，也是评价该课题的极为重要的依据。一篇科技论文的质量高低主要决定于结果这部分内容的科学性与准确性。

（一）实验结果的内容及表达方式

（1）数据。应如实、具体、准确地写出经统计学处理过的实验观察数据资料，不需要全部原始数据。处理原始数据时，要将其分组重新排列，制作频数表，并算出均数或百分率、标准误或标准差等相关数据，进行显著性检验等统计学处理。分析实验中得到的各种现象和数据，对实验结果进行定性或定量分析，并说明其必然性。

（2）图表。仅有实验数据还不足以说明实验的结果。观察结果常用精选过的图、表来表达。由于插图能够显示变化的规律性，也有利于对不同变化进行对比，形象又直观，因此在表达实验结果时，大多采用图来表示。当需要列出的准确数值或数据不多时，也可用表来表达。图和表都很简洁明了，易于比较，便于记忆。

（3）照片。从实验结果中得来的照片也是一种插图，它比图片更为形象、客观，使读者能直观地理解研究成果。

（4）文字。对数据、图或表加以如实说明。对于从结果中得出的结论，应说明其使用范围，并与理论计算的结果加以比较，以验证理论分析的正确性。

（二）实验结果的写作要求

（1）按实验所得到的事实材料的逻辑顺序进行安排，分成节、段，可加小标题。在每一节、段的开头，先简要说明实验的具体目的、意义以及自己的思路。然后，从结果中选出最能说明问题的数据，列成表格。或选出一些最主要的现象制成图或照片，依照逻辑顺序把图表、公式和计算结果列出。

（2）阐述要实事求是，数据要准确可靠，一切以事实为依据。文字叙述要准确，基本上是解释图、表和照片，提出图、表和照片所能说明的内容和所能证实的结论，不要外加作者的议论、评价、分析和推理。无论研究结果如何，是成功或是失败，只要是真实的就有价值，不可随意摒弃。如把不符合主观设想的数据或结果随意删除，将失去真实性。

（3）结果中的每一段内容都是自己的研究成果，不能把前人的工作夹杂进去。在分段叙述之后，不必综合说明。因为综合说明属于讨论部分的内容。这样严格限定，其意义在于保证这部分内容纯属实验结果，而不是分析和推理。

（4）若实验所得结果作为论证假说的论据不够充分，或尚无足够的文献资料对假说加以旁证，没有必要对结果广泛、详尽地讨论；或是实验结果与讨论的联系非常密切，即在讨论部分有必要重复结果的内容时，论文不必设单独的“讨论”一节，可以把“结果”和“讨论”合并为“结果与讨论”。

三、结论

结论（conclusions）部分又称为总结。主要是回答“研究出什么”（What）的问题。作为论文的必要组成部分，结论主要是根据自己的实验结果，经过判断、推理、归纳等逻辑分析过程而得到的对事物的本质和规律的认识。结论是作者在对观点经过反复论证、对公式进行严密推导、对数据反复实验的基础上获得的，应与引言所提出的问题遥相呼应，是对整个研究成果做出总判断、总评价，是研究结果的逻辑发展，在全篇文章中起画龙点睛的作用。

1. 内容上的要求

结论不是前述部分的简单重复，也不是研究成果的罗列。它是作者在理论分析、实验结果的基础上经过分析、推理、判断、归纳形成的更深入的认识和总观点。因此，结论的撰写内容应包括：研究结果说明了什么问题，得出了什么规律，揭示了什么原理，解决了什么理论或实际问题，有何新的见解，以及有哪些不足之处和尚待解决的问题等。

2. 文字上的要求

结论的措辞必须严谨，要有严密的逻辑性，文字必须鲜明具体，切忌含糊不清、歧义和随意轻率。结论的语句只能作一种解释，用词要准确、鲜明，不能含糊其辞、模棱两可，不要用“大概”、“或者”、“可能是”、“也许”这类词，以免给人造成一种似是而非的感觉。对于得出的新观点、新见解，可用“揭示”、“指出”、“表明”、“证实”等词引出，要慎用“发现”。对不能明确的或无确切把握的结论，可用“印象”二字表达，并宜使用“提示”、“看来”、“似乎”等留有余地的词。

3. 格式上的要求

结论的内容较多时，可分条并标出序号，但不加小标题；如内容较少，就不要分条编号。一些重要的数据也可以作为结论出现。如果得不出明确结论，可不写“结论”一节或只写“小结”。如果“讨论”中的内容较少，所得结论又较为简单，可不列“结论”或“小结”，而是与“讨论”合并为“讨论与结论”或“讨论与小结”。目前，多数期刊已不写结论部分，而将此项内容并入讨论中或写成摘要部分。

4. 语言上的要求

结论应基本采用文字叙述，除个别论述实际需要，一般不再出现图、表，做到言简意赅，主要表达定量信息，必要时可将重要数据或结果引用到结论中。另外，结论体现的应是作者在本文中的重要研究成果，对于研究中所借鉴的他人文献资料应安排在正文部分，避免出现在结论中。再有，还应避免出现自我评价、自我批评的语句，减少无关语句。

5. 结构上的要求

结论要求层次分明。篇幅较长的结论可依据正文的研究结果的顺序依次列出，使读者一目了然。例如，论文的结论撰写可按：①简述试验所得的最终结果；②根据结果推出的规律、普适性；③研究成果的实用价值及其意义；④对未来前景的展望；⑤对本研究进一步提出的建议等几方面来阐述。篇幅较短的结论可自成一段，其内容顺序与较长结论相同，只是文字少些，撰写时同样要层次清晰。

四、讨论

讨论（discussion）是论文的重要部分，是作者对所进行的研究、实验、观察中得到的材料（各种数据资料、各种现象、书籍，包括引用的文献资料）进行归纳、概括和探讨，做出理论分析即探讨本实验观察的理论解释是否与有关假设相符；说明观察中与预期以外的事实现象；与自己过去的或其他作者的结果及其理论解释比较，分析异同及可能的原因，阐明事物的内在关系，提出自己的见解，评价其意义。

理论上对实验和观察结果进行分析和综合，从广度和深度两方面来丰富和提高对实验结果的认识。为文章的结论提供理论上的依据，讨论部分作者可引证前人的材料进行论证，充分发挥作者的才能，对所得的实验数据指标进行多方面地探讨。可以说，讨论是论文中最难写的一部分。讨论写得是否成功，直接关系到论文的结果能否被他人承认和接受。

（一）讨论的内容

（1）对实验观察过程中各种数据或现象的理论根据或解释。作者用已有的理论（国内外的有关新学说、新观点）对自己的研究结果进行讨论。为了估计实验结果（或临床统计、调查结果）的正确性和实验条件的可靠性，可与他人的结果比较异同，并解释其因果关系，从理论上对实验结果的各种资料、数据、现象等进行综合分析。

（2）实验结果的理论根据及其应用价值。指出实验结果的理论意义及对实践的指导作用与应用价值（经济效益、社会效益）等。

（3）作用机制或变化规律的探讨。可以引用他人或其他领域的研究成果以说明和支持自己的观点和结果，但对于无把握的看法则不能草率做出结论。

（4）同类研究的国内外研究动态及与本文的关系。同类研究的国内外研究进展情况，本研究资料的独特之处（新、异、优），其结果和结论与国内外相比较有何异同及其原因，实事求是地提出自己的见解。

（5）作者在研究过程中的实践经验和体会。研究过程中遇到的问题、误差和教训，如何减少或避免实验过程中的误差。同预想不一致的原因，有何尚待解决的问题及其解决方法。提出今后的研究方向、改进方法的设想和建议，以便读者从中受益。

（6）对同类研究课题的展望或建议等。

（二）讨论的写作要求

（1）讨论的内容一定要从实验结果出发，紧紧扣住研究课题的假设，简明扼要，有的放矢。归纳分析问题需以实验材料或临床资料为依据，要观点明确，摆事实讲道理。实验观察中如有不足之处，需加以说明。在解释因果关系时，应说明偶然性与必然性。

（2）用科学的理论阐述自己的观点和分析实验结果或临床资料。在论证自己提出的假说的过程中，提倡应用或提出有科学根据的假说。但在陈述中要有一定的把握，切不可将未经实践证明的假说当作已被证明的科学理论。讨论中的逻辑性要强，要有新的或独特的见解。提出新观点、新理论时，不可模棱两可、含糊其辞，一定要清楚，以便读者参考和接受。

（3）对发现的异常现象暂无资料支持或未能解释者，讨论中也应提及，留待今后研究解决。不要回避实验本身的缺点及与已有理论相反的结果。必要时可列出不同的观点和理论，明确肯定什么或反对什么并说明理由。应避免文献堆砌，观点模糊。

（4）对前人的工作要集中概括，引证要选近代的主要文献资料。防止将他人的工作与自己的研究结果混为一谈。

（5）讨论中忌重复叙述实验结果或写成文献综述。不要以假设证明假设，以未知证明未知，或泛泛而淡、文不对题，或超出事实、扩大结论。

（6）凡是实验结果中提不出讨论线索和依据的，可不纳入到讨论中来，应避免做出不成熟的论断和结论。切忌未经充分检索就提出"首例"、"首创"或"首次发现"，或工作尚未完成就提出暗示，要求首创权。"首"字应慎用，代以"初"字更合适。

（7）如讨论的问题有几个方面，可按结果栏目中的顺次并结合文献分段撰写，或列出分标题、标出序号。其次序应从时间、因果、重要性、复杂程度、相似与相反的对比等方面来考虑，使内容有条理、有联系、重点突出。每段应集中围绕一个论点提出论据，加以论证，不可离题太远或过多地重复他人的内容和意见。

（8）引用文献一般不成段、成句引用，而是摘其观点、结论或数据，并加脚注。在所引用内容之后的右上角注明阿拉伯数字，外加小方括号"[]"，或是注出著作者的姓名和论文发表的年代，外加圆括号"()"。脚注方法的选用，应根据出版杂志的要求来定，但都必须紧随引证的论点、结论、现象，不能靠前或靠后，否则引证的意思就会被改变。

（9）如果结论比较明确，不需要讨论，则把结论与讨论合为一项，即"结论与讨论"。

（10）讨论部分一般不用图表。

总之，讨论的内容要严格选择，按照逻辑推理的顺序，根据实验结果，逐项分析，然后归纳、综合，由现象到本质，由感性认识到理性认识，进行正确的判断和推理，做出相应的结论。

第三节　附 属 内 容

科技论文通常还包括有致谢、参考文献、附录、注释等内容，主要陈述何人协助和指导了论文的写作和其他研究工作，有哪些依据和有哪些需要向读者补充交代的内容等。这些内容属于附属性内容（accessorial contents），是科技论文主体部分的一个重要补充。

一、致谢

致谢（acknowledgements）是以书面形式对课题研究与论文撰写中给予帮助者的肯定和感谢。致谢并非是科技论文必不可少的组成部分，只在必要时使用。它可以单独成段，置于结论和参考文献之间，也可置于论文首页的下方。学位论文的致谢多在文末另起一页列出。

（一）致谢的对象和范围

对论文的选题、构思或撰写修改给予指导或提出重要意见的人；对在实验过程中做出过某种贡献的人；给予经费资助的单位、团体或个人；提供过实验材料、仪器及给予其他方便的人；被论文采用的数据、图表、照片的提供者；提供过某种重要信息，但并非论文共同作者的人。

（二）致谢的一般原则

对于致谢的对象，可直书其名，也可写尊称，如教授、博士等。最好依贡献大小来排列顺序，而不要依年龄、地位排列名次。致谢的言辞应恳切、实事求是、恰如其分。致谢的语句要尽量简短，用一两句话，不要占用太多的篇幅。对一般例行的劳务，可不专门致谢。已经用其他形式致谢过的，不再书面致谢。致谢的对象与论文作者有着严格的区别，二者不可混淆。

二、参考文献

（一）著录参考文献的意义

参考文献（references）是从事科学研究时参考的各类文献资料的总称。参考文献是现代科技论文的重要组成部分。科学是有继承性的，现在的研究都是在过去的研究基础上进行的，有人估计，一个创造性的科技项目大约有 90%的知识可以从以往的文献中获得，创造部分只占 10%。因此，在科技论文中，凡在文中引用他人的研究成果，均应标注文献序号，并在文后按顺序列出文献。这在一定程度上为论文审阅者、编者和读者评估论文的价值与水平提供了客观依据。若使用前人的材料，而又不引出文献，就有抄袭或剽窃的嫌疑。

著录参考文献的意义归纳起来有以下几点：说明本课题范围内前人的工作成果和背景，并为证实自己的论点而提供足够的考据材料；表明作者使用参考文献的深度和作者论著本身的起点；反映出作者严谨的科学态度和真实确凿的科学依据；充分表明尊重他人的劳动，也便于读者了解相关领域里前人所做的贡献，便于查阅有关文献；确定科技论文质量水平的标志之一。若引用的文献较旧，而且档次较低，说明本论文质量不高；硕士和博士学位论文要求引用100～200篇左右的参考文献。

（二）著录参考文献的内容

（1）著作者（author）。是文献的生产者，是读者鉴别文献的重要依据之一。

（2）题名、书名（title）。文献的标题，如论文的篇名、图书的书名等，大都具有能够概括原文中心意义的作用，含有重要的主题信息，是读者识别文献的重要标志之一。

（3）出版事项（facts of publication）。包括版次、出版地、出版年、卷、期、页，这些项目表明了文献的出处，使读者能准确、顺利地查找到原文。

（三）著录参考文献的原则

（1）著录最必要、最新的文献，将论文涉及的历史渊源、技术方法、引用数据以及与作者的研究密切相关而观点相近或相反的论著列为参考文献，可为读者提供有关上述诸内容的资料。因此，除个别历史文献外，应尽可能选用最新的（3～5年内的）和最主要的文献，少用旧的或教科书中公知的和次要的文献，不选用无关的文献。所以，有不少科技学术期刊，对论著参考文献的数目有所限制（10～15条）。

（2）著录亲自阅读过的和在文中直接引用的文献，作者未亲自阅读过的文献不能作为参考文献列入。由于条件限制，作者无法找到原文，只阅读过其摘要的文献，除特别重要者外一般不作为参考文献。只著录对本研究工作有启示或较大帮助的以及文中直接引用的文献，切忌列入无关文献。

（3）只著录公开发表的文献。公开发表是指在国内外公开发行的报刊或书籍上发表，或其他类似形式。在供内部交流的刊物上发表的文章和其他内部参考资料，均不能作为参考文献引用。在全国性或国际性学术会议上交流的论文虽然也是一种发表形式，但因这种文献往往交流范围很小，别人很难查阅，故一般也不要著录。

（4）采用规范化的著录形式。采用统一的书写符号、标注方法和书写次序。国际标准化组织颁布的ISO690BIS《期刊与连续出版物的参考文献》，我国的国家标准GB/T 7714-2005《文后参考文献著录规则》等，都对参考文献的著录做出了明确的规定，应严格执行。

（四）参考文献著录体系及其特点

GB/T 7714-2005中提出的参考文献标注和著录体系（制）有两种。即著者-出版年体系（name-and-year or date system或Harvard system）和顺序编码体系

(number system)。对国内外科技期刊的调查及在编辑工作的实际应用中，还有一种介于以上两种体系之间的著录方法，可称之为混合体系（CBE称之为number system with references alphabetized；CEB全称为Council of Biology Editors）。

三种标注体系各有长短。著者-出版年体系中，文内标注其实是一种夹注，其文后参考文献表编排井然有序，推荐性作用较好，对读者而言可直接获取较多信息，但对作者和编辑而言，其制作编排较为复杂，且占篇幅。顺序编码体系对作者和编辑而言标注较简单，但对读者而言其文内标注只提供出处，文后参考文献表的语种和出版年顺序编排杂乱，其推荐性效果较差。混合体系文后参考文献表的著录和编排与著者出版年体系完全相同，避免了顺序编码体系文后编排杂乱的缺点。同时文内标注与顺序编码体系相似，利用阿拉伯数字编码，也就避免了著者出版年体系文内标注占用版面太多的缺点。

（五）参考文献著录的书写格式

Harvard体系的书写格式是按文献作者姓名的字符顺序排列。使用最广泛的是Vancouver（温哥华）体系，其书写格式是按其在文中出现的先后为序，用阿位伯数字连续编号，限于文末。正文内引证是将其所需的序号标注于所引学者、有关词组或段落相应处的右上角方括号内。书写时，同一处引用多篇文献，将各篇文献的序号在方括号中全部列出，序号间用“,”分隔；如遇连续序号，序号间标注起讫号“-”，如：[1-2]、[1-3] 不用逗号。

参考文献著录序号必须和文内标注的序号完全一致，书写或打字后应加以校对，以免造成错误或漏失。至于参考文献著录的书写格式，统一采用国家标准GB/T 7714-2005《文后参考文献著录规则》。每条参考文献著录除序号外，均需包括下面三部分内容：

(1) 作者姓名。姓在前，名在后。中国人名及日本人名写全称：中国人名如是单名，则姓与名之间空一格；日本人名如是单姓，则在姓后空格，单名者在名前空一格。西文作者姓名的写法惯用姓全写，首字符大写，名则仅取其首字符大写，不加圆点。若中国人名写汉语拼音时，姓的外文字符均大写，名则与西文作者的写法相同。

关于著录作者的人数，GB/T 7714-2005中规定：作者不超过3人时可全部写出，中间以逗号分开；超过3人时仅列出前3人，后加“，等”字或其他与之相应的字。英文用“, et al”，“et al”不必用斜体。而有些国外期刊中则规定，标准期刊文章的作者在6人或6人以内者列出全部姓名，超过6人则仅列前3人，后加“等”字或其他与之相应的字。

(2) 文题。文题要全写出。英文题除专指名词和首字的第一字符大写外，其余均小写。

（3）出版事项（原文出处）。常用参考文献有书籍与期刊两大类。英、俄、日、德、法等文的参考文献均保持原语种不变，日文中的汉字勿与中国汉字或简化字相混淆。书籍和中文、日文期刊名均写其全名，不缩写。英文期刊名凡一个词者不缩写，如：Science \ chest \ Surgery \ Transfusion 等；两个词以上者应以美国国立民学图书馆出版的 *Index Medicus* 为依据而缩写其刊名。一些 *Index Medicus* 未收录的期刊，可参照“温哥华格式”的参加期刊所附的缩写。

在英文写作中，期刊缩写原则是用截短方法以省略词尾一串字符（至少两个），如：Journal 缩写为 J；Chinese 缩写为 Chin；British 缩写为 Br；American 缩写为 A；Bacteri-ology 缩写为 Bacteriol；Physiology 缩写为 Physiol；Medical 缩写为 Med；Sur-gery 缩写为 Surg。每一缩写词的第一个字符都要大写。凡有冠词、介词和连接词者，均可删去，也不加圆点。如：Archives of Emergency Medicine 可缩写为 Arch Emerg Med。

此外，每条文献均应写明出版年（如为期刊加“,”号，书籍加“:”号），卷次期次（期次加圆括号，后加冒号），起页或起页—止页（书籍写起贞、止页，中间以起止号相连），最后不加标点符号。

（六）几种主要参考文献的著录格式

按参考文献的著录对象来划分，GB/T 7714-2005 将参考文献分为专著、专著中的析出文献、连续出版物、连续出版物中的析出文献、专利文献、电子文献六大类型。

1. 专著

[序号] 主要责任者．题名：其他题名信息 [文献类型标志（电子文献必备，其他文献任选）]．其他责任者（任选）．版本项．出版地：出版者，出版年：引文页码 [引用日期]（联机文献必备，其他电子文献任选）．获取和访问路径（联机文献必备）．

示例：

[1] 广西壮族自治区林业厅．广西自然保护区 [M]. 北京：中国林业出版社，1993：35-37.

[2] 孙玉文．汉语变调构词研究 [D]．北京：北京大学出版社，2000.

[3] PEEBLES P Z，Jr. Probability，random variable，and random signal principles [M]．4th ed. New York：McGraw Hill，2001：100-110.

2. 专著中的析出文献

[序号] 析出文献主要责任者．析出文献题名 [文献类型标志]．析出其他责

任者//专著主要责任者．专著题名．出版地：出版者，出版年：析出文献的页码［引用日期］．获取和访问路径．

［1］白书农．植物开花研究［M］//李承森. 植物科学进展. 北京：高等教育出版社，1998：146-163.

［2］韩吉人. 论职工教育的特点［G］// 中国职工教育研究会. 职工教育研究论文集. 北京：人民教育出版社，1985：90-99.

3. 期刊、报纸中的析出文献

［序号］析出文献主要责任者．析出文献题名［文献型标志］．连续出版物题名：其他题名信息，年，卷（期）：页码［引用日期］．获取和访问路径．

［1］张旭，张通和，易钟珍，等．采用磁过滤 MEVVA 源制类金刚石膜的研究［J］. 北京师范大学学报：自然科学版，2002，38（4）：478-481.

［2］周桂莲，许育彬，杨智全，等．认清市场形势　化解"学报情结"：我国农业学报的现状与发展趋势分析［J］．编辑学报，2005，17（3）：209-211.

［3］傅刚，赵承，李佳路．大风沙过后的思考［N/OL］．北京青年报，2000-04-12（14）［2002-03-06］. http://www. bjyouth. com. cn/Bqb/20000412/

4. 专利文献

［序号］专利申请者或所有者．专利题名：专利国别，专利号［文献类型标志］．公告日期或公开日期［引用日期］．获取和访问路径．

［1］西安电子科技大学．光折变自适应光外差探测方法：中国，01128777. 2［P/OL］. 2002-03-06［2002-05-28］. http://211. 152. 9. 47/sipoasp/zljs/

5. 电子文献

凡属电子图书和电子图书、电子报刊等中的析出文献的著录格式，分别按 3. 3. 1～3. 3. 4 节中的有关规则处理。除此而外的电子文献的著录格式如下：

［序号］主要责任者．题名：其他题名信息［文献类型标志/文献载体标志］．出版地：出版者，出版年（更新或修改日期）［引用日期］．获取和访问路径．

［1］萧钰．出版业信息化迈入快车道［EB/OL］．（2001-12-19）［2002-04-15］. http://www. creader. com/news/ 200112190019. htm.

［2］Online Computer Library Center，Inc. History of OCLC［EB/OL］.［2000-01-08］．http://www. oclc. org/about/history/default. htm.

（七）著录文献的类型、载体类型及标志代码

（1）文献类型标志如下：普通图书 M，会议录 C，汇编 G，报纸 N，期刊 J，学位论文 D，报告 R，标准 S，专利 P，数据库 DB，计算机程序 CP，电子公告 EB。

（2）会议录包括座谈会、研讨会、学术年会等会议的文集；汇编包括多著者或个人著者的论文集［10］，也可标注为 M。

（3）电子文献载体类型标志如下：磁带 MT，磁盘 DK，光盘 CD，联机网络 OL。

三、附录

附录（appendix）是附在论文正文后面的有关资料，是正文主体部分的补充项目。它可以对专门技术问题做较系统的介绍，也可以介绍参考资料和推荐某种方法。附录并非科技论文的必备部分，只有在需要时才列在参考文献之后。

1. 附录的内容和类型

附录的类型可分为补充性附录和参考性附录两种。补充性附录是指在论文已送交刊物后，又发现有新的资料或需要补充的内容。这可用补充形式与论文同时刊出。有些实验或者观察到的现象，虽未对本研究工作产生影响，列入正文又会冲淡主要观点，但如实报道出去也许对别人有用，这就可作为补充性附录列出。参考性附录的内容包括：一些较之正文更为详尽和更为原始的实验数据；一些重要公式的演算、推导、证明过程；一些重要的仪器、设备的解释或说明；一些辅助资料，如计算机框图或程序软件等；一些重要的统计表；一些重要的曲线图、照片、图纸等；建议阅读的参考文献题录；不便列入正文的其他内容。

附录内容的一般原则是：对于插入正文后有损于编排的条理性和完整性的材料；篇幅太大的材料；属第二手资料或属珍贵罕见的材料；对一般非专业读者并非很必要，但对本专业同行有重要参考价值的内容。

2. 附录的写作要求

一篇论文可以没有附录，也可以有几个附录。附录的写作已有统一的规定和格式。“附录”两字居中书写，单独占一行。附录也可以别于正文而另拟标题，其位置应在“附录”两字之下，单独占行。附录的分节段法，用大写拉丁字母从 A 起顺序编号。附录中的小标题，用 A1、A2 的顺序编号。附录中的图、表应在每个附录内单独编号，如图 A1、图 A2 分别表示附录 A 中的图 1、图 2。附录的页码应与正文连续编码。

四、注释

注释（note）亦称注解（annotation），用于对论文中的一些词语进行简短的解释和说明，目的是为了让他人容易看懂，只在必要时列出。注释的类型有正文夹注、脚注、尾注等。

1. 正文夹注

正文夹注通常是在正文中的词和一些短语后面用加圆括号的办法，将需要说明和解释的内容注入括号。如文中第一次出现的生物普通名称（或中文名称）需夹注拉丁文学名等。这种注释如在句中出现，通常要求在去掉括号及内容时，括号两边的语句连贯和通顺，或保留括号及内容时，括号内容的末尾应与括号后的内容连贯。例如"除了优势种，还有一些伴生种，如野豌豆（*Vicia sepium* Linn.）、林荫千里光（*Senecio nemorensis* Linn.）、问荆（*Equisetum arvense* Linn.）等。"以及"褐马鸡（*Crossoptilon mantchuricum*）为中国特有珍稀鸟类，国家一级重点保护野生动物，是世界濒危鸟类之一，被中国列为濒危物种。"等等。

2. 脚注

脚注亦称呼应注，通常列于本页底脚处，并加一横线与正文相隔，只有一个注释时，脚注符号可用"*"或"#"，注释多于一个时可用"1)、2)……"，写在所注内容的右下角。每条脚注均应另行书写。国家自然科学基金委员会规定，由国家自然科学基金资助的课题在公开发表时必须在篇首页做脚注。

3. 尾注

尾注的符号同脚注。通常用于较复杂内容的注释。这种注释的文字较长，一般列于篇末，写作形式与附录相同。

参 考 文 献

殷国荣，王斌全，杨建一．2002. 医学科研方法与论文写作．北京：科学出版社

李充．2008. 浅谈科技论文的结构和撰写格式．宁夏电力 http://www.12edu.cn/lunwen/bylw/200903/247941.shtml. 科技论文格式及写作

王金丽．2005. 科技论文的写作要求．内蒙古电力技术 http://219.142.71.30/download/gzjd.doc.《文后参考文献著录规则》解读

第九章　学位论文写作

第一节　学位论文与创新

简而言之，所谓学位论文有价值，是要在理论上能有所创新，或者要有实践价值，对解决实际问题提出一套可行策略，当然还有两种价值兼有的。经研究归纳，笔者认为论文的价值因素包括以下8种：新现象、新事实的揭示；新概念的提出或原概念的新界定；新观点的提出或既有观点的新表述；对原有结论或实践方法的新论证；新方法的提出和应用；新工具、手段的发明和采用；新政策、新策略的提出和实施；新的理论体系和策略体系的建立。

一、新现象与新事实的揭示

有些重要现象或者事实刚刚出现，需要引起人们的注意；有些重要现象或者事实早就存在，但被人们忽视或被掩盖起来，或出现概率比较低，或缺乏数量概念。揭示新现象、新事实可帮助人们更客观、更全面地认识世界，或引起人们对这些现象和事实的重视，以便做进一步的研究。

（一）新发现

例如19世纪前期，奥斯特（Oersted）在做物理实验时发现了电流的磁效应，之后法拉第（Farady）发现了电磁感应现象。这些发现揭示了电与磁之间有着密切的联系，为现代物理学建立做出了重大贡献。

在社会学方面，19世纪马尔萨斯揭示了人口成几何级数增长造成资源紧张的现象，为后来发展中国家制定人口政策提供了依据，从而导出了“消费预期”的概念。1982年，美国加州大学旧金山分校神经学、生物化学教授普鲁西纳经过25年不断的努力，终于发现细菌、病毒、真菌和寄生物之外的致病因子“朊病毒”，揭示了疯牛病的致病原因，荣获1997年诺贝尔生理学和医学奖。1998年2月6日，世界科学界最具权威的杂志之一，美国的《科学》杂志报道：中国科学院南京地质古生物研究所陈均远教授与台湾学者李家维，在贵州瓮安发现距今5.8亿年的最原始的动物化石，首次发现了寒武纪之前的动物形态，为生命进化理论填补了重大缺口，震动了全球科学界。

（二）新事实的描述

例如曹树基《明代后期的华北大鼠疫》；董经纬《社会保障制度国际比较与

借鉴》；陈爽《近年来有关家族问题的社会史研究》；赵慧军《人事管理者的工作心理研究》；1998 年 10 月 8 日《经济日报》发表署名陈颐的整版文章——《美国人怎样当农民?》的刊头语写道：在中国，城里人会在脑海中把黝黑沧桑的脸庞、粗粝龟裂的大手、木讷呆滞的表情与“农民”这个概念联系在一起。在中国，城里人甚至在相互调侃时常用一个词——农民以嘲笑对方的“愚昧”、“呆傻”或不合时宜。可是你如果把脑海中的那些形象与联系“移植”到美国，受到嘲笑的就会是你了。美国农民也种地，但是他们用高科技种地，而且广泛收集信息以适应市场，利用期货手段规避风险，把种地当做人生的一大快乐与追求。在美国是没有“农民意识”这一概念的，美国人不认为存在一种由农民这一群体所专有、代表“落后”、值得批判的意识。读过该篇文章，人们会了解美国农民的工作与生活情况，并看到中国农民的未来，实实在在地增长了知识。

（三）新的调查数据

例如对现代人的平均身高、中国人的平均寿命的调查统计，对上海市居民的消费结构、我国大中城市家电普及率的调查统计，对国有企业职工的积极性的调查统计，对某产品的市场供求状况的调查统计等。这些数据往往是科学研究或制定政策的重要依据，因此是有价值的。例如中国人的平均寿命数据是中国政府制定福利政策、保险公司决定保率的基本依据，国有企业职工积极性状况的调查统计是制定改革政策和人力资源开发计划的重要依据。1998 年 5 月 27 日，《中华读书报》发表调查报告，指出少年儿童买书的平均每次消费额度为：10 元以下占 10.64%，11～30 元占 57.45%，31～50 元占 21.28%，51～100 元占 8.51%，101 元以上占 2.13%；孩子们每月用来买课外书的钱分布比例依次为：11～30元（19.82 %），2～5元（16.22 %），31～50元（13.51%），6～10元（13.51%），51～70元（9.01%），71～100元（7.21%），101～200元（3.6%），201 元以上占 1.8%，1 元以下占 5.41%。这些数据看似枯燥，实际对于出版商、作家、家长、教育部门都是非常有用的信息。1998 年 2 月 14 日，《光明日报》发表文章，提供了 1975～1996 年我国居民生活质量的变化情况，看过这篇文章，读者至少可以获得以下知识：评价一国生活质量的指标是什么？我国改革开放以来生活质量提高了多少？我国居民的生活质量在世界上排在什么位置。类似的论文如《我国科技实力在世界上究竟排老几?》等。

二、新概念的提出或概念的新界定

概念是建立科学的基础，是对某类事物本质的概括，因此有重要的理论价值。概念是客观事物的抽象，是人们实践经验的概括。新概念的建立往往能为实践的突破提供依据。

（一）创建新概念

例如1980年，匈牙利经济学家亚诺什·科尔内提出了短缺经济的概念，反映了计划经济体制下企业预算约束软化，造成资源普遍短缺的规律，从而为社会主义各国的经济改革提供了理论依据。再例如20世纪70年代末80年代初，美国管理学家提出了企业文化的概念。20世纪90年代，有人提出了知识经济的概念。上述概念在经济学、管理学中产生了很大的影响。我国学者孙万鹏在邓聚龙教授创立的灰色系统理论的基础上，于1998年提出了“第三种科学”的新概念。孙万鹏认为，第一种科学以培根、牛顿、爱因斯坦等为代表，追求唯一确定性的东西；第二种科学以尼采、歌德为代表，从不确定性出发研究问题；第三种科学的共性是强调部分确定与部分不确定性，断点上确定与非断点上不确定，并提出时间、空间、现象、序、量、运动、因果关系等新概念。有关专家认为，这是对科学观的创新，是一种新的思维方法。《互联网周刊》总编辑沈维先生于1998年提出了“第四媒体”的新概念，他认为“第四媒体”是基于电脑网络并发挥其强大的信息交换、处理能力的大众传媒。它所具有的信息代理、交互、重组及深加工的功能决定了它不同于报纸、广播、电视三大媒体。

有时实践需要提出新概念，例如不少国有民营企业，初创时国家投入甚微，现在已发展到资产价值达几百万、几千万甚至几亿。建立现代企业制度要求界定产权，那么企业这些净资产究竟应该归谁呢？多数人认为其中一部分应该划归创业者，但遭到另外一些人的反对，认为这是蚕食国有资产。讨论的关键是大家就“产权”这一概念未能达到共识。1995年，笔者在指导硕士论文过程中，提出了“产权回归”的概念。所谓产权回归，就是将本该属于某一社会主体所有，但被混合在归属不明的产权体系中的产权，归还给该社会主体的行为。国有民营企业的现有资产，既包括国家有形资产、无形资产的延续和增值，又包括创业者风险决策贡献，还包括经营者、劳动者的人力资本贡献。特别是国有民营企业的经营者、劳动者的报酬在较长一段时期严重偏离劳动力的市场价值，实际上企业截留了相当一部分作为资本追加到经营活动中。它们的价值增值效用与国家投入的原始资本并无二致，因此将企业现有净资产中的一部分划给创业者，纯粹是产权的回归，绝不是国有资产的流失，而且回归的比例是完全可以科学计算的。如果大家认可这一概念，就可以排除建立现代企业制度的一个思想障碍。在中国企业管理研究会1999年年会上，笔者提出的这一新概念引起了普遍的关注，有一家国有大企业的老总甚至要求笔者去该企业搞试点。

（二）概念的新界定

有些概念为人们所常用，但理解或运用不统一，造成沟通的困难或实践的偏误，需要加以澄清。例如缪国亮《“国有资产”和“国有资本”哪个提法更科学》一文中，提出必须区分资产和资本的概念，在改革中着重考虑国有资本问题。日本金融学会会长三木谷良一发表的《日本泡沫经济再认识》一文中提出：“所谓泡沫经济就是资产价格（具体指股票和不动产价格）严重偏离实体经济（生产、流通、雇佣、增长率等）然后暴涨暴跌的一过程”。再例如20世纪90年代初我国学术界曾对企业活力问题展开了热烈的讨论，针对不少人常常混淆企业活力、企业素质和企业效益的概念，笔者著专文加以界定：简而言之，企业素质是获取效益的物质基础，是系统的能力，是企业的发展潜力，是企业活力的内在因素；企业活力是在复杂多变的环境中谋求生存发展的活动力，表现为应变、创新、竞争的活跃性和质量，是决定企业效益的主观因素；而企业效益是企业为社会所做全部贡献与社会所付全部代价之比，是企业活力在一定环境下的物化。这样的概念界定就为步步深入地分析企业系统创造了前提。

（三）概念的展开

就是对某个新概念的内涵和外延进行详细的阐述。例如笔者根据企业改革的需要，撰写了专文阐明现代企业制度的概念，得到了社会各方面的认可。

三、新观点的提出或原有观点的新表述

概念是对被认识对象的界定，观点是对因果关系、发展规律或是非曲直的看法。发表新观点，展开重要观点的讨论，可以使人们逐步接近真理、增加共识。

（一）对规律的新认识

例如古希腊哲学家亚里士多德认为运动的原因在“力”，而且轻重物体下落速度不同，该观点统治了世界几百年。17世纪，科学家伽利略通过著名的比萨斜塔实验，证明轻重物体下落速度相同，推翻了亚里士多德的结论。18世纪，物理学家拉格朗日又进一步提出了“运动的原因在能量”的观点。经典力学中，时间和空间是没有联系的。20世纪初，爱因斯坦提出狭义相对论，他认为时间和空间是有关的，并用Lorentz变换解决了这个问题；之后他又提出了广义相对论，开创了宇宙学的研究，进一步揭示了时空、物质、运动之间的统一性，为近代物理学的发展做出了突出的贡献。在天文学方面，古希腊托勒山提出“地心说”，根据此理论所画出的宇宙图，与当时的天文观测水平是吻合的。波兰天文学家哥白尼于16世纪初提出了“日心说”，使星球运动的描述大为简化，该观点的提出被认为是天文学的一次伟大革命。恩格斯赞扬说：“从此自然科学便开始从神学中解放出来”，“科学的发展从此便大踏步前进”。在化学领域，俄国化学家门捷列夫认为化学元素的性质存在周期性，其排列不是无序的，这一观点推动

人们发现了不少新的化学元素。医学上长期认为 APC 只起解热镇痛作用，后来有人提出 APC 可防治心脑血管疾病，结果扩大了 APC 的药用范围。经济学方面，过去许多人认为自动化会导致失业人数增加，后来有人提出自动化的反面可增加就业机会。

传统的马克思主义者认为社会主义只能实行计划经济，邓小平同志提出社会主义也可搞市场经济，结果大大推进了中国的改革进程。传统的企业理论认为建立企业是为了追求协作效益和规模效益，20 世纪 30 年代著名学者科斯提出，建立企业是为了实现“交易费用”最小。美国管理学家孔茨认为“协调”不是管理职能，而是一般原则或管理的本质。笔者则支持法约尔的观点，认为协调是管理的一个基本职能，不过对协调的含义做了不同于法约尔的解释。

（二）对形势的新判断

例如对 21 世纪中叶世界人口的预测，“人口学家们采取复杂的公式进行推算，根据中间的答案，到 2025 年地球上会有 85 亿人口。最小的答案是我们的人口将达到 76 亿。据世界银行估算，地球上的总人口到 21 世纪后半叶可能会稳定在 100～110 亿之间。但是，其他人士则预测总人口会高达 145 亿。”再例如欧洲使用统一货币以后对我国经济的影响，有许多人发表了论文。

（三）对事物或人物的新评价

观点是构成理论的主要内容，从某种程度上说，理论是相关观点的集合，因此观点的创新具有重要意义。

例如历史上曹操是作为一个反面人物出现在书籍、戏剧中的，后来有人对他重新做了评价。对法国哲学家萨特及其著作《存在与虚无》，许多人发表了评论。这些评论、评价是会影响人们的思想的，例如如何辩证地认识历史人物。1998 年 7 月 15 日，《中华读书报》发表署名胡学常的文章《张竞生：“神经病”？“性学博士”？浪漫派诗人?》，是作者对 20 世纪 20 年代因出版《性史》而闻名且颇有争议的人物张竞生的新评价。

四、对原有结论或实践方法的新论证

没有经过论证或论证不严密的观点和方法很难令人信服，会影响其传播和推广，因此对原有结论或实践方法的新论证是有价值的。

（一）对于某些科学假设或观点给予进一步的论证

通过论证使假设成立，使观点更令人信服，也是科学发展的必经之路。人类历史究竟有多少万年？科学技术究竟是否第一生产力？APC 究竟能否防治心血管疾病？类似问题必须给予令人信服的答复。例如《经济日报》记者牛文文著文《我国为何重新划分经济类型》，就是对国家统计局1998年颁布的新统计方法所做的理论说明。

（二）对某些重要结论或数据作新的考证或修正

例如“1＋1＞2”是贝塔朗菲定律的基本内容，即若干孤立的元素结合在一起，可以形成新的性质和功能，这是一个被大家接受的观点，但是这些新功能是从哪里来的？过去多数人只是根据经验归纳来说明贝塔朗菲定律，缺乏理论依据。十多年前笔者向中国科学院一位哲学博士请教，他说“1＋1＞2”是一个无需证明的公理。我并不同意他的观点，而是坚持进行了论证研究，结果提出了系统新功能形成的三个机制，并由此推出管理的基本原理，发表于《企业管理新论》一书，为系统科学做了一点小小的贡献。

（三）对某些观点的辩论

例如王昌盛的著作《虚妄的智慧》是专门批判“大气功师”柯云路的理论的。贺正声著文《当前的利率是高了还是低了?》，以及本书第八章中关于企业文化论争的论文都是辩论的实例。

五、新方法的提出和应用

方法可以有广义和狭义两种理解。李志才先生对广义的方法做了这样的注释：“方法是认识世界和改造世界的目的方向、途径、策略手段、工具及其操作程序的选择系统。”这里所说的新方法是指分析解决问题的新途径、新程序，也包括新的表达法，如提出新的模型等。新方法的提出往往能将人们的认识或实践大大推进一步，它可以分为以下4种形式。

（一）新的研究法

例如焦耳和迈尔发明了热功当量实验，从而为涉及热现象的能量守恒和转换定律及热力学第一定律提供了实验上的证据。再例如预测和决策中的“头脑风暴法”（20世纪50年代出现）、德尔菲法（美国兰德公司20世纪50年代与道格拉斯公司合作首创）；美国组织行为学家皮尔尼克于20世纪60年代后期提出了团体规范分析法，作为提高团体效率的工具等。

（二）新的计算法

例如1936年列昂节夫提出投入产出模型，并因此荣获1973年诺贝尔经济学奖。华北石油管理局电厂根据发电厂与供电网分开的新形势，采用目标规划和运输规划，优化电力采购供应，每年获得经济效益2000余万元。

（三）新的操作法

例如生物学方面，人们找到了改良品种的方法，如嫁接；医学方面，治疗癌症已采用了化学药品治疗法、放射性治疗方法、外科手术方法、物理热疗方法等；经济学方面，凯恩斯提出利用财政预算杠杆，扩大或缩小公共费用刺激或抑制需求以实现宏观调控；管理学方面，20世纪60年代美国管理学家杜拉克针对个人目标与组织目标的矛盾，提出了目标管理方法，把组织需要与个人需要结合在一起，该方法在全世界得到了应用，取得了良好的效果；新的会计准则在我国的建立和应用，揭示了国有企业在资本结构方面隐藏的矛盾，有力地推动了企业的改革。

六、新工具、新手段的发明和采用

人类认识世界和改造世界都离不开必要的工具。新工具、新手段的发明就是人类手和脑的延长，可以提高人们认识世界和改造世界的能力。例如显微镜的发明为物理学、生物学、医学研究提供了极为重要的手段，在自然科学的发展中功不可没；计算机的发明和应用对于经济发展和社会进步的意义就更加深远，被人们评为20世纪最重要的发明。

工具、手段不同于方法，工具是相对固化和规范的，方法是相对灵活的。不过在经济学、管理学等人文社会科学中，方法与手段不好严格区分。例如为了调动员工积极性，可以采用奖励股权的方法，对我国企业管理而言，股权同时是一种新的激励手段。再例如案例分析对于教育培训的价值是世界公认的，通过案例分析来培训管理人员，这既是一种新方法，又是一种新手段。新工具、新手段的发明和采用可分为两种形式。

（一）硬手段的发明和应用

在自然科学和工程技术方面硬手段的发明和应用比较多，例如有人发明用盖特计数器来检测放射性。在社会科学方面，计算机、复印机、扫描仪的发明和应用，商业上条形码、收银机、自动提款机的发明和应用，其意义都是重大的。

（二）软手段的发明和应用

心理学方面，有人发明比奈量表用以测量人的智商。1998年3月12日，《经济日报》载文《中国能建成这么多国际大都市吗?》提供了包括经济综合实力、就业人员结构、交通邮电信息、城市基础设施、跨国公司和财团总部、科技教育文化设施、城市人口等衡量国际大都市的指标体系。同年4月，我国财政部为进一步规范企业会计信息披露，颁布了《企业会计准则——现金流量表》，规定了编制现金流量表的准则。1999 年初，在清华大学经济管理学院的参与下，经济日报社为揭示中国股市总体水平，编制了“中经 100 指数”，以 1994 年 7 月 29 日为基期，根据市值、换手率和成交额从上海、深圳股市中选取 100 只有代表性的股票计算。

七、新政策、新策略的提出和实施

这是社会科学或软科学中特有的创新范畴，在社会科学或软科学中，这也是数量最多的一类研究成果。政策和方法的区别在于政策是带有强制性、规定性的针对性很强的管理方法，范围比较窄；策略要比政策灵活一些，方法应用范围一般比较广。在人类活动中，无论宏观管理还是微观运行均有大量实践问题要处理，有些可以依靠传统的体制和政策解决，有些问题不能依靠传统的体制和政策，必须提出新的体制、政策和策略。例如为了刺激住房消费，建立住房公积金制度，制定购房贷款和减免个人所得税政策；为了加快资金周转，制定现金支付价格优惠策略等。杭州万向节集团为了调动员工的积极性，实行了动态分层管理策略，根据员工的技能、贡献、工龄等划分为试用工、合同工、长期工和终身职工等多个层次，不同层次待遇不同，根据定期和不定期考核情况确定员工的层次升降或保持，结果形成人人奋发工作的局面。

八、建立新的理论体系和策略体系

出于教学、研究和实践的需要，常常要将分散的知识或策略组织在一起形成有机的体系。

（一）建立新的理论体系

例如在几个世纪以前，物理学中的力学知识是分散的、零星的。牛顿（1643～1728）在开普勒、伽利略等人工作的基础上，结合大量实验，总结概括出宏观低速机械运动最本质的规律：牛顿运动三定律以及万有引力定律，从而把原先分散的力学规律纳入一个体系之中，形成有严密逻辑性的经典力学。他在 1687 年出版了《自然哲学的数学原理》，记载了他对科学的伟大贡献，被后人尊称为物理学之父。20 世纪初，吉布斯发表名著《统计力学的基本原理》，建立了经典的平衡态统计物理体系；经济学方面，在西方影响最大的三本教科书是约翰·默勒的《政治经济学原理》、马歇尔的《经济学原理》和萨缪尔森的《经济学》，这三位经济学家建立了在当时属于新的理论体系。管理学方面，泰勒在大量管理实验和自身管理实践的基础上，建立了《科学管理原理》体系，内容包括转变资本家和工人的观念，通过提高劳动生产率而缓和矛盾，达成合作；挑选和培训第一流的工人；通过动作时间研究制定合理的劳动定额，实行差额计件工资制；采用标准化的机器、工具、方法和作业环境；实行计划和作业分开，管理人员职业化；采用职能工长制以及例外管理原则等，被公认为是古典学派的代表作，对美国乃至整个世界的经济发展做出了巨大的贡献。笔者通过多年研究，建立了由系统管理原理、人本管理原理、管理职能原理、科学管理原理、权变管理原理组成的现代企业管理原理体系。

（二）建立新的策略体系

例如，为了启动国内外市场需求，国家经贸委制定了包括增发国债、增加农民收入、加快住房制度改革、发展教育、增加国家公务员和事业单位工作人员工资、增加出口退税等一系列政策，构成了有机的政策体系，对于我国 20 世纪 90 年代末的经济增长发挥了积极的作用。

1. 创新历来是社会进步及历史发展的基本动力，更是近代国际竞争的主导因素，尤其是在即将到来的知识经济时代，创新将是决定一个组织生命力的基础

所谓创新就是在有意义的时空范围内率先推出有价值的新“产品”，包括精神形态的产品和物质形态的产品。创新是创造新事物的活动，这里所说的新事物既包括物质形态的新产品、新组织体制，又包括精神形态的新观念、新方法、新理论等。推出的新事物必须是有价值的，所谓有价值就是有利于人类物质文明或精神文明建设，能为人们带来更多的物质利益和精神利益。推出的新事物还必须是率先性的，这种率先性可以在世界范围衡量，也可以在一个国家范围衡量，甚至在一个更小的区域内衡量，但必须在经济上是有意义的。例如理论创新一般应就世界范围而论，因为知识的传播比较容易；产品或技术创新有时可以在一国范围内衡量，因为存在专利保护及国家技术屏障，其对填补国内空白是有意义的。

人类的生产（包括物质和精神两方面）只有通过创新才能发生量的突变和质变。如果没有哥白尼、伽利略、牛顿等科学家的理论创新，人类就难以挣脱中世纪神学的枷锁；而瓦特发明的“蒸汽机的历史意义，无论怎样夸大也不为过。它提供了治理和利用热能为机械供给推动力的手段，结束了人类对畜力、风力和水力的由来已久的依赖。这时，一个巨大的新能源已为人类所获得，而且不久人类还能开发储藏在地球中的其他矿物燃料，即石油和燃气。如此，开始了一种趋向，……西欧和北美每人可得到的能量分别为亚洲每人的 11.5 倍和 29 倍。这些数字的意义在一个经济力量和军事力量直接依赖于所能获得的能源的世界中是很明显的。实际上 19 世纪欧洲对世界的支配，与其说是以其他任何一种手段或力量为基础，不如说是以蒸汽机为基础。”中国 20 年来农业的增长，如果没有在不动摇公有制的基础上实行联产承包的制度创新，以及像袁隆平这样的杰出专家的

技术创新，简直是不可想象的。为此，江泽民同志总结说："创新是一个民族的灵魂，是国家兴旺发达的不朽动力。"

20 世纪以来，创新的作用越来越突出，马克思曾经指出"……随着大工业的发展，现实财富的创造较少地取决于劳动时间和已耗费的劳动量，较多地……取决于一般的科学水平和技术进步，或者说取决于科学在生产上的应用。"实践已完全证实了马克思的论断。1996 年 7 月 25 日，美国科学技术委员会发表了《为了国家利益的技术》的政策报告，在论述技术与美国的关系时指出，在当今世界中技术领先常常是全球市场上成功与失败的区别所在。对一个公司如此，对一个国家也是如此。据估计，在过去的 50 年中，美国经济的增长有一半（约 49 %）是靠技术取得的，依靠资本因素的增长占 24 %，依靠劳动力因素的增长占 27%。技术对经济发展贡献的主要方式是提高生产力。据估计，技术和知识进步约占生产力提高因素的 80%。20 世纪 70 年代中期，美国陷入经济停滞和通货膨胀并存的所谓"滞胀"困境，日本则进入经济高速增长的"黄金时期"。此后两国采取了不同的经济发展战略。从 20 世纪 80 年代起，美国实施科教兴国战略，依靠创新恢复和提高国际竞争力。他们加大对教育和科学技术的投入，调整产业结构。例如 1990 年美国教育开支达到 3530 亿美元，占国民生产总值的 6.8%，首次超过军费开支；同年美国对以信息技术为主的高技术产业的投资首次超过对其他领域的投资；1994 年美国研究与开发投资达1 730.2亿美元，相当于日本与德国的总和。通过实施创新发展战略，一方面使美国的农业和传统制造业恢复了竞争力；另一方面高技术产业成为其经济发展的强大杠杆，1997 年在全球信息市场所占份额达到 41.8%，大大高于欧洲（27.5 %）和日本（16.6 %）。实施创新战略不仅扩大了内需和出口，而且拓宽了就业领域，减少了失业。1973～1994 年，美国净增 3800 万个就业岗位，到 1998 年 4 月失业率已降至 4.3%。同期日本由于在 20 世纪 80 年代采取全球扩张战略，对创新未给予足够重视，形成"泡沫经济"，90 年代起仍处于萎靡不振的状态。由于国内需求和投资不振，失业率已从 1973 年的 1.4%上升到 4.1%（不包括妇女失业率）。

21 世纪是知识经济时代，这已成为人们的共识。知识经济从某种意义上说就是创新经济。美国总统克林顿称知识经济为"以创意为基础的经济"，经济合作组织在《以知识为基础的经济》报告中给知识经济下的定义是"所谓知识经济是建立在知识和信息的生产、分配和使用基础上的经济"。新加坡前总理吴作栋强调"创新是知识经济的灵魂"。开罗大学政治经济学院经济系主任马哈默德 · 阿布杜尔 · 法迪尔认为知识经济是建立在研究与开发基础上的，人们不是局限于模仿，而是能发明创造，这才是知识经济的核心。

2. 培养创新能力与研究能力是大学的任务

培养创新型人才是 21 世纪对高等教育提出的客观要求。我国 1998 年颁布的

第一部《高等教育法》明确规定："高等教育的任务是培养具有创新精神和实践能力的高级专门人才，发展科学技术文化，促进社会主义现代化建设。"1998 年 3 月，在武汉举行的第一次全国普通高等学校教学工作会议上，教育部副部长周远清先生分析了高等教育面临的形势："党的十一届三中全会以来，实行改革开放政策，我国已经进入世界经济发展和竞争的大循环。各国经济有互补性的一面，但相互之间的竞争更为激烈。这种竞争的核心是人才质量和素质的竞争。高等教育在社会发展中的地位和作用日益突出，社会对高等教育人才培养工作的要求也越来越高。当前，国际资本和资金的规模扩大，流动速度加快，全球经济一体化和金融国际化的进程加快，极大地影响着各国的经济，也影响着各国的政治和社会生活的各个领域，使各国高等教育之间的国际竞争更加激烈。谁要想在激烈的世界经济竞争中得到成功，谁就必须占领人才培养的制高点，培养出世界一流的高素质、高水平的各类专门人才。"他进一步提出："21 世纪中国的高等学校究竟应当培养什么样人，是大家关心和讨论的首要问题，也是各科类面向 21 世纪教学内容和课程体系改革计划的第一项课题。许多同志从不同的角度，做了很多有见地的探讨。第一，21 世纪高校培养的人才既要有知识，又要有能力，更要有使知识和能力得到充分发挥的素质，这三个方面要有机地结合在一个人的身上。第二，21 世纪中国高等学校培养的人才应当具备基础扎实、知识面宽、能力强、素质高这四个特点。……能力，主要包括获取知识的能力，运用知识的能力，创新能力，其中创新能力培养是我国高等学校长期以来的薄弱环节。"

培养创新能力和研究能力对于本科教育和研究生教育已成为我国法定的学业标准。《中华人民共和国高等教育法》第十六条规定："…… 本科教育应当使学生比较系统地掌握本学科、专业必需的基础理论、基本知识，掌握本专业必要的基本技能、方法和相关知识，具有从事本专业实际工作和研究工作的初步能力；硕士研究生教育应当使学生掌握本学科坚实的基础理论、系统的专业知识，掌握相应的技能、方法和相关知识，具有从事本专业实际工作和科学研究工作的能力；博士研究生教育应当使学生掌握本学科坚实宽广的基础理论、系统深入的专业知识、相应的技能和方法，具有独立从事本学科创造性科学研究工作和实际工作的能力。"

国际上发达国家十分重视研究生，特别是博士生研究能力的培养。例如"美国大学的研究生院特别强调基础科学数理化的教学和跨学科科研与教学，特别把研究生参加科研放在突出地位。"1979 年美国 L．威尔逊将哲学博士学位标准归结为 3 条：①彻底掌握本学科某一专门化方向的知识；②广泛通晓本学科知识，熟悉相关领域；③有对本学科发展做出贡献的能力。德国博士学位要求有一篇具有创造性的学术水平较高的论文。日本北陆尖端科学技术研究生院大学，为加强研究生研究能力的培养，学校为每名研究生指定 2 名指导教师，研究生从事的研究工作有主题与副题之分。主题是按专业选定的课题，副题是和所定专业相邻，为扩大基础知识、基本概念而选定的研究课题。

为了培养创新型人才，美国、英国、法国、日本等专门设立研究型大学。美国现有研究型大学125所（四年制授予学士以上学位的高校共有605所），它们已成为培养探索型人才的中心。例如哈佛大学在政治、经济、科技领域培养造就了大批杰出人物，包括5名总统，29名诺贝尔奖获得者。剑桥大学也为世界培养了一大批杰出的创新型人才，包括牛顿、麦克斯韦尔、卢瑟福、达尔文等人。

第二节　学位论文与研究

一、学位论文的能力培养功能

创新既然是率先推出新事物，就必然要开展研究。《辞海》对研究一词的注释是“用科学方法探求事物的本质和规律。”在大学阶段安排学位论文的撰写，就是为了培养大学生、研究生的创新能力和研究能力。

学位论文的教学功能是多方面的，它既是对学生研究能力和创新能力的培养，又是对学生知识、能力的全面考查和全面提升。在高等学校，工科学生一般通过毕业设计综合考察其知识和能力，文理科学生则主要通过毕业论文综合考察其知识和能力。学位论文是课题研究的成果。学位论文的完成要先后通过选题、查阅文献、形成假说、社会调查、数据分析、论文撰写、论文答辩等环节，每个环节都对学生课堂教学模式提出挑战，使学生在迎接挑战中得到全面的锻炼。学生只有认真完成以上各个环节，才有可能写出高质量的学位论文。

（一）读书学习

这是所有科学研究必需的前期准备。科学研究需要扎实的理论功底和方法论基础，只有通过认真读书学习，才有可能发现问题和研究问题。许多学生写不出高质量的论文，首先就是读书学习方面下的工夫不够。

（二）研究选题

确定自己要研究的问题，这是研究工作非常重要的一步。以后的工作都要围绕选题进行，因此选题要慎重。选题不当，会劳而无功。

选题就是发现问题。不少学生感觉选题困难，说明在发现问题方面他们遇到了挑战。这恰恰是培养创新能力的开始。论文选题发现问题与课堂教学提出问题不同，后者无需自己去解决，问题可大可小、可难可易；前者则需要自己解决，问题太大太小都不行，学士论文要求0.8万～1万字，硕士论文要求3万字左右，博士论文则要求8万～10万字。问题太大太难解决不了，问题太小太容易，又写不出有分量的论文，这就要求学生仔细权衡。

（三）查阅文献

应针对研究选题，广泛查阅国内外文献资料，了解前人研究情况以及已有成果，以便确定选题的研究价值、研究基础以及具体要解决的问题。有时该选题的研究水平已经达到甚至超过了自己的设想，或者严重缺乏参考资料，以致难以进行研究，就要重新选择研究课题。通过查阅文献，使学生掌握利用社会信息资源的渠道和能力。我们的社会已经发展到这样一个水平，任何问题的解决都离不开前人的智慧、他人的经验，都需要相应理论和大量信息的支撑。利用社会信息资源的能力是现代人的基本能力之一，而这种能力是需要培养的。在课程学习中，有关文献资料一般是由教师指定的，而学位论文所需要的文献资料则需要学生自己搜集，在浩如烟海的信息世界中寻找自己所需要的文献资料，并为己所用，对学生也是一个锻炼。

（四）形成假说

根据所研究的问题和对前人研究情况以及已有成果的思考，提出理论假说或实践思路，形成下一步调查研究的具体内容。例如研究现代企业制度的科学概念，其假说包括：①企业制度是处理企业基本经济关系的制度。②现代企业制度的基本形式是采用股份制的公司制。③把公司制称为现代企业制度是因为它符合现代经济的特点和发展要求。再例如研究治理市场不振的策略，其假说包括：①储蓄利率过高时，如降低利率，将刺激消费。②居民收入预期悲观时，如能使居民对收入预期持乐观态度，将增加现期消费。③投资不足时，鼓励投资或增加公共建设，将活跃市场。

（五）调查研究

根据假说设计研究方案，通过进一步查阅文献或实施调查，或实验模拟、组织试点以广泛收集资料。例如为验证有关现代企业制度的理论假说，需要收集有关企业制度、股份制、公司制、现代经济特点和发展趋势、市场经济发达国家的企业制度及其运行状况等方面的资料。要验证治理市场不振的策略的正确性，就需要收集其他国家治理通货紧缩的经验，必要时需进行试验。

社会调查使学生深入了解社会，提高学生的沟通能力。文科大学生的学位论文，一般要求结合实际，对实际工作有一定的指导意义，这就要求学生进行社会调查。要完成社会调查，一方面要求学生具备调查研究的技术能力，如设计调查提纲、调查问卷等能力；另一方面要求学生有实施调查的社会交往能力，如访谈、召开座谈会等能力。在调查中会发生各种各样的问题，如被调查者显得高傲、冷淡、不配合等。学生通过社会调查，既锻炼、提高了能力（包括经受挫折的能力），又进一步了解了社会，对日后工作十分有用。当然，在大学学习期间，学生还有其他社会实践机会，但学位论文对社会实践的要求要高得多。当年笔者在完成硕士论文《试论职工劳动积极性及其提高途径》的过程中，为收集数据、总结经验，曾先后调查15家企业；访谈高层管理人员8人、中层干部18人、一般职工14人；召开座谈会6次，共30人参加；组织问卷调查9次，涉及35家企业，对其中3家企业现场进行了较深入的观察。过程中克服了许多困难，收获是相当大的。笔者的一个研究生张强，山东大学本科毕业，人很老实、用功，但很腼腆。为帮助他顺利完成学位论文，我安排他参与企业咨询活动。经过几个月的企业调查，他不仅掌握了大量第一手材料，更主要的是社会交往能力明显提高。

（六）验证假说

在通过文献研究和实证研究取得大量资料的基础上，进行科学的数据处理，“去粗取精、去伪存真、由此及彼、由表及里”地做深入的理论思考，分析归纳、演绎推理，验证或修正自己的假说。如果原来的假说不正确，就要重新修正假说或重新选择课题。

（七）撰写研究报告与论文

以人们容易理解的方式写出研究成果。如果是学位论文，还要符合写作规范。

论文撰写促使学生运用学过的理论，自学新的或相关领域的理论。学位论文内容各异，有的侧重于理论，有的侧重于实践。不管侧重如何，只要是论文的核心内容，就要求做到：①概念有详细说明。②观点有逻辑依托或事实证明。③方法有应用检验。④数据有深入分析。⑤策略有理论依托。这就要求学生对所学理论有深刻的理解，能够熟练地运用。在多数情况下，特别是在撰写研究生学位论文时，学生常常感到课堂所学理论不足，还要学习和运用更多的理论。这个过程不仅充实了他们的知识，更重要的是锻炼和提高了他们的自学能力，而这在知识经济时代是人们适应社会发展的基本能力。笔者在完成硕士论文期间，感觉课堂知识远远不够，就自学了当时（20世纪80年代初）国内出版的许多有关行为科学、社会心理学、管理心理学、管理学、劳动经济学的专著、译著，还深入学习了系统理论，使自己的理论基础明显加深了。

撰写论文不仅要求学生掌握必要的理论，而且要求学生具备较高的写作能力。学位论文不仅要求内容充实，达到一定篇幅，概念运用恰当准确，观点正确（至少能自圆其说），而且要求思路清楚，文字简练通畅，写作符合规范。达到以上标准要求学生下一番工夫。

（八）论文答辩

论文答辩既是对学生学术水平的进一步考察和验证，也是对学生的应变能力、口头表达能力的考察和锻炼。论文答辩一开始要求学生用15～30min（根据学位论文等级决定）介绍自己的论文，包括选题目的、研究方法、论文基本内容及价值。然后由若干专家提问。所提问题事先并不知道，具有随机性，一般都有相当的深度，即使给一些当场准备回答的时间，也有严格限制（一般30min左右），又不允许向导师请教或和同学讨论。答辩时要求学生表达切题清楚、简明扼要，这对学生的应变能力的确是一个严峻的考验。因此多数学生对答辩比较害怕，有的精神十分紧张，甚至吓得脸色煞白、声音变调。但实际生活中就需要这种能力，尤其在非常时期、危急时刻或竞争性谈判和辩论过程中，应变能力、口头表达能力往往事关存亡胜败，因此要有意识地培养。

二、决定研究成效的要素

（一）研究成效模型

为什么不少大学生写出的学位论文质量不高？为什么有些大学教师和研究人员一生未有大的建树？其共同的原因是研究工作缺乏成效。

研究工作的成效取决于多种因素，如个人精力、智慧、研究条件、方法、学风等。归纳起来是五个方面的因素：心理素质、知识基础、研究方法、研究能力和研究环境（图2-2）。这五个方面的因素是相互影响相互制约的。心理素质影响知识的学习和积累，也影响对研究方法的掌握和选择。例如性格内向的人倾向于文献研究和实验研究，尽力避免社会调查。知识基础影响个人的信心。研究能力和研究方法好像是一把剪子的两边，必须依靠对方才能发挥作用。研究的过程又是积累知识的过程，随着研究工作的持续，研究成效会出现良性发展趋向。研究环境对人的心理素质、研究方法的选择和应用、知识的获得、研究精力的集中有多方面的影响，因此是影响研究成效的关键因素。

（二）心理素质与研究成效

研究和创新是一种特殊的社会实践活动，需要一些特殊的心理素质。据有关专家研究，这些心理素质主要包括好奇心和探索兴趣，注意力、执着而坚韧不拔的精神，直觉与洞察力、勇气和自信心，开放与合作精神。

1. *好奇心和探索兴趣*

中国科学院院士、中国科学技术大学校长朱清时教授认为：“好奇心正是科学研究的驱动力，因此也是创新人才最重要的素质。”爱因斯坦在《自述》中回忆他如何走上科学之路时，生动地说明了好奇心对树立科学家的人生价值观的作用。他说：“当我还是一个四五岁的小孩，在父亲给我看一个罗盘的时候，就经历过一种惊奇。这只指南针以如此确定的方式行动，这种经验给我一个深刻而持久的印象——在我们之外有一个巨大的世界，它离开我们而独立存在，它在我们面前就像一个伟大而永恒的谜，然而至少部分世界是我们观察和思维所能及的。对这个世界的凝视深思，就像得到解放一样吸引着我们。而且我不久就注意到，许多我所尊敬和敬佩的人，在专心从事这项事业中，找到了内心的自由和安宁。”没有好奇心的人是不会有发现问题的敏锐性的。英国的解剖学家亨特在伦敦郊外的公园里看到一只鹿的角在生长，他便好奇地寻求与血液供给的关系，他系住一侧的外颈动脉，顿时，角冷了下来，不再生长；过了一会儿，鹿角又暖了过来，继续生长。亨特发现邻近的血管扩张了，可以继续输送血液，由此发现了侧枝循环和扩张现象，创造了结扎治疗动脉瘤的技术，即在外科上称为亨特氏法的手术，是现代外科的基础。

2. 注意力、执著而坚韧不拔

能否集中注意力是决定工作效率的关键，注意力集中的程度决定着思维的深度和广度，科学史上思想深邃的巨人都特别能集中注意力。牛顿曾在思考时误把怀表当做鸡蛋放进水里煮。据说爱因斯坦可以连续数小时以我们大多数人只能坚持几秒钟的程度完全集中注意力。华罗庚说：“天才比常人能更高度地集中注意力。能长时间集中注意力勤奋工作的人，才可能成为天才。”

我国著名的数学家张广厚先生认为，科学的成就是毅力加耐心。要养成一种习惯，只要盯上一个问题，就要不分时间、不分场合的思考。1981 年诺贝尔化学奖获得者日本的福井谦一与美国的霍夫曼有一个共同的特点，那就是执著。福井总是在自己的枕头边放着纸和铅笔，一有好的概念就记下来；霍夫曼多是在洗碟子或在院子里侍弄花草时得出最好的见解。他们共同的体会是成功要靠“拼命”与“运气”。爱因斯坦对传记作家塞利希说过：“我没有特别的才能，不过喜欢寻根刨底地追究问题罢了。”他还对一位物理学家说过：“空间时间是什么，别人在很小的时候就已经清楚了，我智力发育迟，长大了还没有搞清楚，于是一直在揣摩这个问题，结果就比别人钻研得深一些。”

3. 直觉与洞察力、勇气和自信心

在研究过程中，人们常常会面临三岔路口，这时直觉与洞察力就会起决定性的作用。朱清时教授说：“过去 20 多年中我认识许多研究生，他们念书时都很好，但 20 年后成就相当悬殊，有的路越走越宽，有的却越走越窄。一个人选择的方向如果在 5～10 年后大有发展，他就能有大成就；如果他选的方向是强弩之末，就会白费力气了。”

创新必须有勇气，敢于向传统和权威挑战。许多人由于迷信，束缚了自己的创造力。例如对权威已经说过的就不敢怀疑。权威在某些方面可能比一般人强，但俗话说：智者千虑，必有一失；愚者千虑，必有一得。权威也可能出错。英国物理学家托马斯·扬大胆否定牛顿关于光的物质微粒说而提出光的波动说时强调：“尽管我仰慕牛顿的大名，但我并不因此非得认为他是万无一失的。”在当代经济学界，美国人克鲁格曼以大量的文章和书籍质疑这个时代最为人所珍视的理论和政策。早在 1994 年，他就对东亚经济的高速增长模式提出疑问，受到过不少指责。3 年后东南亚金融危机爆发，人们才认识其警告的价值。20 世纪 80 年代末 90 年代初，笔者提出要研究建立新的企业管理原理体系时，也有资深教授提醒说，国内名牌大学已有企业管理原理教材，有无价值再研究？然而笔者坚持探索，终于取得了被学术界认可的研究成果。

创新必须自信，不能在别人提出怀疑时或在研究遇到困难时就动摇。其中信念起着特别重要的作用。爱因斯坦说：“毫无疑问，任何科学工作都是从世界的合理性和可知性的坚定信念出发的。尤其是破旧立新，要怀疑权威，必须大胆、自信。”哥白尼始终坚信自己的学说正确；伽利略面对宗教裁判的迫害坚信“地球确实是在运动”；布鲁诺在熊熊烈火即将夺取其生命的时刻，还坚定地向世界宣布：“后世的人将会理解我！”

4. 开放与合作

现代科学技术发展的特点是高度分化与高度融合并存，研究开发从个人或手工作坊式转向集体研究、国家研究甚至国际合作研究。因此开放与合作精神也是研究成效的决定因素之一。例如据美国科学史专家朱克曼的统计，诺贝尔奖设立 71 年来共有 286 位科学家获奖，64.7%的人是与别人合作进行研究的，而且这个数字有逐步上升的趋势。因此要想取得创新成果，必须有“海纳百川、有容乃大”的胸怀，善于发现及学习同行的优点和长处，在保持自身风格和特点的同时博采众长。

三、知识基础、研究能力与研究成效

创新研究是对现有理论和实践的超越，如果没有扎实的基础理论和丰富的实践经验，创新是很难实现的。一位先哲曾说过，你想要有所发现就必须站到巨人的肩膀上。否则你的眼睛只能够到巨人的腰部，前面自然什么也看不见；或者你只能看到巨人衣服上的纽扣，以为这是一个新发现，其实是众所周知的事物。创新研究需要的基础理论包括哲学、数学、逻辑学等方法论和专业基础知识。

为什么有的人觉得选题难？无非两种情况，一种是觉得到处都是课题，不知选哪个好；一种是觉得理论和实践已相当完善，已无题可选。个中原因首推基础理论、学术文献研究不足。例如一个研究生选择“企业集团人力资源开发”为硕士论文题目，不知从何下手，初稿一塌糊涂，基本概念不清，缺乏研究思路，一看就知道没有认真学习资料。

几年来笔者发现，许多研究生完成学位论文之所以困难，大多存在理论准备不足的问题，或者是教科书没有认真学，一知半解；或者是很少看相关名著，孤陋寡闻；或者是学术刊物接触不多，对学科前沿所知甚少。

研究是要下大工夫的，从汉字“研究”本身就可以领悟，研究要达到金石为开的地步。我国明代地理学家徐霞客，他在22～56岁的34年间，走过16个省区进行地理考察，北到蓟县盘山，南到滇、川、藏，登悬崖攀绝壁，涉急流探洞穴，无伴侣无灯光，几次遇盗多次断粮，靠火把每晚记见闻，写下200多万字的《游记》。美国斯坦福大学心理学教授I·M·特尔门从1921年开始对1528名智力超常的中小学生进行考察，对所有的人做了学校和家庭访问，对其中1/3的人做了体检。1928年和1940年又进行追踪调查，1960年以后每隔5年进行一次通信调查直到1972年，经过这样的努力才得出结论：一个人的成就与其智力高低并无极大相关，有恒心、做事求好求善的人取得成就的机会大。由于特尔门艰苦卓绝的工作，1976年荣获美国心理学会卓越科学贡献奖。我国著名数学家陈景润说过：“做研究就像登山，好多人沿着一条山路爬上去，到了最高点就满足了，可我常常要试9～10条山路，然后比较哪条山路爬得最高。凡是别人走过的路我都试过了，所以我知道每条路能爬多高。”这段话足以解释陈景润为什么能取得突出的成就。

现实生活中有些人急功近利，既不下工夫调查研究，又不愿艰苦的思考，东拼西凑，杜撰概念，哗众取宠，结果毫无成就。列宁为了写作《俄国资本主义的发展》，做了多年的精心准备，参考了583本书，摘录的各种材料和统计资料达数十万字。

四、研究方法和研究环境

为什么有的人选题不错，却无所成就？除了基础理论不扎实、文献资料研读不够、做了许多重复性工作以外，没有掌握方法论也是一个重要原因。

著名数学家笛卡尔说过，最有价值的知识是方法的知识。古人云：“工欲善其事，必先利其器。”法国生理学家贝尔诺说：“良好的方法使我们更好地发挥运用天赋的才能，而拙劣的方法则可能阻碍才能的发挥。因此，科学中难能可贵的创造性才华，由于方法拙劣可能被削弱，甚至被扼杀；而良好的方法则会增长、促进这种才华。”现代实验科学的始祖培根甚至比喻说：“跛足而不迷路能赶过虽健步如飞但误入歧途的人。”

研究方法包括发现问题的方法、理论假设的方法、实验的方法、调查的方法、分析和综合的方法、演绎判断方法等。研究方法按照其抽象化程度和适用程度，可以分为五个层次：第一层次是方法论原理；第二层次是一般方法论，包括哲学方法、逻辑学方法、心理学方法、数学方法、系统科学方法、符号学方法等；第三层次是三大学科领域的方法论，即自然科学方法、社会科学方法、文艺学方法；第四层次是各学科分支的实证方法，如物理学方法、化学方法、生物学方法、经济学方法、社会学方法等；第五层次是工程技术方法论，是科学技术转化为生产力的方法，如采矿研究方法、机械制造工艺研究方法、杂交育种研究方法、教育研究方法、激励研究方法、成本控制研究方法等。要想研究有所成就，不能不掌握必要的研究方法，本书的主要任务就是研讨人文社会科学的研究方法。

最后，也要注意研究环境对研究成效的影响，例如制度安排、研究氛围、物质条件等。李义平博士认为，使知识和人才脱颖而出需要创造相应的硬环境和软环境。这里的硬环境是指保护知识产权制度。如果创新可以被人无代价的模仿抄袭，发明创造得不到任何报酬的话，就会极大地阻碍创新和经济的发展。所谓软环境是指社会评价体系和文化氛围。一个有利于创新的社会评价体系应当是尽可能地让每个人都发挥自己的资源优势，不管从事什么工作，从政、从教、经商、务工、务农或演戏，只要效用最大就可以得到社会的肯定和相应的报酬，不存在职业上的高低贵贱之分。一个有利于创新的文化氛围应当是开放和竞争的，追求起点平等而不是终点平等，应为所有的人提供近乎相等的机遇。

第三节　学位论文与读书

一、读书的基本要求

如前所述，读书学习是科学研究的前提，是积累知识的基本手段，为科研创新奠定基础。读书学习要达到知理、知问、知法三要求。

知理：懂得有关研究领域的基本概念、基本理论。例如你要研究光导纤维，必须先学习物理学，掌握光学、晶体物理学、信息传输的原理等；你要研究现代企业制度，必须先学习经济学、管理学、组织学、公司法等。

知问：能够提出引起同行注意的问题。在学习基础理论阶段学生当然也会提出许多问题，但对于行内人士那些问题已基本解决，多数已属常识。只有当掌握了基础理论和专业知识，并且已大量阅读学术前沿的文献资料之后，才能提出足以引起同行们注意的问题。例如，若没有深入学习经济学和组织学，就会提出类似于什么是企业、什么是制度这样一些常识性的问题；当看到有的文章提到“公司治理结构”的概念时，也不理解。只有当阅读大量文献资料以后才会提出中国建立现代企业制度，如何将公司法中规定的公司治理结构与我国已颁布的《企业法》的领导体制统一起来，因为这是一个未解决的前沿问题。读书时就要一边学习，一边提出问题，为进一步学习提出任务，也是发现研究课题的重要方法。

知法：通过读书领悟和掌握研究解决问题的方法，包括学习的方法、分析和综合的方法、演绎推理和创新的方法、实践的方法等。只知理、知问而不知法，就不能将科学及实践推向前进。

二、图书资料的选择

我们正处于信息爆炸的时代，面对图书资料的海洋和有限的时间精力，恰当选择图书是十分重要的。选择图书可以从以下两个角度进行。

（一）根据目的选书

从科学研究的角度，读书的目的可能是：弄清基本理论、了解学科发展、收集或补充例证材料、学习分析方法。读者可以根据不同的目的选读不同的图书。因为公开出版的图书资料也有若干种类，以管理学的图书为例，至少有以下几类：①理论介绍类。各种教科书和学术专著主要介绍和阐述理论，如美国学者彼得·圣吉所著《第五项修炼》提出了学习型组织的理论。②经验介绍类。如《丰田的秘密》、《艾柯卡自传》等，最近吴士宏女士所著《逆风飞扬》介绍了自己在微软公司及IBM公司的经历，内容很充实，不仅有个人成功的经验，而且有微软公司及IBM公司成功的经验。③实证研究类。该类图书提供大量调查数据和有效的研究方法，如《成功之路》有一套实证分析方法可借鉴（见本章附录），美国哈佛大学教授约翰·科特所著《总经理》、《现代企业的领导艺术》等系列丛书也是实证研究的成果。④综合类。如美国著名学者德鲁克的著作《管理的前沿》，最近世界图书出版公司出版的《财富：专题精粹》等。号称“科学管理之父”的泰罗所著的《科学管理原理》，有理论、有经验，又有实证研究方法，也是典型的综合类图书。

（二）根据质量选书

现在我国出版的经营管理类书刊五花八门，鱼龙混杂，不能全读。有人说“开卷有益”，我认为开卷未必一定有益，就像吃药未必一定能健体治病。若是好书当然是开卷有益，若是坏书则是开卷有害，粗制滥造的书虽未必开卷有害，但确实是开卷不利，既浪费时间，也可能把人的思路搞乱。

判明某一本书、某一篇文章值得不值得读，首先不要被书名、目录所迷惑。读者不妨采用“随机抽样”的方法，随机翻几片或跳读几页，看一看其观点、逻辑和材料，根据本书提出的价值判断法则，确定是否值得一读。目前市场上不少图书是东拼西凑写成的，空洞无物，那就不必浪费时间。

我主张多读经典教材或高质量教材和名著。

经典教材或高质量教材的特点是理论体系相对完整、结构合理、逻辑严密、语言简练、知识储存期长、可读性好发行量大。例如经济学经典教材——萨缪尔森写的《经济学》内容比较系统，从宏观到微观，从生产、流通、分配到消费都进行了论述，不仅深入浅出，而且引人入胜，对于了解资本主义社会运行的逻辑很有帮助。

名著一定要读，这些著作的撰稿人都是大学问家，才智过人、思想闪光，有科学的胆识，大多语言精美，确实可从中汲取许多营养。读管理学名著，既能学习基础理论，又能了解学术前沿的状况。例如杜拉克的《有效的管理者》，据说是改革开放初期最早引进的一本管理名著，当时胡耀邦同志曾向高级干部推荐，内容确实精彩。

三、读书的方法

怎样通过读书取得最大的收获？首先要安排合理的读书顺序，其次要讲究读书的方法。

（一）关于读书的顺序

不少研究生向我诉苦，他们读了不少书包括一些名著，但发现越读越糊涂。这极有可能与读书顺序不合理有关。我主张首先选一本好的教科书，认认真真地读下去，把基本概念、研究这一类问题的基本思路、这一学科的理论框架搞清楚。在这以前，不要着急去看其他书。

为什么专著、名著要放在后面读？因为：①专著、名著一般是创造性的，它不大顾及知识的完整性，在缺乏理论准备的情况下不容易读懂。②不看教科书也难理解专著、名著的价值。任何一本书不可能做到通篇是创新，句句是真理。在学好教科书的基础上再去看一些专著、名著，由于提高了自己的鉴别力和吸收新知识的能力，通过比较可以更深刻地发现专著、名著的价值，收获就会更大一些。③由于历史的原因，经济学、管理学名著大部分是外国人写的，外国人的语言文化与中国人不同。例如美国人思维很发散，有时观点有片面性，有的不符合中国人的语言习惯。

读外国名著，有条件的应读原著，其次读译本。国内不少著作是搬人家的，虽改头换面，内容常常已经走样。我主张研究生要多读原著，选书的优先程序应当是：原版-译本-系统介绍-个人理解评述。因为：①读原著可以防止别人曲解作者的思想。例如许多人由于是通过他人的评述来理解泰勒制的，对科学管理运动的发起人泰勒有曲解，认为泰勒是“X 理论”的代表，不重视人，不管工人死活，认为泰勒制就是通过动作时间研究搞定额。而读过泰勒的《科学管理原理》

的人不会有以上想法。②可以更全面地了解作者观点，汲取更多营养。③可以学习作者的思路和研究方法。

目前在一些研究生中存在着两个问题：一是对教科书学习不够，有急躁情绪，基本理论未吃透，基本知识框架未把握，急着去看专著，结果消化不了或被引入迷宫，对于各种不同说法不知去从；二是对原著研读不够，结果人云亦云。

（二）关于读书的方法

为了提高读书的效率，看书看文章可以采取三种方法：一是快速阅读，从左上到右下对角浏览，快速看完，主要寻找阅读的重点；二是有选择地重点阅读，根据速读选择的范围评价书刊的价值，确定研读区间；三是细细研读，根据重点阅读选定的书刊和区间逐页逐行阅读，以汲取营养。

读书要与思考相结合。我们在读书时，一定要抓住该书的特点：构架、思路有什么特点？提出了什么新的观点？是怎样论证的？观点是否正确？提出了什么新的方法？可以应用在哪些方面？提供了哪些新材料？对自己今后研究有什么用处？

读书要及时收获一边读书一边思考的结果，从中提炼出对自己有价值的东西，由此引发的一些灵感和感想，应当及时记录下来。可以分别采用眉批、标签和卡片等形式记写自己的读书心得。①眉批。如果书刊属于自己，可以将当时的感想、收获及时写在书刊上。②标签。以后可能有用的内容可以用小纸条标出主题和页码。③卡片。对自己研究直接有用的观点、材料可以抄录在专用的卡片上。

第十章　学术成果及评价

第一节　学术成果概述

随着社会的不断进步，学术研究成为职业性的专门工作，同时也成了部分学者谋生的手段或一种职业。那么，对于这些学者来说，他们的工作业绩就表现为研究成果的公开发表。学术成果是学者对某一问题比较系统的研究和认识，反映了学者的综合业务水平。对于学术成果来说，主要表现为公开发表的论文、公开出版的学术著作这两种形式。

不管是公开发表的论文还是学术著作，都必须有独到见解和发现，必须在现有成果的基础上提供新的信息。为此学者必须掌握学术动态，了解他人的研究成果，在别人研究的基础上开始自己的探索。从这一点上来说，论文以及学术著作中取得的成果和研究结果都是以前人的研究成果为基础的。

论文和著作的写作中包含有科学内涵和表达形式两个要素：科学内涵即科学价值，与研究设计取得的成果直接相关，没有好的研究结果就不能写出高水平的论文；表达形式即写作技能，反映在结果整理和论著撰写技巧上，没有好的表达形式科学内涵就无法很好体现，即使有好的结果也难以写出好的论文和著作。论文与著作是原著类研究论文之一，是以作者自己设计和实施的试验中获得的原始材料为依据而写出的研究论文，或者是作者独到的见解，包含作者的创新成分。可以说，论文和著作的写作既是前一个阶段工作的总结，也是下一个阶段研究的基础。

在表达学术成果时，应该努力体现本人学术研究的以下价值：

（1）新发现。在本研究中新发现了什么现象，深入讨论这些现象可以解决什么理论或实际问题，对今后有什么启发。

（2）新观点。根据本研究及迄今为止的相关研究，可以得出什么新的学术观点，或证实什么观点，或修正什么观点。

（3）新方法。采用何种创新的方法，或对国内外经典方法做了哪些重大的改进，这些新建的方法或改进的方法，可在什么领域解决什么问题。

（4）论文或著作的价值。应在讨论部分结合文献着重说明，并在引言、方法、结果部分围绕这些中心问题使其连贯一致并加以重点强调，突出本论文或著作的这一核心内容。

第二节　论 文 答 辩

论文的答辩，主要是指答辩委员会可以就论文中阐述不清楚、不详细、不确切、不完善之处，在答辩会上提出问题，作者当场回答或略作准备之后做出回答，可以进一步考察作者对所述的问题是否有深广的知识基础，是否有创造性的见解，是否有充分扎实的理由。论文答辩一般是针对学位论文而言的，如学士学位论文、硕士学位论文、博士学位论文等。论文答辩是审查学位论文的一种补充形式，是对学位申请人学术水平和研究能力的综合考核，是对学位论文的最后检验。

一、论文答辩的目的

校方组织毕业论文答辩的目的，简单来说是为了进一步审查论文。具体表现为：

1. 进一步考察和验证毕业论文作者对研究课题的认识程度和当场论证论题的能力

一般来说，从提交的参加答辩的论文中，已能大致反映出论文作者对自己研究课题的研究和认识程度以及论证论题的能力。但由于受论文全局的结构或者篇幅限制等种种原因，有些问题没有充分展开说明和分析。通过答辩，在对这些问题的提问和回答过程中可以进一步弄清楚论文作者对自己研究课题研究和认识的程度、理解的深度和当场论证论题的能力。

2. 进一步考察毕业论文作者对专业知识掌握的深度和广度

通过论文，虽然也可以看出论文作者已掌握知识的深度和广度。但是，撰写毕业论文的主要目的是考查学员综合运用所学知识独立地分析问题和解决问题的能力，培养和锻炼进行科学研究的能力。事实上，论文作者在撰写论文过程中，有的知识已经确实掌握，有些知识可能只是一知半解，甚至连基本含义还不清楚。在答辩会上，答辩委员会的委员将论文中阐述不清楚、不完备、不确切之处提出来，让论文作者当场做出回答，从而检查出论文作者对所论述的问题是否有深广的知识基础、创造性见解。

3. 审查毕业论文是否由论文作者自己独立完成以及论文的真实性

按照常理，论文作者应该以自己实际研究中得到的资料和数据作为撰写毕业论文的基础，在一个较长的时间内完成。有时，论文作者在实际研究中得到的数据和资料并不是作者所预期的结果，有些作者可能就会捏造假数据；还有一些论文作者通过请人代笔或抄袭剽窃他人成果等不良方式来完成自己的毕业论文。尽管在论文答辩之前，论文要经过评审、评阅等程序，对于作假和舞弊的论文进行揭露和剔除，但难免有疏漏。答辩委员会一般由五名以上成员组成，鉴别论文真假的能力更强，而且在答辩会上还可以通过提问与答辩来暴露作弊者，从而保证论文的质量。

总之，公开答辩是论文评价的一种重要形式和手段。公开的论文答辩对于答辩者来说，是一个再学习和自我提高的重要环节。通过答辩，不仅可以使答辩者的口头表达能力、演讲能力、思维能力、应变能力等得到提高，而且还可以帮助答辩者对整个论文的完成过程进行总结和反思，把有关的基本理论和文章的基本观点彻底弄懂弄通，由答辩专家针对论文提出的问题出发，做进一步深入的研究，从而获得更大的研究成果。

二、论文答辩的意义

顺利毕业是答辩者参加论文答辩的直接意义，但是论文答辩还具有多方面的意义。

1. 论文答辩是一个增长知识、交流信息的过程

一方面，为了参加答辩，论文作者在答辩前就要积极准备，仔细审查文章的所有部分，再次熟悉有关知识和继续收集与此有关的各种资料，做好解说和弥补的准备。这种准备的过程本身就是积累知识、增长知识的过程。另一方面，在答辩过程中，答辩委员也会就论文中的某些问题阐述自己的观点、或者提供有价值的信息。这样，答辩者又可以从答辩委员那里获得新的知识。当然，有时答辩者的独创性见解或在答辩中提供的新材料，也会使答辩委员得到启迪。

2. 论文答辩是答辩者向答辩委员和有关专家学习、请求指导的好机会

毕业论文尤其是学位论文答辩委员会，一般由有较丰富的实践经验和较高专业水平的教师和专家组成，它们在答辩会上提出的问题一般是本论文中涉及的本学科学术问题范围内带有基本性质的最重要的问题，是论文作者应具备的基础知识，却又是论文中没有阐述周全、论述清楚、分析详尽的问题，也就是文章中的薄弱环节和作者没有认识到的不足之处。通过提问和指点，就可以了解自己撰写毕业论文中存在的问题，为今后研究其他问题时提供参考。对于自己还没有搞清楚的问题，还可以直接请求指点。总之，答辩会上提出的问题，不论作者是否能当场做出正确、系统地回答，都是对作者一次很好的帮助和指导。

3. 毕业论文答辩是答辩者学习、锻炼辩论艺术的一次良机

当今社会是一个竞争的社会，能言善辩是在竞争中取胜不可缺少的重要手段，也是现代人必须具备的重要素质。在学校擅长交际、善言能辩的学生要比一个成绩优秀但性格孤僻内向的学生被聘用的机会多，在社会上成就事业的可能性更大。一个人如果掌握了高超的辩论技巧，具有雄辩的口才，他在事业上，在人

际交往中就会如鱼得水。善于辩论在一个市场经济社会里显得如此重要，那么，答辩者就应抓住这一个提高辩论技巧和辩论艺术的重要机会，为将来走向社会和工作岗位奠定良好的基础。

三、论文答辩的一般过程

（一）答辩前的准备工作

1. 申请论文答辩

在学位论文完成之后，应将论文以及论文评议书等材料一并送交或寄给有关专家或教师审阅，待评审人写好评语并签字。根据评审意见，决定是否准许申请人参加论文答辩。对于申请硕士、博士学位者来说，需要提交给学位评定委员会的学位论文答辩申请材料较多，如《研究生学位审批材料》、《学位申请表》以及攻读学位期间学习成绩单和发表的论文等。各学校之间可能存在一些差异，但申请论文答辩的程序大致如此。

2. 答辩准备

在答辩进行前，答辩者除了准备上述有关答辩申请的材料外，还应该做以下准备。

1）做好学位论文陈述报告的准备工作

答辩开始要由论文作者简要报告论文的主要内容（也称自述）。自述部分阐述的好坏也会影响到论文答辩的成功。因此，作者在答辩前进行充分的准备是非常必要的。

首先，在参加答辩前，应该写好学位论文的自述部分。自述部分应该包括论文的题目、本研究的特色或创新之处、选题背景和目的意义、研究方法、研究结果、结论以及本研究的不足等方面的内容。凡是答辩委员明确的内容可以简要介绍，以节省时间。自述部分的讲述时间应等于或略长于规定的陈述时间。

其次，做好相关的图、表、幻灯片等准备工作。在完成论文时所用到的一些基础材料，如原始的数据调查表、照片、录音带、实物模型等附件也应该准备好，以便于向答辩委员展示。特别是需要通过计算机演示的材料，一定在答辩前多演示几次，以保证答辩时能够顺利运行。另外，对于记录问题与意见用的笔记本和笔等也应该提前准备好。

最后，对于自述部分，应该多参加试讲，记牢要讲述的内容。通过多次演练，熟悉要陈述的内容以及相关的知识，从而能够更好地应对答辩。

2）做好回答问题的准备

答辩的主要工作就是回答答辩委员和与会者提出的问题。对于答辩者来说，回答问题的准备工作包含两个方面的内容，即心理准备和技术准备。

首先，做好心理准备工作。做好心理准备非常重要，只有具有良好的心理素质和心理准备，才能自如地回答答辩委员提出的问题。答辩委员在答辩中提出的问题一般仅限于论文本身所涉及的学术问题，往往是有关的基本理论知识、各种结果的比较分析、研究工作中的细节等，而自己对论文所涉及的专业范围应该是相当熟悉的，胸有成竹。因此，答辩者应该满怀信心回答答辩委员所提出的所有问题。自信心是答辩顺利成功的一半。

其次，做好技术准备工作。技术准备包括两项工作：第一，再次全面熟悉自己所写的论文；第二，进一步熟悉与论文相关的知识和材料。

再次全面熟悉自己所写的论文，就是要重点把握住论文的主体部分和结论部分，明确论文的主要观点和主要问题。同时，还要仔细审查、反复推敲文章中是否有自相矛盾、片面或模糊的地方。如果出现这些问题，应及时补正。

进一步熟悉与自己所写论文相关联的知识和材料，就是要了解和熟悉：对于所研究的问题，学术界有了哪些研究成果；哪些问题已基本解决，哪些还存在争议；研究的问题有何理论意义和现实意义等。对论文中重要引文的出版和版本、论证材料的来源渠道等方面都要有一个全面、清晰地把握。对于这些问题所涉及的知识和材料，作者在撰写论文的过程中已经熟悉，在答辩之前的再次熟悉仍然必不可少，这样才能做到心中有数。认真、细致的资料记录在答辩过程中能够发挥至关重要的作用。

（二）答辩程序

（1）秘书宣布答辩委员会委员名单；

（2）答辩委员会主席主持合议，宣布答辩开始；

（3）秘书介绍申请人资格审查情况；

（4）申请人陈述论文主要内容（时间不超过 30min）；

（5）答辩委员和到会人员提问，申请人答辩（一般不少于 30min）；

（6）申请人及列席会议者暂时退场；

（7）答辩委员会举行合议，宣读评阅人意见，对论文评议，并就是否通过论文答辩、建议授予学位进行表决；

（8）申请人及列席者回到会场，答辩委员会主席宣布论文评议及表决结果。

（三）答辩时的注意事项

沉着冷静是取得答辩成功的条件之一，答辩时应该注意以下几点：

（1）答辩者着装整洁，仪表大方，提前半小时到达答辩现场，携带论文、陈述报告以及纸和笔。

（2）答辩时应专心致志，不想与答辩无关的事情。答辩者要有信心、有勇气，从容答问，不要紧张。

(3) 问题提出后，答辩者要三思后再做答复。回答答辩教师的提问要简明扼要、注意礼貌、用语文明，对于不能回答的问题可以请教老师。

(4) 在答辩场所，应关掉所携带的手机和其他通信工具，保持正常的答辩秩序。对于其他同学的答辩应该认真听取，不要有影响他人的举止。

(5) 答辩过程中态度要端正，应谦虚谨慎，从容大方。无论答辩委员提出什么问题，或者给出什么评语，答辩结束后，都应向答辩委员致以谢意。

第三节　论文的发表

学术论文只有发表了，其学术研究和科技成果才真正成为人类的共同财富，才能对后续的科学研究起桥梁作用，才能逐步使科研成果转变为生产力。因此，论文完成后，作者就应该考虑论文的发表问题了，即如何发表，发表时选择哪类期刊等。从这一点来说，作为一个研究者或学术人才非常有必要了解有关论文发表的一般情况。

一、论文的发表形式

学术论文的主要发表形式，一般分为公开发表、内部发表和内部交流等形式。

公开发表是指在公开发行的期刊上发表。公开发行是指在国内外公开订阅、销售，也可以向国外出口和以交换刊物的发行方式。

内部发表是指发表在内部期刊上。内部期刊是指持有国家内部期刊登记证的刊物，可以内部发行，但不能出口。内部期刊一般也不能通过邮局征订，不能在社会上定价出售，只在本系统或一定范围内下发。另外，内部期刊也不准刊登广告，不准超范围发行。

内部交流是指在国际、国内、省内或其他部门召开的学术会议上宣读交流的论文。

无论是内部发表的论文，还是内部交流的论文，一般不允许作为参考文献在公开发行的期刊上引用。

二、论文的发表程序

一篇学术论文，从作者开始写作并向编辑部投稿，直至论文正式发表，期间不仅要经过较长的时间，而且还要经过许多复杂的程序，因此作者有必要了解论文的发表程序。论文从投稿（或受约）至发表，必须经过投稿、审稿、编辑文字加工、编排设计、发稿、印刷和发行一系列流程。

1. 投稿与约稿

投稿 出版条例规定，作者有发表个人作品的权利。作者有权决定自己的作品在何时何地、采取何种方式方法、全部或部分发表，他人无权干涉。投稿是作者充分运用自己的权利，摆脱外界干扰，行使作品自我保护的有效方式。论文一经完成，作者无需经任何部门、任何人批准，即可自由选择向合适的编辑部投稿。

约稿 约稿是编辑部在调查研究的基础上，选拔高质量论文，掌握编辑出版主动权的一项重要措施；是对于投稿活动的补充。约稿时，编辑部一般要求向作者提出写作的具体要求，如重点内容、文字与图表要求、书写格式与规范、字数与篇幅限制、截稿时间、交稿方式，以及超过预约时限编辑部将采取的措施等。

作者受约，说明其科研能力及其研究成果已为编辑部所承认并给予信任，其论文一般不会轻易被作退稿处理。为此，作者要恪守信誉，严格按照编辑部的要求准时提交稿件。目前，作者提交稿件的形式主要有两种，即通过邮局邮寄和电子邮件传送。不同的期刊，接收稿件的形式也有差异。

2. 审稿

审稿是编辑部控制科学技术期刊质量的首要环节。论文能否发表，一定程度上取决于同行评议和专家审查能否通过。被鉴定具有科学价值的论文，经刊物公开发表即成为科学信息的组成部分。审稿同时也是帮助作者发现问题，提高科研能力与写作能力的过程。

审稿程序一般包括编辑初审、专家审查、保密审查和主编终审（或编委会审查）。论文审查后，认为宜于发表的，编辑部一般要向作者提出具体修改意见。严密的审查程序有助于论文得到公允、正确的评价。

3. 退修与退稿

论文经专家评审后，编辑部一般做两种处理，即退修和退稿。退修，就是在稿件经有关专家评审后，编辑部根据专家的审稿意见对作者提出修改意见，请作者修改后寄回编辑部重新审定发表的做法。作者根据审稿意见，仔细修改，进一步提高自己文稿的质量，以便于发表。按照编辑部要求的截止时间，按时将修改好的稿件寄回到编辑部。

退稿，就是经过专家评审的稿件，编辑部如不采用，将稿件退还作者。退稿原因多数为缺乏创新或实验欠缺，论据不充分，或没有大的学术价值、经济效益；也可能是由于稿件内容与刊物办刊宗旨不符，无法发表；还可能是期刊编辑部近期稿件积压较多，被高质量的稿件挤掉。遇到这种情况时，作者可去信或打电话询问，设法弄清楚退稿的原因，以便有针对性地做好下一步的工作安排。如进一步修改、补充试验数据、另投其他刊物等。

4. 文字加工和编排设计

学术论文是作者向读者介绍自己的科研工作，表达科学思想、观点、经验与成果，使广大读者理解、支持与运用的重要途径。同时，学术论文往往会受到期刊篇幅和版面的限制，那么作者就不可以畅所欲言，对于一些众所周知的内容没有必要论述。因此，学术论文的语言应简洁、明了，而且应具有可读性、科学性、可理解性，使读者便于理解和应用，从而达到宣传和推广的目的。基于此，文字加工就是浓缩论文的信息，使文字表达准确、鲜明，最终提高论文表达的质量和水平，促进社会宣传。

编排设计一般与编辑文字加工同时进行，是编辑从美学的角度对文稿进行的规范化加工。编排设计包括标题的编排与字体设置，作者署名编排，正文的规范化处理，图表编排等的编排设计和整体组合等。一般来说，每一期刊都有各自的出版规范。

5. 校对与发稿

校对是刊物出版生产过程中的一个重要环节，是保证刊物质量的重要手段。校对的目的在于消灭校样中的错误，包括意思错误、数字错误、标点符合错误、文字错误等，使文章的内容和形式达到完善和统一。编辑部对作者的稿件直接刊用或修改后刊用，在排好版后，一般都要求作者自校一遍，其余校次则由编辑部负责。校对符号是编辑、校对人员和排版人员等所接受的一套共用符号语言。因此，作者应该熟练地掌握校对符号的用法，从而便于与期刊编辑、校对人员交流。

稿件在发送付排之前，必须最后进行一次全面的清理和检查工作，以防疏漏和错误，归纳起来就是编辑部门常说的“齐、清、定”。并应整理稿件，以备发排。“齐、清、定”即齐稿：稿件（含插图、表格）齐全，不残缺；清稿：稿件清楚，不难辨认；定稿：稿件确定，不再有遗留问题，发排后无需改动。

6. 印刷和发行

一般情况下，印刷厂与编辑部应该签订合同，何时交稿、何时校对、何时付印、何时出刊，要有日期限制，以保证按时出版和发行。

目前，我国印刷行业通常采用两种印刷体制：一是采用传统的手工排字，在对开或全张机上印刷；二是采用计算机排字，胶版印刷。

印刷之后，即由装订车间折页、配页、书脊涂胶、分册、粘贴封面、切边、包装等。完成这些工序之后，就可进入发行。发行是期刊生产中的最后一个阶段，同时是一个很重要的阶段。刊物发行的成败，直接影响到刊物的存亡。

三、论文发表的注意事项

1. 投稿期刊的选择

(1) 专业对口。论文一般应投到本专业的期刊。

(2) 水平相当。作者应对论文达到哪级水平有充分的自我估计，然后根据论文的学术水平决定投到国际著名期刊、国际一般期刊、国内的重要期刊或一般期刊。有时要做好两手准备，先投哪一级期刊，如遇退稿再改投哪一级期刊。

同时，根据实际情况，还应当考虑到出版费用、出版周期、方便程度等因素。

2. 稿件格式的修改

选择好投稿期刊后，就要详细了解本期刊对稿件有何具体要求，如论文字数、论文标题、摘要、关键词、参考文献等方面的规定。然后，根据本期刊对稿件的这些要求，修改好论文，将稿件寄出。

第四节　学 术 报 告

学术报告泛指各种向他人讲述自己研究成果或者做某学科介绍性的报告。学术报告是一种学术研究和科技成果有效的交流方式，在较短时间内，可以使听报告者大概了解某一领域，获得大量信息。学术报告一般应用于某一专门学问的学术讨论会议，或者用于有关人员的培训，如师资培训、课程改革的培训等。

一般做一场学术报告的大致程序如下：首先，根据报告的主题，确定学术报告的主要内容，即列出学术报告内容的提纲；其次，根据列出的提纲收集资料，来充实提纲；再次，做好学术报告时需要演示的幻灯片，从而利于学术报告的进行；最后，在做完报告后预留一定的时间给听报告者提问，同时回答提出的问题。

学术报告的注意事项：

1. 学术报告具体内容的选择

报告的主题确定后，要根据做报告的对象来选择学术报告的具体内容。具体来说，如果做报告的对象是研究的同行，报告的内容应该是专业的，以便于交流；如果听报告的对象是非专业人士，报告的内容应该接近通俗和普及，内容不必太深奥，以使听报告者对报告内容不失去兴趣，理解起来容易一些。

2. 幻灯片的制作和预演

在制作幻灯片时，应该注意尽量简明扼要，不要将所要讲的内容全部呈现在幻灯片上。如果幻灯片文字繁多，听报告者易产生疲劳和烦乱的感觉，同时也很难抓住报告的重点，使得报告的作用难于有效发挥。

在制作好幻灯片后，要提前进行预演，以保证演示的流畅性。特别是Powerpoint的演示，由于计算机软件系统的不同，在运行过程中可能会遇到一些问题。因此，提前将Powerpoint拷贝到做学术报告的场所内的计算机上，进行预演。如果遇到问题，及时解决和修改，从而保证在正式做报告时正常运行。

3. 报告时间的控制

一般做学术报告的时间在1小时左右。当然有些学术报告的时间可能会更长，如进行专业培训；或者报告时间只有半小时，如一些学术研讨会议。报告者一定要根据实际情况，对报告的内容和时间掌握和控制，不要拖延时间，以免影响整个会议的时间安排。其中做报告时应该预留出听报告者提问题的时间。

第五节 专利申请

一、我国专利的分类简介

我国专利分为发明专利、实用新型专利和外观设计专利。发明，是指对产品、方法或者其改进所提出的新的技术方案。实用新型，是指对产品的形状、构造或者其结合所提出的适于应用的新的技术方案。外观设计，是指对产品的形状、图案或者其结合以及色彩与形状、图案的结合所做出的富有美感并适于工业应用的新设计。

申请发明或者实用新型专利的，应当提交请求书、说明书及其摘要和权利要求书等文件。请求书应当写明发明或者实用新型的名称，发明人或者设计人的姓名，申请人姓名或者名称、地址，以及其他事项。说明书应当对发明或者实用新型做出清楚、完整的说明，以所属技术领域的技术人员能够实现为准，必要时应附图。摘要应当简要说明发明或者实用新型的技术要点。权利要求书应当以说明书为依据，说明要求专利保护的范围。

申请外观设计专利的，应当提交请求书以及该外观设计的图片或者照片等文件，并且应当写明使用该外观设计的产品及其所属的类别。

发明专利权的期限为20年，实用新型专利权和外观设计专利权的期限为十年，均自申请日起计算。

二、国际专利分类简介

国际专利分类法（International Patent Classification，简称IPC）是一种国际通用的管理和利用专利文献的工具。1952年，欧洲理事会成立了一个“分类小组”，1954年12月19日，欧洲理事会的一些国家有法国、德国、英国、意大利、瑞士、荷兰、瑞典等签订了《关于发明专利国际分类法欧洲协定》。1967年，BIRPI（WIPO，即世界知识产权组织）的前身，接受欧洲专利专家委员会建议，将该欧洲专利分类法作为国际专利分类法。1968 年 9 月，第一版 IPC 生效。1971 年 3 月 24 日《巴黎公约》成员国在法国斯特拉斯堡召开全体会议，签署了《国际专利分类斯特拉斯堡协定》，从此，WIPO 成为 IPC 的唯一管理机构，确定 IPC 为《巴黎公约》成员国统一的专利分类法。

国际专利分类表的内容设置包括了与发明创造有关的全部知识领域。分类表共分为 8 个分册，每个分册称为一个部，用英文大写字母 A-H 表示。IPC 分类体系是由高至低依次排列的等级式结构，设置的顺序是：部、分部、大类、小类、主组、小组。

8 个部分别是：A 部为生活需要；B 部为作业和运输；C 部为化学和冶金；D 部为纺织和造纸；E 部为固定建筑物；F 部为机械工程、照明、加热和爆破；G 部为物理；H 部为电学。

三、我国专利申请审批程序

依据专利法，发明专利申请的审批程序包括：受理、初审、公布、实审以及授权 5 个阶段。实用新型或者外观设计专利申请在审批中不进行早期公布和实质审查，所以实施中只有 3 个阶段。

1. 专利申请受理阶段

专利法规定：中华人民共和国专利局（现更名为国家知识产权局）受理和审查专利申请，对符合法律规定的发明创造授予专利权。专利局设立专利受理处和专利申请受理窗口，并在沈阳、济南、长沙、成都、南京、上海、广州、西安以及武汉设立专利局代办处，接收和受理专利申请和其他文件。

向专利局申请专利或办理其他手续，可以将申请文件或其他文件直接递交给专利局的申请受理窗口或上述任何一个代办处，也可以邮寄给专利局受理处或上述代办处。专利申请提交到专利局受理处或各代办处以后，首先应对其进行是否符合受理条件的审查。对符合受理条件的申请，专利局将确定申请日，给予申请号，并在核实文件清单后，发出受理通知书，通知申请人，确认收到申请文件。

2. 初步审查阶段

专利申请按照规定缴纳申请费的，自动进入初审阶段。发明专利申请在初审前首先要进行保密审查，需要保密的应按保密程序处理。实用新型和外观设计专利申请在初审以前还应当给申请人留出 3 个月主动修改申请的时间。初审中还要对申请文件齐备及其格式是否符合要求进行审查，例如审查各种文件是否采用专利局制定的统一格式，申请的撰写、表格的填写或附图的画法是否符合实施细则和审查指南的要求等。发明专利申请初审合格的，将发给初审合格通知书。

3. 发明专利申请公布阶段

发明专利申请从发出初审合格通知书起就进入等待公布阶段。请求提前公布的，则申请立即进入公布准备程序。经过格式复核、编辑校对、计算机处理、排版印刷，大约3个月后，即在专利公报上公布并出版说明书单行本。没有提前公布请求的申请，要自申请日起满15个月后才进入公布准备程序。

申请公布以后，申请人就获得了临时保护的权利，也就是说自申请公布之日起，申请人就可要求实施其发明的单位或者个人支付费用。

4. 发明专利申请实质审查阶段

发明专利申请公布以后，如果申请人已经办妥了实审请求手续（提出实质审查请求并已缴纳了实质审查费），申请将进入实审程序；否则应等待申请人办理实审请求手续。从申请日起满三年，申请人未提出实审请求的或者实审请求未生效的，申请即被视为撤回。在实审中，审查员将在检索的基础上对专利申请是否具备新颖性、创造性、实用性以及专利法规定的其他实质性条件进行全面审查。经审查，认为不符合授权条件的，或者存在各种缺陷的，应当通知申请人在规定的时间内（第一次一般有4个月的期限）陈述意见或进行修改。申请人逾期答复的，申请被视为撤回。经至少一次答复或修改后，申请仍不符合要求的，予以驳回。

5. 授权阶段

实用新型和外观设计专利申请经初步审查，发明专利申请经实质审查未发现驳回理由的，由审查员制作授权通知书，申请进入授权登记准备。经授权形式审查人员对授权文本的法律效力和完整性进行复核，对专利申请的著录项目进行校对、修改确认无误以后，专利局发出授权通知书和办理登记手续通知书。在期限内办理了登记手续并缴纳了规定费用的，专利局将授予专利权，颁发专利证书，在专利登记簿上记录，并在2个月后于专利公报上报告。专利权自专利证书颁发之日起生效。

四、国际申请审批程序简介

我国已经加入专利合作条约（PCT），我国申请人自1994年1月1日起可以利用PCT途径申请外国专利。国际申请的审批程序包括国际阶段和国家阶段两个阶段。

1. 国际阶段

国际阶段是国际申请审批程序的第一阶段。它包括国际申请的受理、形式审查、国际检索和国际公布等必经程序以及可选择的国际初步审查程序。

2. 国家阶段

国家阶段是国际申请审批程序的第二阶段。国家阶段在申请人希望获得专利权的国家的专利局（称作指定局或选定局）里进行。它包括办理进入国家阶段的手续和在各指定局或选定局里进行的审批程序。

国际申请进入国家阶段之后，由各国专利局按其专利法规规定对其进行审查，并决定是否授予专利权。

五、申请专利中的一般要求

1. 手续表格的填写

申请人在审批程序中向专利局办理各种手续，应当以书面形式办理，并且使用专利局制定的统一表格。专利局制定的请求类表格目前总共有36种，除了请求书、说明书、权利要求书、摘要、说明书附图、摘要附图、外观设计图或照片和外观设计简要说明等申请表格外，还有专利代理委托书、费用减缓请求书、要求提前公布声明、实质审查请求书等手续表格。

手续表格要按照填表须知正确填写，并且应当由请求人签章。一张手续表格只允许办理一件专利申请的一项手续。没有统一表格的，除应写明申请人要说明或者请求的内容外，还应当写明申请人的名称或者姓名，写明该手续所针对的专利申请的申请号和发明创造名称，并尽可能在提交文件的上端冠以恰当的标题。

2. 手续表格的提交

办理各种手续的表格或文件，除另有规定外，应当一式两份，一份为原件，另一份为复印件。按照实施细则的规定，一件信函中应当只包含同一件申请的文件。当面递交手续文件时，如果涉及几项手续文件，应当说明并且不得将几项手续文件钉在一起。向专利局邮寄文件时，同一件专利申请的几项手续文件可以放在一封挂号信中，但应当有文件清单并且不得将几项手续文件钉在一起。

3. 手续的费用和期限

凡办理的手续要求缴纳费用的，只有申请人按规定缴纳费用以后，手续才生效。申请人缴纳手续费的，应当写有申请号、申请人姓名或名称、费用用途、金额及缴费人地址、姓名。

法律规定或者专利局指定时间限制的手续，必须在到期以前办理，逾期办理的手续一律无效或被视为未提出申请。手续文件邮寄的，以邮寄日为办理手续的日期，面交的以文件缴付日为办理手续的日期。手续涉及费用的，申请人还应当在期限到期以前缴纳规定的费用。

4. 证明与签章

各种手续文件都应当按规定签章，签章应当与请求书中填写的姓名或者名称完全一致。在实际审查中，签章与请求书中填写的名称不一致的情况时有发生。例如，请求书填写的名称是“北京暖瓶厂”，签章是“北京市暖瓶厂”，差别虽然不大，但是在审查时却无法认定签章的有效性。

涉及权利变动的手续，例如：变更申请人撤回专利申请时，应当有全体申请人签章，其他手续可以由申请人的代表人签章办理，委托专利代理机构的，应当由专利代理机构签章办理。办理的手续需要附具体证明文件或者附件的，证明文件与附件应当使用原件或者副本，不得使用复印件。如原件只有一份的，可以使用复印件，但同时需要附有公证机关出具的复印件与原件一致的证明。

六、申请专利前的准备

一项能够取得专利权的发明创造需要具备多方面的条件。首先是具备实质性条件，即具备专利性；其次还要符合专利法规定的形式要求以及履行各种手续。为了减少申请专利的盲目性，节省申请人及专利局双方的人力和物力，专利申请人在提出申请以前一定要做好以下准备工作。

1. 学习和熟悉专利法及其实施细则

详细了解什么是专利，谁有权申请并取得专利，如何申请和取得专利。同时，也应了解专利权所有人的权利和义务，取得专利后如何维持和实施专利等。

2. 对准备申请专利的项目是否具备专利性进行较详细的调查

在做出是否提出专利申请以前，应当广泛掌握资料，充分了解现有技术的状况，对明显没有新颖性或创造性（或独创性）的，不必再提出申请。由于现有技术包括专利文献、非专利文献、本专业的权威性期刊和专著等，还包括国内同行业的技术现状，所以对现有技术做全面调查是一项十分细致和繁琐的工作。尽管如此，对现有技术的调查还是一个不应缺少的环节。申请人至少应检索专利文献，因为专利文献包含了国内外最新的技术情报，又有比较科学的分类方法，往往可以给申请人较大帮助。此外，专利局下属的检索咨询中心还设有申请专利前的有偿检索服务，可以说是调查现有技术最快捷的方法。

3. 需要从市场经济的角度对申请专利进行认真考虑

申请专利必须缴纳申请费、审查费，如果被批准，还要缴纳专利登记费、年费等，委托专利代理机构的还要缴纳代理费，这是一笔相当不小的投资。申请人应对自己的发明创造应用于技术开发的可能性、范围及技术市场和商品市场的条件进行认真预测和调研，以便明确在取得专利权以后实施和转让专利的条件及可能获得的经济收益，明确不申请专利可能带来的市场和经济损失。这些都是申请人考虑是否值得申请专利、申请何种专利（发明、实用新型或外观设计）和在何时提出专利申请等问题时应当顾及的重要因素。

4. 了解专利申请文件的书写格式和撰写要求、专利申请的提交方式、费用情况和简要的审批过程

专利法规定，申请一旦提交以后，就不能再做实质性修改，所以申请文件特别是说明书写得不好，将成为无法补救的缺陷，甚至可能导致很好的发明内容却得不到专利。权利要求如写得不好，常常会限制专利权的保护范围。不了解申请手续、审批程序，也往往会导致申请被视为撤回等法律后果。撰写申请文件有很多技巧，办理各种申请手续也是十分细致、要求很严格的工作，申请人如果没有把握，最好委托专利代理机构办理申请手续。

5. 其他在申请前应注意的事项

为了保证专利申请具有新颖性，在提出专利申请以前，申请人应当对申请内容保密。如果在发明试验或鉴定的过程中有其他人参与，应当要求这些人员也予以保密，必要时可以签订保密协议。已由国务院主管部委或全国性学术团体组织或举办过新技术、新产品鉴定会和技术会议的，为了不丧失新颖性，应当按照专利法第 24 条的规定，在鉴定会或技术会议后 6 个月之内提出申请。

凡是申请专利的项目涉及一种或几种新的公众无法得到的微生物的，应当在提出申请以前，最迟在申请的同时将微生物提交专利局指定的保藏单位保存。目前在国内已指定的保藏单位有：中国微生物菌种保藏管理委员会普通微生物中心，地址在北京中关村；中国典型培养物保藏中心，地址在武汉珞珈山武汉大学校内。同时，这两个保藏单位也是布达佩斯条约指定的微生物国际保藏单位，所以申请人在这两个单位保藏微生物的手续也将得到其他布什佩斯条约缔约国的承认。

第六节　报　　奖

科研项目完成后，研究成果可以上报，参加奖项的评选工作。目前，学术界的奖项较多，有省级的，也有国家级的。各省的情况不同，所设置的奖项也有差异。国家级教学成果奖与国家自然科学奖、技术发明奖、科学技术进步奖并称为我国四大国家级奖励。以下将针对这四项奖励做一些简要介绍。

一、国家级教学成果奖

根据国务院《教学成果奖励条例》的规定，教学成果是指反映教育教学规律，具有独创性、新颖性、实用性，对提高教学水平和教育质量、实现培养目标产生明显效果的教育教学方案。国家级教学成果奖是衡量教育水平的重要指标，每四年评审一次，分为特等奖、一等奖、二等奖三个等级。国家级教学成果奖的设立在于鼓励教育工作者从事教育科学研究，不断提高教学水平和教育质量。

1. 申请条件

申请国家级教学成果奖时，成果的持有单位或者个人向所隶属的省、自治区、直辖市人民政府教育行政部门或者国务院有关部门的教育管理机构提出申请。申请国家级教学成果奖需要具备以下条件：①国内首创的。②经过2年以上教育教学实践检验的。③在全国产生一定影响的。

2. 评审及奖项设置

有关部门的教育机构受理单位或个人的申请后，推荐给国家教育委员会。国家教育委员会负责国家级教学成果奖的评审、批准和授予工作。国家级教学成果奖分为特等奖、一等奖、二等奖3个等级，授予相应的证书、奖章和奖金。其中授予特等奖的，应当报经国务院批准。

认真学习、借鉴和应用这些获奖成果，对于全面贯彻党和国家的教育方针，进一步加强教学工作，不断深化教学改革，培养和造就适应我国经济建设和社会发展需要的高质量的专门人才具有重要意义。

二、国家自然科学奖

国家自然科学奖授予在数学、物理学、化学、天文学、地球科学、生命科学等基础研究和信息、材料、工程技术等领域的应用基础研究方面，阐明自然现象、特征和规律，做出重大科学发现的中国公民。国家自然科学奖不授予组织。

1. 授奖条件

国家级自然科学奖的授予条件为：①前人尚未发现或者尚未阐明。②具有重大科学价值。③得到国内外自然科学界公认。

2. 候选人条件

国家自然科学奖的候选人应当是每项重大科学发现的主要论文或者专著的主要作者，并具备下列条件之一：①提出总体学术思想、研究方案。②发现重要科学现象、特性和规律，并阐明科学理论和学说。③提出研究方法和手段，解决关键性学术疑难问题或者实验技术难点，以及对重要基础数据进行系统收集和综合分析。

3. 奖励等级

国家自然科学奖授奖等级根据候选人所做出的科学发现，从发现程度、难易复杂程度、理论学说上的创新性、研究方法手段的创新程度、学术水平、对学科发展的促进作用、对经济建设和社会发展的影响、论文被他人正面引用的情况、国内外学术界的评价和主要论文发表刊物的影响等方面进行综合评定。基本评定标准如下：①在科学上取得突破性进展，学术上为国际领先，并为学术界所公认和广泛引用，推动了本学科或者相关学科的发展，或者对经济建设、社会发展有重大影响的，可以评为一等奖。②在科学上取得重要进展，学术上为国际先进水平，并为学术界所公认和引用，推动了本学科或者其分支学科的发展，或者对经济建设、社会发展有较大影响的，可以评为二等奖。

三、国家技术发明奖

国家技术发明奖授予运用科学技术知识做出产品、工艺、材料等重大技术发明的中国公民。技术发明是指利用自然规律首创并成功地用于改造客观世界的技术新成果。它一般是与生产有关的新技术，如在国民经济某一技术领域中提供了新的、先进的、效益好的新技术。科学发现、科学理论不属于国家技术发明奖的奖励范围，但是，将科学发现成果应用于生产、生活等实践，将新的发现体现在工艺、产品中，也可以推荐为技术发明奖。仅依赖个人经验和技能、技巧，而别人又不能根据所提供的方案将其重现的技术，不属于技术发明奖的奖励范围，如各种个人拥有的特技。国家技术发明奖不授予组织。

1. 授奖条件

国家技术发明奖的授予条件为：①前人尚未发明或者尚未公开。②具有先进性和创造性。③经实施，创造显著经济效益或者社会效益。

2. 候选人条件

国家技术发明奖候选人的条件为：①在研究方法手段上和应用的科学原理和知识上，都涉及多个科学技术领域，需要多领域的科技工作者协作进行研究开发，并做出很多创造性的发明点。②每位候选人应该独立完成一项发明中至少一个以上的发明点。仅从事组织、管理、协调和辅助工作的人员不能列为候选人，候选人按贡献大小排序。

3. 奖励等级

国家技术发明奖的评审，对候选人所做出的技术发明，从难易复杂程度、技术思路新颖程度、技术创新程度、主要技术经济指标的先进程度，从对技术进步的推动作用、推广应用程度、已获经济或者社会效益及发展应用前景等方面进行综合评定，据此决定授奖等级。基本评定标准如下：①属国内外首创的重大技术发明，技术思路独特，技术上有重大的创新，技术经济指标达到了同类技术的领先水平，推动了相关领域的技术进步，已产生了显著的经济效益或者社会效益，可以评为一等奖。②属国内外首创，或者国内外虽已有、但尚未公开的重大技术发明，技术思路新颖，技术上有较大的创新，技术经济指标达到了同类技术的先进水平，对本领域的技术进步有推动作用，并产生了明显的经济效益或者社会效益，可以评为二等奖。

四、国家科学技术进步奖

国家科学技术进步奖授予在技术研究、技术开发、技术创新、推广应用先进科学技术成果、促进高新技术产业化，以及完成重大科学技术工程、计划等过程中做出创造性贡献的中国公民和组织。

国家科学技术进步奖的奖励范围涉及国民经济的各个行业，是一项覆盖面广泛的科学技术奖。从候选人、候选单位所完成项目的性质来讲，包括了新产品和新技术开发、新技术推广应用、高新技术产业化、企业技术改造及技术进步、技术基础和重大工程建设、重大设备研制中引进消化、吸收国外新技术，或自主开发创新的技术等。

1. 授奖条件

国家科学技术进步奖的授予条件为：①技术创新性突出。②经济效益或者社会效益显著。③推动行业科技进步的作用明显。

2. 候选人和候选单位条件

国家科技进步奖的候选人应当是具备下列条件的项目主要完成人：①提出并确定项目的总体方案。②在解决关键的技术和疑难问题中做出重大技术创新和重要贡献。③在成果转化和推广应用过程做出创造性贡献。④在高技术产业化方面做出重要贡献。候选人按贡献大小排序，并在限额内产生。如果在项目完成中仅从事协调和组织工作的领导，或是从事辅助服务的工作人员，不能作为国家科技进步奖的候选人。

国家级科学技术进步奖的候选单位应当是在项目研制、开发、投产、应用和推广过程中提供技术、设备和人员等条件，并对该项目的完成起到组织、管理和协调作用的主要完成单位。如果只是提供资金，不能作为项目的主要完成单位列为获奖候选单位。政府部门一般不应作为国家科技进步奖的候选单位。但对于技术开发类中推广应用先进成果和高新产业化的项目，政府部门如作为组织者、实施者又确有实质性重大作用的除外。

3. 等级标准

国家科技进步奖设一级、二级两个奖励等级。国家科技进步奖的授奖等级根据候选人、候选单位所完成项目的创新程度、难易复杂程度、主要技术经济指标的先进程度、总体技术水平、已获经济或者社会效益、潜在应用前景、转化推广程度、对行业的发展和技术进步的作用等进行综合评定。评定时，对不同项目类型各有侧重。重大工程类项目应突出团结协作、联合攻关，强调在技术和系统管理方面的创新、技术难度和工程复杂程度、总体技术水平，以及对提高行业整体水平的作用。

参考文献

殷国荣，王斌全等. 2002. 医学科研方法与论文写作. 北京：科学出版社

周淑敏. 1997. 学术论文写作. 北京：中国建材工业出版社

http：//www. hpsf. net. cn/fagui _ wenjian/showtxt. asp? filename=jxcg. txt

http：//www. jincao. com/fa/law13. 17. htm（《国家科学技术奖励条例》）

第十一章　学术规范

第一节　学术规范概述

2002年，北京大学教授、博士生导师王铭铭“剽窃”国外教材十万字的事件浮出水面。2006年1月，韩国首尔大学调查委员会公布被誉为韩国“克隆之父”的黄禹锡在《科学》杂志上的论文系伪造。随之，教育部出台了《高等学校哲学社会科学研究学术规范（试行）》，各大学也纷纷出台有关学术规范的规定或制度，学术界掀起了学术规范讨论的热潮。那么到底何为学术规范？

一、学术规范（Academic Norm）的界定

现代学术规范产生于17世纪后期现代科学诞生的过程中。当时的许多科学家都对自己的研究工作保密，以防止被他人获悉和宣称为己有。伦敦皇家学会秘书亨利·奥登伯格提出了解决使新发现公诸于众的同时保证其作者荣誉的办法，即承诺在学会的《哲学会刊》上将新发现的成果迅速发表，同时会以学会的名义证明作者的优先权。使用该成果的人，必须通过引文来承认发现者，直到结果成为常识。可以说，现代的学术规范是与现代的学术事业相伴而生的。

尽管现代学术规范已产生了三百多年，但是，目前大家对学术规范的理解仍不尽一致。有专家认为，社会科学的成果表述与自然科学的成果表述不同，正如学术与科学严格地说是有区别的一样。科学比较多的用来描述理工科的研究成果，而学术一般用来描述文科的研究成果。关于对学术规范的理解，专家指出，学术规范不应该区分自然科学和社会科学，学术规范只有一个。科学工作者从事科学活动，要有一套规则和程序，这是科学活动得以高效、有序、健康发展的保障。学术规范正是这种规则的体现。由这一点来看，学术规范是在学术界共同体内部形成的、被大家所共同遵守的准则。

叶继元专家认为，学术规范是学术共同体根据学术发展规律参与制定的有关各方共同遵守的、有利于学术积累和创新的各种准则和要求，是整个学术共同体在长期学术活动中的经验总结和概括。

二、学术规范的体系

学术规范是人们在长期的学术实践活动中所逐步形成的被学术界公认的一些行为规则。学术实践活动大体可包括学术研究、学术写作、学术评价（含学术批评）、学术管理诸形式，学术规范则体现在学术实践活动的方方面面，贯穿于全

过程，并集中表现为道德规范、法律规范、技术规范 3 个基本组成部分。学术规范由学术实践活动的丰富性和多样化所决定，具有明显的层次性。若从学科角度考察，学术规范至少可分为两个层次：一为各学科通行的基础性规范，二为在某一学科内通行的学科规范（如史学规范、经济学规范等）。

本章从学术道德规范、学术法律规范、学术写作技术规范、学术评价规范 4 个方面对基础层次学术规范的基本内容体系加以简要的概括与分析。

1. 学术道德规范

道德是一种随着人类历史发展的社会意识形态，主要依靠社会舆论、传统习俗、人们的内心信念，使人们具有善和恶、荣誉和耻辱、正义和非正义的感受并逐渐形成一定的意识和传统，以指导或控制自己的行为。道德具有两个层面，一个层面就是所有社会人都应该具有的意识；另一个层面就是各种行业都有着自身的职业道德。学术道德规范是对学术工作者从思想修养和职业道德方面提出的应该达到的要求，它是学术规范的核心部分。学术道德规范应该包括的内容有：①科研工作者应该以探索科学真理、服务人类为根本目的。②发扬爱国主义精神，将学术事业与社会主义祖国的前途和命运联系，不能损害国家和人民的利益。③在学术研究中实事求是，刻苦钻研，不怕困难，顽强拼搏。④学术评价中应该坚持科学精神，做到客观公正、全面准确。⑤学术创作中要尊重别人的劳动成果，在作品中要体现前人的工作成果以及对别人理论、观点、方法等的借鉴或参考。

2. 学术法律规范

学术法律规范是指学术活动中必须遵循的国家法律法规的要求。根据我国宪法、著作权法及保密法等有关法律法规的条款，在学术活动中应严格遵守的法律规范的主要内容包括：①必须遵守《中华人民共和国宪法》和其他法律。应坚决贯彻执行党的路线、方针和政策，坚持以马列主义、毛泽东思想和邓小平理论为指导，坚持四项基本原则，坚持学术研究为社会主义现代化建设服务的方向。②必须遵守著作权法。如未经合作者许可，不能将与他人合作创作的作品当作自己单独创作的作品发表；未参加创作者不可在他人作品上署名；不允许剽窃、抄袭他人作品；禁止在法定期限内一稿多投；合理使用他人作品的有关内容。③必须保守党和国家秘密，维护国家和社会利益。如对学术成果中涉及国家重大决策、党的文献和档案、国防建设和武装力量情况、国家外交政策和对外宣传工作、国家经济和社会发展中的统计资料和数据、尖端科技成果情况、测绘和地图、国家安全活动和追查刑事犯罪活动以及其他不宜公开的重大事项，均应严格执行送审批准后才可公开出版（发表）的制度。④应遵守其他适用法律法规。从事学术研究、发表学术作品，要遵守有关民族、宗教的法律、法规，不得以学术研究伤害信教群众的宗教感情，不得丑化侮辱少数民族。在学术研究及学术作品中使用标准、目录、图表、公式、注释、参考文献、数字、计量单位等应遵守国家标准化法、计量法等法律法规的规定。

3. 写作技术规范

写作技术规范是指在以学术论文、著作为主要形式的学术写作中必须遵守的有关形式规格的要求。主要包括以下几个方面：①选题应新颖独特，或开拓新领域，或提出新观点，或发掘新资料，或运用新方法，具有一定理论深度和较大学术价值。②观点明确，资料充分真实可靠，论证严密。③学术论文的内容应与形式完美统一，达到观点鲜明，结构合理，语言通顺。完整的论文作品项目应包括题名、作者署名及工作单位、作者简介、摘要、关键词、中图分类号、正文、注释、参考文献以及英文题名、英文摘要和英文关键词。

4. 学术评价规范

学术评价涉及课题项目的立项、学术成果的鉴定或评价、各级各类优秀成果的评奖、科研人员工作考核考评等诸多方面。要提高学术评价的科学水平，必须建立科学的评价指标体系，制定科学的评价办法，实现评价工作规范化。

（1）学术评价要坚持正确的思想指导。学术评价的目的是引导学术活动坚持正确的政治方向，倡导形成优良的学术风气，进一步调动科研工作者开展学术研究的积极性和主动性，激发其科研活动的创造力。

（2）学术评价应坚持科学的评价原则。实施学术评价要根据符合导向性、科学性、可行性原则的评价指标体系，要做到：第一，坚持科学性原则，要尽可能客观、准确、严格地按科学规律运作，抓住学术成果的实质，体现学术发展的基本要求和趋势；第二，坚持可行性原则。应从实际出发，充分分析需要与可能、有利与不利等因素，使指标体系可比、可测、简易。

（3）学术评价指标体系应实现学术性评价与管理性评价的结合。学术性评价由学科专家个人操作，由于受个人知识结构、学术兴趣、思想品德以及人际关系等影响，其结论可能出现或难免主观、片面；而管理性评价的结论又难免受到成果出版或发表单位，以及评价、引用、应用等机构的影响，也可能出现评价不准的情况。因此，坚持学术性评价与管理性评价的有机结合，既可发挥各自的优势又可弥补各自不足，达到成果评价的相对公正性、客观性。

三、学术规范的目的

1. 促使学者以最高的标准来要求自己的作品

各行各业的运行要受法律的约束，同时还得遵守本行止的行规。而对于学术界来说，其“行规”应该是学术规范。学术规范是学术界人士在长期的学术实践活动中逐步发展形成的被大家所公认的行为准则和要求。如研究方法的使用、术语的应用、论文标题的格式，正文的书写体例、参考文献的写法等都有一定的要求。有了这些规范的存在，学者无形之中就会按照这样的准则来规范自己的作品，在学术活动中接受准则的自律，同时促进作品水平的提高。

2. 促进学术积累和学术创新，推动学术发展

创新是学术研究的灵魂，也是一个国家兴旺发达的基础。但事实上，社会发展到现在，真正原创的东西已经很少见。不论是人文社会科学还是自然科学，其研究成果的取得都离不开前人的研究基础，这也就是学术继承和创新的关系。正如伟大的科学家牛顿曾经所说："如果说我比别人看得更远些，那是因为我站在了巨人的肩上。"学术的创新是在学术积累和继承的基础上完成的。有了大家共同遵守的学术规范的存在，多年来科学的研究成果得以保存和为后人所继承，同时成为后人进行创新的基础和源泉，最终使得人类的文明成果延续，学术不断发展。

3. 利于学术交流和保证学术自由

美国教育家苏尔曼曾经说过，不是所有的智力活动都是学术，只有具备如下三个成分之一的智力活动才成为学术。第一，公开发表；第二，成为圈内人士严格评价的对象；第三，圈内人士开始使用、参考和发展这一思想和创造活动。由此可见，学术本身包含着评价与交流的含义。学术研究不同于数学题的演算，仅拿一张纸和一支笔就可以进行推理，其研究过程和研究成果都需要表达、交流和评价，同时学术研究是自由的。只有遵循学术界统一的学术规范，才能成为同行评价的对象，才能进行学术交流，才能保证学术自由。学术规范与学术研究不是一种制约与被制约的关系，不是学术研究中的镣铐。如同在体育比赛中，规则的存在可以使比赛更好地进行。特别是在当前，国内国际之间的学术交流日益频繁和广泛，如果没有一个严格的学术规范，我们将无法参与国际学术竞争。

4. 防止学术活动中不良倾向的出现

由于目前体制的不完善，学术成果往往与利益联系紧密，很多情况下，某些个人为了自己的利益，在学术活动中就会出现一些不良行为。如，某些人为了多发表论文，常常将同样的论文在多种期刊上发表；某些评议人在审稿的过程中，会将别人的研究成果"据为己有"等，类似的事件非常多。学术规范的存在，可以从纪律和规定方面去约束这些学者，防止在学术活动中不良倾向的出现。近几年，教育部相继出台了一些有关学术规范的文件，使我国对于学术活动中的不良行为也可以做到有章可循，有规可依。

第二节　学术活动中的基本规范

作为一个科学工作者，在进行学术研究过程中，要遵循一些基本的学术规范，遵守《中华人民共和国著作权法》、《中华人民共和国专利法》、《中华人民共和国国家通用语言文字法》等相关法律、法规以及遵守基本的学术道德。此外，学术规范还体现在学术活动的方方面面，以下就学术成果完成及发表过程中涉及的基本规范做一简要介绍。

一、研究选题的规范

学术研究的起点工作，就是选择研究课题。俗话说“题好一半文”，说明了选题的重要性。在选择研究课题时，应该遵循的规范有：①研究课题应该具有新意，而不是别人研究的重复。②所选研究课题应该有一定的理论或实践价值。③研究课题应该包含在自己的专业范围内，也就是具有针对性。④研究课题的选择要注意其可行性，如实验条件、课题组成员等主客观因素都应考虑。⑤需要解决的问题应该具有一定的超前性，同时应该是当前条件下能够解决的问题。

二、论文撰写与署名

（一）论文的书写规范

1. 论文题目的规范

论文题目是以最恰当、最简明的词语反映报告、论文中最重要的特定内容，即以最明晰、最简练而便于检索的词组，能简单明了、恰当、鲜明、准确地概括论文中最主要的内容，同时又引人注目。国外通常要求科技论文题目符合四性，即：简短性、明确性、可检索性、特异性。具体的规范是：①题目一般不宜超过20字，外文标题一般不宜超过10个实词。②避免使用不常用的缩略词、首词字母缩写、字符、代号和公式等。③论文题目应该与论文内容一致，避免以大代小、以全代偏、以小代大、以偏代全。④词序、语序正确，概念清楚，逻辑正确。

2. 正文部分书写的规范

正文部分是论文的核心，是体现研究工作成果和学术水平的主要部分。论文的结构取决于研究成果的内容，不同的研究成果需要用不同结构形式的论文来呈现。但是，一般的论文，特别是科技论文的结构分为引言、研究方法、结果、讨论（或结论与建议）等几个部分。书写正文部分应该遵循的规范有：①精心设计研究方案，讲究科学方法，力求论证缜密，表达准确。②实事求是地反映自己在研究中得到的数据或结果。③论文中的图表、数字、单位、符号应符合国家的标准。④语言的表述符合语言的语法和逻辑。⑤不得伪造篡改实验数据，或者抄袭剽窃他人成果。

（二）引文规范

任何人研究成果的获得都与前人的研究分不开，列出引用的文献，是对别人劳动成果的尊重，同时也是遵循学术规范的一种表现。具体来说，引文时遵循的规范有：①引文应以原始文献和第一手资料为原则。②学术论著应合理使用引文。③对已有学术成果的介绍、评论、引用和注释，应力求客观、公允、准确。④引用他人观点、方案、资料、数据等，无论曾否发表，无论是纸质或电子版，均应详加注释。⑤继承他人研究成果应该加以说明。⑥论文中应该列出参考文献或注释，不得伪引、伪注或冒写根本没有看过的文献。

（三）署名规范

学术成果的署名应实事求是。署名者应对该项成果承担相应的学术责任、道义责任和法律责任。具体表现为：①署名次序按照对成果的贡献大小，而不是按照职称或者地位的高低。②不得遗漏某一位作者的姓名。③没有参与研究或者撰写工作的人员不得署名。④禁止相互帮忙署名，一人一篇的论文变成两人各发表两篇。

三、论文发表时的规范

一个人的研究成果只有公开发表了，才能成为学术界所共有的信息，才能为他人研究提供参考的依据。在论文发表或者投稿时应该遵循的规范有：①应注重学术质量，反对粗制滥造和低水平重复，避免片面追求数量，如同一文章主题不变，改头换面成多篇发表，或者本来可以用一篇文章系统完整表达的成果，故意拆成多篇发表。②学术成果不应重复发表。另有约定再次发表时，应注明出处。③研究成果发表时，应以适当方式向提供过指导、建议、帮助或资助的个人或机构致谢。

四、审稿的规范

任何论文在投寄到杂志社后，都要经过编辑或者是评议人审阅稿件。在审阅稿件的过程中也涉及一些学术规范。

1. 评议人审稿时的规范

目前，各类学术期刊都有一些专门聘请的学术专家参与对稿件的审阅。在审阅稿件时遵循的规范有：①相应的稿件应该由同行的专家进行审阅。②双盲评审，避免评议者与论文作者之间存在利益关系，导致评议失去公正。③评议者要有学术的职业道德，不得将被评议者的思想或成果占为己有。④评议意见应该客观、公正，措辞谨慎，慎重使用“原创”、“首创”、“首次”、“国内领先”、“国际领先”、“世界水平”、“填补重大空白”、“重大突破”等词语。⑤评议人对于涉及国家科研领先水平的研究应保密，不得泄密。

2. 编辑审稿

期刊在传播科学知识、灌输先进的科学文化和研究方法，指引研究方向，积累科学知识，促进学术交流和创新等方面有着重要的作用。而作为期刊的主体——编辑在促使学术交流和创新方面起着举足重轻的作用。作为一个编辑，也是学术活动中的一分子，其行为也应该遵循一定的学术规范，具体包括：①认真履行职责，对任何文稿内容的审查都应客观、公正，不得轻信权威专家而放松对其文稿的审查。②实事求是，严格按照稿件发表的程序进行审阅和审查，对于评议过程不得向作者隐瞒。③创造民主自由的评审气氛，不得操纵评议过程，引导评审结果。④遵守职业道德，以论文的质量而不是利益关系来决定论文的取舍及发表顺序。⑤不能为了个人利益，随意创设增刊，出卖编辑权利，不顾论文质量而只要花钱就能发表文章。

总之，不论是编辑还是评议人都应该正确行使学术权力。在各种学术评价活动中，要认真履行职责，发扬学术民主，客观公正，不循私情，自觉抵制不良社会风气的影响，杜绝权学、钱学交易等腐败行为。尊重知识，尊重人才，尊重劳动，尊重创造。

第三节 学术道德

从2002年北京大学王铭铭教授剽窃事件到2006年韩国首尔大学的黄禹锡教授伪造论文事件期间，高等院校的此类学术腐败事件不断曝光。学术道德建设成为高等院校和学术界关注的热点。“亡羊补牢，犹未晚也”，学术道德建设和教育是当务之急。加强学术道德建设和教育的首要任务就是要从理论上弄清楚学术道德的特性，理解加强学术道德建设的意义以及实施学术道德教育的途径。

一、学术道德的特性

学术道德作为社会道德体系的重要组成部分，具有一般道德所具有的基本特点。同时学术道德作为学术研究这一人类特殊的认识活动的道德规范和要求，又具有其他社会道德所没有的特殊性。主要表现在以下几个方面：

1. 学术道德具有鲜明的职业性

学术道德是长期学术实践的产物，其内容和要求是由学术活动的职业要求所决定的，也反映了学术活动自身的特点，在本质上属于职业道德的范畴。学术道德的主体是学者这一特殊的社会群体，要求学者以献身科学、繁荣学术为己任，以传承文明、服务社会为使命，在学术研究中要实事求是，追求真理，要充分尊重他人的劳动成果等。这些道德要求，都是学术研究这一特殊职业的内在需要，体现了该职业的鲜明特征。

2. 学术道德具有突出的自律性

首先，从学术道德的主体来看，学者由于其知识基础和认识水平较其他社会群体更高，他们完全能够将外在的道德规范内化为个体的德性，即化他律为自律，自觉自愿地使自己的行为符合道德的要求。其次，从学术活动的特点来看，学术道德也必然要有突出的自律性。学术活动是一种相对独立的活动，是一种产品间接服务社会的精神性活动。因此，学者以怎样的态度从事研究，很大程度上取决于学者本身的道德水平。

3. 学术道德具有强烈的示范性

学术道德的示范性与学者独特的社会地位和职业功能密切相关。有关研究表明，学术研究是社会上最受尊敬的职业之一。在世界范围之内，学者也因其独立的思想和批判的精神屹立于世。任何性质的社会制度、社会团体都对学术工作者的作用予以肯定。所以，从这方面来看，学者应当成为有道德的人，成为世人学习的榜样，成为高尚道德品质的示范者。

二、学术道德建设的意义

当前在学术研究工作中存在着不容忽视且比较严重的学术风气不正、学术道德失范问题。为此，端正学术风气，加强学术道德建设成为当前我国高等学校一项刻不容缓的重要任务，具有重要的现实意义。

1. 学术道德建设对促进学术繁荣发展和自主创新具有重要作用

学术道德是在学术实践活动中形成的，是科学研究的伦理规范，是学术活动的要求。学术活动是积累性的活动，其核心就在于创新。历史上的研究表明，一些具有卓越贡献的科学家往往具有高尚的道德品质。高尚的学术道德是科研工作者源源不断的精神力量，可以振奋精神，不断地鼓舞科研工作者勇于创新，探索自然的奥秘，攀登科学的高峰。因此，加强科研工作者的学术道德建设，可以促进他们在科学研究过程中的自主创新能力，从而促进学术研究的繁荣发展。

2. 学术道德建设与学风、教风、校风建设可以相互促进

一所院校如果具有良好的学习和教学风气，在这样的氛围下，科研工作者的学术道德会互相影响，从而逐渐形成一股良好的学术道德之风；同样，院校中的教师、科研工作者具有高尚的学术道德，在开展教学工作的过程中，无形之中就

给学生树立了榜样，对于校风，学风等都有很强的促进作用。由此可见，学术道德建设与学风、教风、校风建设之间相辅相成，相互促进。

3. 学术道德建设对良好社会风气的形成具有示范和引导作用

学术道德是社会道德体系的重要组成部分，学术道德对一般的社会道德的促进作用非常明显。首先，学术道德所倡导的求真、务实、客观、公正是人类社会的基本道德价值。从这一点来看，学术道德对于社会道德价值的弘扬具有促进作用。其次，学风是世风的良好先导，学者良好的道德修养和敬业精神对世人具有极大的榜样示范作用。一个具有突出研究成果的知名人物，其才智被世人所钦佩，其道德品质对世人的示范和引导作用更巨大。加强学术道德建设，发挥学者对世人的示范和引导作用，可以有效促进良好社会风气的形成。

三、高等院校实施学术道德教育的必要性

高等院校不但是学术人才的聚集中心，而且是培养未来科研人才的园地。因此，在高等院校实施学术道德教育非常必要。

1. 实施学术道德教育是克服大学教育的片面性，培养合格研究人才的需要

大学教育（反映本科层次以上的教育）与其他层次的教育的一个重要区别在于它有很强的学术性，培养大学生（包括研究生）的学术研究能力和学术道德素养是大学教育中两项同等重要的任务。然而，我国的大学教育存在的一个明显的问题是：重视学生学术研究能力的培养，忽视学生学术道德素质的培养。大学学术教育中普遍存在的重“智”轻“德”现象就是证明。大学是培养未来学术研究人才的主要阵地。但是有关研究表明，当前研究生群体中存在学术不规范的行为，非常缺乏学术规范的知识，研究生的学术规范教育还远远不够。因此，要培养合格的研究人才，大学教育不但要重视大学生学术研究能力的培养，还要重视对学生学术道德的培养。在大学实施学术道德教育，既可以弥补自身教育的片面性，也是培养合格研究人才的需要。

2. 实施学术道德教育是净化社会学术风气，推动我国学术进步和发展的需要

社会学术风气是社会共同体中流行的风气，主要体现为学术共同体成员的整体的学术道德风貌。大学的学术风气既是一定社会整体的学术风气的组成部分，也是对社会学术风气产生影响的影响源。学术进步的主要标志是知识创新，是人类知识总量的增加。学术研究是推动社会学术进步，促进社会学术繁荣的主要手段。而大学既是社会选择、传递、保存文化的中心，也是创造文化和发展文化的中心。在大学中，要使学术研究推动学术进步，既依赖于大学中学术研究主体的学术能力，也依赖于他们遵循的学术道德规范。研究者只有兼备学术研究能力和学术道德素质，才能使自己的研究之树长青。大学生是学术道德教育的直接对

象，大学教师是实施学术道德教育的主体，实施学术道德教育的过程也是教师自我提升的过程。师生之间可以相互促进，共同提高，使大学形成厚重的学术文化氛围。总之，在大学实施学术道德教育，一方面有助于提高大学研究主体的学术道德素质，从而推动社会的学术进步；另一方面，有助于自身良好学术风气的形成，从而有益于社会学术风气的净化。

四、高校实施学术道德教育的措施

学术不道德现象的出现，有其复杂而深刻的原因。但学者自身学术道德沦丧，应该是学术道德失范的直接原因。要净化学术环境，铲除不正之风，首先得从学术主体以及未来的学术人才入手，增强其免疫力。

1. 对教师进行指引和培训，发挥导师的引导作用

高等院校的教师不但是学术研究的主体，同时也是学生学习和行为的楷模。无论是在引导学生遵守学术规范方面，还是应对学生的学术失范行为方面，教师都起着重要的作用。一名教师具有高尚的学术道德品质，才可能将这一高尚的品德体现在教学、学术研究等方方面面，从而对学生发挥更好的引导和示范作用。从这一点来看，对教师进行学术道德教育显得尤为重要。应通过一些专门的知识讲座，对教师进行专门的职业培训，指导教师规范地做研究。由此，教师可以通过多种途径指导学生规范地做研究，如教导学生如何正确引用别人的研究成果，避免剽窃等不良行为。

2. 学校和院系开设有关学术道德规范的课程

目前，理论界对学术道德教育的内容，即学术道德的规范和原则有着不同的说法，且多数说法都只是经验性的阐述，很少经过科学的论证。要加强学术道德教育内容的科学性，就需要对学术道德教育的内容体系进行更为深入研究，建立起科学、系统的学术道德教育内容。并且，及时将研究得到的成果纳入到研究生和本科生的课程体系中，通过课堂教学这一主渠道，使学术道德教育的目标得以实现。

3. 学校采用多种方式加强学术道德教育

学校可以采用多种方式进行学术道德教育。学校可以在校园网站上建立有关学术道德的论坛，及时公布一些学术道德示范的事例，给大家以警示，同时提高大家的认识和觉悟。也可以通过学术报告会、“学生守则”、“教师学术道德规范要求”等资源来开展学术道德教育。

参 考 文 献

陈学飞. 2003. 谈谈学术规范及其必要性. 中国高等教育，11：23

韩丽峰，徐飞. 2005. 学术成果发表中不端行为的形式、成因和防范. 科学学研究，23（5）：623～628
黄凯. 2002. 论学术道德. 中南大学硕士学位论文. 长沙：中南大学
江新华，上官林武. 2002. 论大学学术道德教育. 集美大学学报，3（4）：44～48
梁莱歆. 2005. 发达国家高校学术道德教育评价与借鉴. 学位与研究生教育，4：11～14
张积玉. 2001. 学术规范体系论略. 文史哲，1：80～85